彩图 1　蚕豆嫩茎上密集的灰紫色豆蚜若蚜和有翅成虫

彩图 2　蓟马为害辣椒花器

彩图 3　白粉虱危害番茄

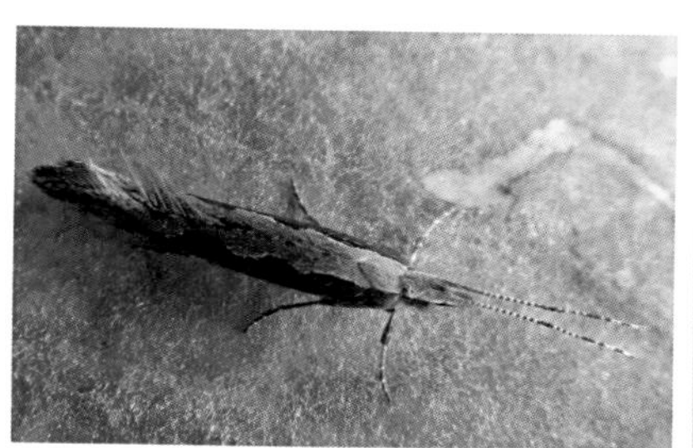

彩图 4　小菜蛾成虫

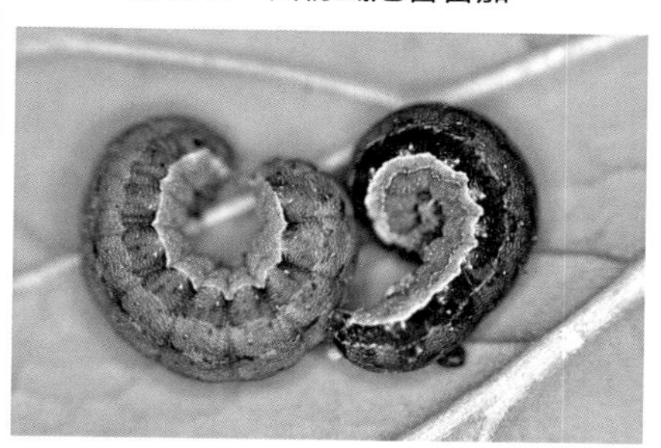

彩图 5　甜菜夜蛾高龄幼虫

彩图 6　斜纹夜蛾危害芋头叶片

彩图 7　烟青虫幼虫危害青椒

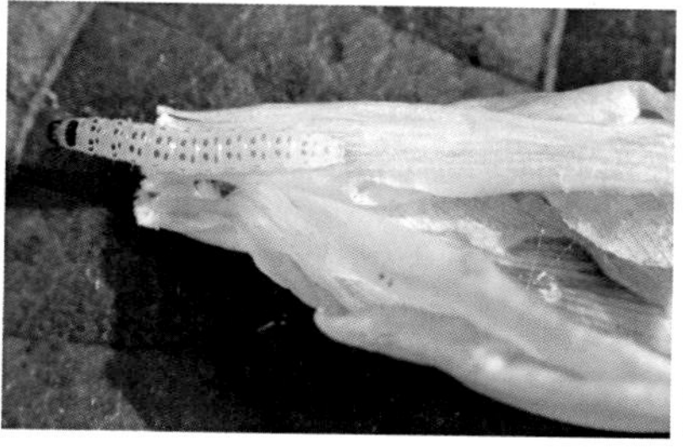

彩图 8　豆野螟幼虫危害豇豆花，背面

彩图 9　萝卜叶上的菜青虫幼虫

彩图 10　豌豆斑潜蝇

彩图 11　茄黄斑螟幼虫

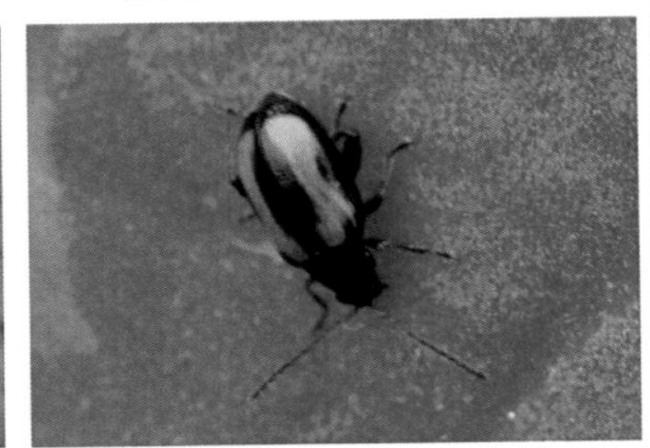

彩图 12　黄曲条跳甲

彩图 13　猿叶甲成虫危害红菜薹叶片

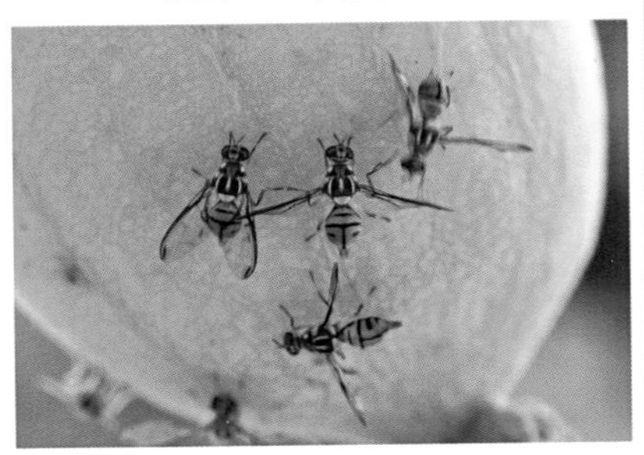

彩图 14　丝瓜瓜条下部密集的瓜实蝇成虫

彩图 15　稻纵卷叶螟幼虫危害水稻状

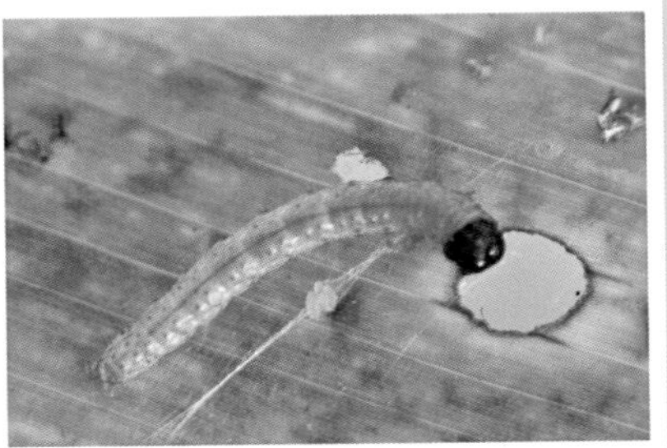

彩图 16　亚洲玉米螟危害玉米叶片

彩图 17　危害豇豆幼苗的小地老虎幼虫

彩图 18　大螟幼虫

彩图 19　菜螟幼虫

彩图 20　蛴 螬

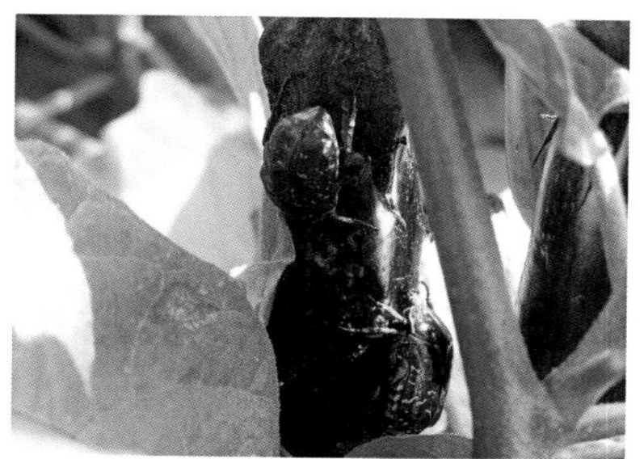

彩图 21　白星花金龟危害茄子果实

彩图 22　蜗牛危害甘蓝叶片

彩图 23　黄瓜野蛞蝓为害状

彩图 24　福寿螺成虫危害茭白

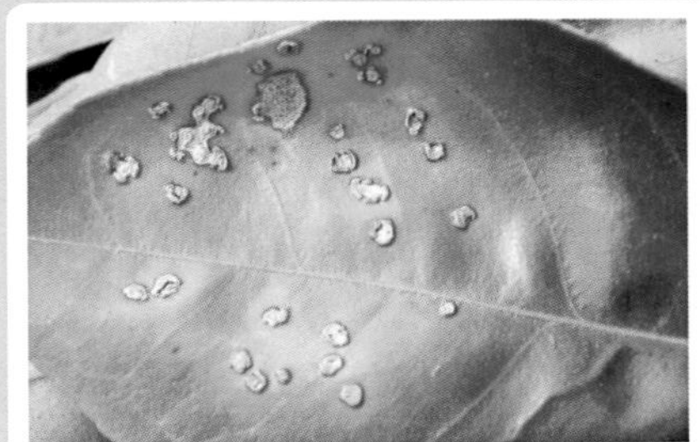
彩图 25　柑橘疮痂病叶

彩图 26　黄瓜枯萎病瓜蔓基部流胶状

彩图 27　番茄晚疫病叶初为暗绿色水浸状不整形病斑

彩图 28　黄瓜炭疽病叶

彩图 29　莴苣霜霉病后期病组织呈湿腐状并穿孔

彩图 30　菜豆锈病叶正面病斑

彩图 31　南瓜白粉病叶

彩图 32　辣椒菌核病枝上的绵白色菌丝

50种常见农药使用手册

王迪轩　何永梅　徐洪

化学工业出版社
·北京·

本书精选当前深受农民欢迎的50种药剂进行详细阐述。包括杀虫剂（杀螨剂）、杀菌剂、除草剂以及植物生长调节剂等，并主要以在蔬菜生产上的应用为主，兼顾在水稻、玉米、小麦、大豆等粮油作物和葡萄、柑橘等经济作物上的使用，内容包括结构式、分子式、分子量、CAS登录号、化学名称、主要剂型、理化性质、毒性、作用机理、产品特点、使用范围、防治对象、使用方法、中毒急救、注意事项。

本书适于农业生产合作社、家庭农场、种植大户、农民科学选用，为其用药提供参考，也可供农资经销商参考。

图书在版编目（CIP）数据

50种常见农药使用手册/王迪轩，何永梅，徐洪主编. —北京：化学工业出版社，2017.7（2023.4重印）
ISBN 978-7-122-29720-4

Ⅰ.①5… Ⅱ.①王…②何…③徐… Ⅲ.①农药施用-技术手册 Ⅳ.①S48-62

中国版本图书馆CIP数据核字（2017）第111550号

责任编辑：刘　军　冉海滢　　　装帧设计：关　飞
责任校对：边　涛

出版发行：化学工业出版社（北京市东城区青年湖南街13号　邮政编码100011）
印　　装：天津盛通数码科技有限公司
850mm×1168mm　1/32　印张8¼　彩插2　字数228千字
2023年4月北京第1版第4次印刷

购书咨询：010-64518888　　　售后服务：010-64518899
网　　址：http://www.cip.com.cn
凡购买本书，如有缺损质量问题，本社销售中心负责调换。

定　　价：36.00元　

本书编写人员

主　　编　王迪轩　何永梅　徐　洪

副 主 编　谭卫建　谭　丽　王雅琴　胡　为

编写人员　（按姓名汉语拼音排序）

曹冰兵　陈天琦　方喜明　高述华

何延明　何永梅　胡　为　李　艳

罗光耀　罗美庄　欧云芳　彭学茂

谭　丽　谭卫建　唐慧丽　汪端华

王　灿　王迪轩　王培根　王雅琴

谢　辉　徐　洪　徐军辉　许晓玲

杨利明　杨毅然　易　斌　张有民

周　铭

前言

受农民欢迎的农药有哪些？带着这个问题，笔者对农业合作化组织、家庭农场、种植大户等进行了调查，发现传统的农民偏爱一些老药，如多菌灵、代森锰锌等，而新生代农民则偏爱一些新药，吡虫啉、氯虫苯甲酰胺、氢氧化铜、嘧菌酯等基本上都在农民选购之列。农民在选用药剂时，还存在一些片面性，有的杀虫剂或杀菌剂偏多，过于偏重杀虫或杀菌；有的除草剂偏多，过于偏重除草；有的保护性药剂或触杀型药剂偏多，治疗性或内吸性药剂偏少；有的农民农药仓库里农药类型多达数十种，有的则仅有几种，这些情况会造成防治病虫害效果不佳，或浪费农药，给农业生产带来污染。随着国家土地流转政策的施行和对农业扶持力度的加大，合作化组织、家庭农场、种植大户迅速发展，他们有些既种植水稻，又种植蔬菜、水果等经济作物，有些还兼顾养殖，于是需选用的农药的品种和类型增多，面对目前农药市场上数百种农药，农民要兼顾多种作物的病虫害防治，对农药的选用感到茫然。

为此，编者结合生产实际和农药的效果，精选了当前50种深受农民欢迎的药剂，覆盖杀虫剂、杀螨剂、杀线虫剂，杀菌剂、除草剂、植物生长调节剂等。以在蔬菜生产上的应用为主，兼顾在水稻、玉米、小麦、大豆等粮油作物和葡萄、柑橘等经济作物上的使用方法，从结构式、分子式、分子量、CAS 登录号、化学名称、主要剂型、理化性质、毒性、作用机理、产品特点、使用范围、防治对象、使用方法、中毒急救、注意事项等方面进行详细阐述，以达到为农民科学选购药剂提供参考，并使其用好药剂的目的。为便于读者对一些常见病虫害进行识别，本书选编了 32 幅高清病虫害图片。

本书能付梓出版，要特别感谢湖南中医药高等专科学校罗美庄教授、武冈市教育科技局副局长彭学茂等提供的帮助。由于时间仓促，编者水平有限，疏漏和不妥之处在所难免，敬请读者批评指正。

王迪轩

2017 年 5 月

目录

第一章

杀虫（螨）剂

吡虫啉（imidacloprid）

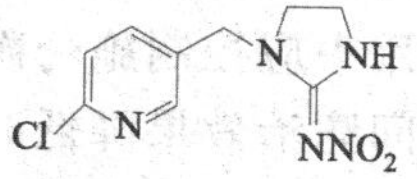

$C_9H_{10}ClN_5O_2$, 255.7, 138261-41-3

化学名称 1-(6-氯吡啶-3-吡啶基甲基)-*N*-硝基亚咪唑烷-2-基胺

主要剂型 98%、96%、95%原药，2.5%、5%、10%、20%、25%、50%、70%可湿性粉剂，5%、10%、20%可溶性浓剂，5%、6%、10%、12.5%、20%可溶性液剂，10%、30%、45%微乳剂，40%、65%、70%、80%水分散粒剂，10%、15%、20%、25%、35%、48%、240g/L、350g/L、600g/L悬浮剂，15%微囊浮剂，2.5%、5%片剂，15%泡腾片剂，5%展膜油剂，2%颗粒剂，0.03%、1.85%、2.10%、2.50%胶饵，0.50%、1%、2%、2.15%、2.50%饵剂，2.5%、4%、5%、10%、20%乳油，70%湿拌种剂，10mg/片杀蝇纸，1%、60%悬浮种衣剂，70%种子处理可分散粉剂等。

理化性质 无色结晶，具有轻微特殊气味。熔点144℃。蒸气压4×10^{-7} mPa（20℃），9×10^{-7} mPa（25℃）。相对密度1.54（23℃）。溶解度（20℃，g/L）：水中0.61；有机溶剂：二氯甲烷

67，异丙醇 2.3，甲苯 0.69，正丁烷＜0.1（室温）。稳定性：pH＝5～11 时稳定。属新烟碱类硝基亚甲基类内吸性低毒杀虫剂。

产品特点

（1）吡虫啉是一种结构全新的神经毒剂化合物，其作用靶标是害虫体神经系统突触后膜的烟酸乙酰胆碱酯酶受体，干扰害虫运动神经系统正常的刺激传导，使其表现为麻痹致死。这与一般传统的杀虫剂作用机制完全不同，因而对有机磷、氨基甲酸酯、拟除虫菊酯类杀虫剂产生抗性的害虫，改用吡虫啉仍有较佳的防治效果。且吡虫啉与这三类杀虫剂混用或混配增效明显。

（2）吡虫啉是一种高效、内吸性、广谱型杀虫剂，具有胃毒、触杀和拒食作用，对刺吸式口器害虫如蚜虫、叶蝉、飞虱、蓟马、粉虱等有较好的防治效果。

（3）易引起害虫产生耐药性。由于吡虫啉的作用位点单一，害虫易对其产生耐药性，使用中应控制施药次数，在同一作物上严禁连续使用 2 次，当发现田间防治效果降低时，应及时换用有机磷或其他类型杀虫剂。

（4）速效性好，药后 1d 即有较高的防效，残留期长达 25d 左右，施药一次可使一些作物在整个生长季节免受虫害。

（5）药效和温度呈正相关，温度高，杀虫效果好。

（6）吡虫啉除了用于叶面喷雾，更适用于灌根、土壤处理、种子处理。这是因为其对害虫具有胃毒和触杀作用，叶面喷雾后，虽药效好，持效期也长，但滞留在茎叶的药剂一直是吡虫啉的原结构。而用吡虫啉处理土壤或种子，由于其良好的内吸收，被植物根系吸收进入植株后的代谢产物杀虫活性更高，即由吡虫啉原体及其代谢产物共同起杀虫作用，因而防治效果更好。吡虫啉用于种子处理时还可与杀菌剂混用。

（7）鉴别要点：纯品为无色结晶，能溶于水。原药为浅橘黄色结晶。10％可湿性粉剂为暗灰黄色粉末状固体。

用户在选购吡虫啉制剂及复配产品时应注意：确认产品的通用名称或英文通用名称及含量；查看农药“三证”，5％和 10％乳油、10％和 25％可湿性粉剂应取得生产许可证（XK），其他吡虫啉单剂品种及其所有复配制剂应取得农药生产批准证书（HNP）；查看产品是否在2年有效期内。

生物鉴别：摘取带有稻飞虱或者稻叶蝉的水稻叶片若干个，将10%可湿性粉剂稀释4000倍后直接对带有稻飞虱或者稻叶蝉的叶片均匀喷雾，数小时后观察害虫是否被击倒致死。若致死，则说明该药为合格品，反之为不合格品。

（8）吡虫啉常与杀虫单、杀虫双、噻嗪酮、抗蚜威、敌敌畏、辛硫磷、高效氯氰菊酯、氯氰菊酯、联苯菊酯、氰戊菊酯、溴氰菊酯、阿维菌素、甲氨基阿维菌素苯甲酸盐、苏云金杆菌、多杀霉素、吡丙醚、灭幼脲、哒螨灵等杀虫剂成分混配，用于生产复配杀虫剂。

应用

（1）使用范围　适用于蔬菜、禾谷类作物（如玉米、水稻）、甜菜、棉花、柑橘、落叶果树。

（2）防治对象　不能用于防治线虫和螨。主要用于防治刺吸式口器害虫及其抗性品系，如蚜虫（彩图1）、蓟马（彩图2）、粉虱、叶蝉、飞虱及其抗性品系。对鞘翅目、双翅目和鳞翅目的一些害虫也有较好的防效，如潜叶蝇、潜叶蛾、黄曲条跳甲和种蝇属害虫。

由于其优良的内吸性，特别适于种子处理和以颗粒剂施用。在禾谷类作物（如玉米、水稻）、马铃薯、甜菜和棉花上可早期持续防治害虫，上述作物及柑橘、落叶果树、蔬菜等生长后期的害虫可叶面喷雾防治。叶面喷雾对黑尾叶蝉、飞虱类（稻褐飞虱、灰飞虱、白背飞虱）、蚜虫类（桃蚜、棉蚜）和蓟马类（温室条篱蓟马）有优异的防效，对粉虱、稻螟虫、稻负泥虫、稻象甲也有防效，优于噻嗪酮、醚菊酯、抗蚜威和杀螟丹。还可作为卫生杀虫剂及杀白蚁剂使用。

使用方法　主要用于喷雾，也可用于种子处理等。

（1）蔬菜害虫　防治十字花科蔬菜蚜虫、叶蝉、粉虱等。从害虫发生初期或虫量开始较快上升时开始喷药，每亩用5%乳油30～40mL，或5%片剂30～40g，或10%可湿性粉剂15～20g，或25%

可湿性粉剂 6～8g，或 50％可湿性粉剂 3～4g，或 70％可湿性粉剂或 70％水分散粒剂 2～3g，或 200g/L 可溶液剂 8～10mL，或 350g/L 悬浮剂 4～6mL，对水 30～45kg 均匀喷雾。15d 左右一次，连喷 2 次。

防治番茄、茄子、黄瓜、西瓜等瓜果类蔬菜的蚜虫、粉虱、蓟马、斑潜蝇。从害虫发生初期或虫量开始迅速增多时开始喷药，一般每亩用 5％乳油 60～80mL，或 5％片剂 60～80g，或 10％可湿性粉剂 30～40g，或 25％可湿性粉剂 12～16g，或 50％可湿性粉剂 6～8g，或 70％可湿性粉剂或 70％水分散粒剂 4～6g，或 200g/L 可溶液剂 15～20mL，或 350g/L 悬浮剂 8～12mL，对水 45～60kg 均匀喷雾。15d 左右一次，连喷 2 次左右。

防治保护地蔬菜白粉虱、斑潜蝇。从害虫发生初期开始喷药，一般每亩用 5％乳油 80～100mL，或 5％片剂 80～100g，或 10％可湿性粉剂 40～60g，或 25％可湿性粉剂 20～25g，或 50％可湿性粉剂 10～12g，或 70％可湿性粉剂或 70％水分散粒剂 6～8g，或 200g/L 可溶液剂 20～30mL，或 350g/L 悬浮剂 12～15mL，对水 45～60kg 均匀喷雾。10～15d 一次，连喷 2～3 次。

防治小猿叶虫，用 10％可湿性粉剂 1250 倍液喷雾。

防治葱类蓟马，用 10％可湿性粉剂 2500 倍液喷雾。

(2) 果树害虫　防治柑橘蚜虫、白粉虱、柑橘木虱、潜叶蛾及矢尖蚧等蚧壳虫。用 5％乳油或 5％可溶液剂 600～800 倍液，或 10％可湿性粉剂 1200～1500 倍液，或 70％可湿性粉剂或 70％水分散粒剂 8000～10000 倍液喷雾。防治蚜虫、柑橘木虱、潜叶蛾时，在春梢生长期、夏梢生长期、秋梢生长期及时喷药，秋梢抽生不整齐时 10d 左右后再喷施 1 次；防治白粉虱时，从白粉虱发生初盛期开始喷药，10d 左右 1 次，连喷 2～3 次，重点喷洒叶片背面；防治矢尖蚧等蚧壳虫时，在一龄若虫扩散为害期及时喷药。

防治苹果树绣线菊蚜、苹果绵蚜、苹果瘤蚜、绿盲蝽、烟粉虱，用 5％乳油或 5％可溶液剂 600～800 倍液，或 10％可湿性粉剂 1200～1500 倍液，或 70％可湿性粉剂或 70％水分散粒剂 8000～10000 倍液喷雾。防治绿盲蝽时，在苹果发芽后至花序分离期和落花后各喷药1次，兼防苹果瘤蚜、苹果绵蚜；防治苹果瘤蚜时，在苹果花序分离期喷药，兼防绿盲蝽、苹果绵蚜；防治绣线菊蚜时，在嫩梢上蚜虫数量较多时或开始上果为害时及时喷药，10～15d一次，连喷1～2次；防治苹果绵蚜时，在绵蚜从越冬场所向树上的幼嫩组织扩散为害期及时喷药，10～15d一次，连喷1～2次；防治烟粉虱时，在烟粉虱发生初盛期及时喷药，10～15d一次，连喷1～2次；重点喷洒叶片背面。

防治梨树梨木虱。在梨木虱若虫盛发初期施药，用10%可湿性粉剂2000～5000倍液整株喷雾，安全间隔期为14d，一季最多使用2次。

（3）粮油作物害虫　防治小麦蚜虫、棉花蚜虫。播种前药剂拌种或包衣，每10kg种子用600g/L悬浮种衣剂60～70g，或70%湿拌种剂50～60g均匀拌种或包衣，晾干后播种。在小麦抽穗期至灌浆初期喷药，每次每亩用5%乳油60～100mL，或5%片剂60～100g，或10%可湿性粉剂30～50g，或25%可湿性粉剂10～12g，对水30～45kg均匀喷雾。在小麦上的安全间隔期为21d，棉花上为14d，每季最多使用3次。

防治水稻飞虱、叶蝉。在若虫孵化盛期至3龄前喷药，或分蘖期至拔节期平均每丛有虫0.5～1头时、孕穗至抽穗期平均每丛有虫10头时、灌浆乳熟期平均每丛有虫10～15头时、蜡熟期平均每丛有虫15～20头时喷药。每次每亩用5%乳油60～80mL，或5%片剂60～80g，或10%可湿性粉剂30～40g，或25%可湿性粉剂12～16g，对水30～45kg均匀喷雾。喷药时要将药液喷到植株中下部，有些地区飞虱抗药性比较严重，应注意与噻嗪酮、异丙威药剂等混配使用。

防治水稻稻瘿蚊。在水稻播种时采取拌种方式，按照药种比1∶100（质量比）拌种使用。

水稻播种前开展药剂浸种，对苗床早期带毒灰飞虱、稻蓟马有较好的防治效果，用10%吡虫啉可湿性粉剂15g，浸稻种4～5kg，种子量和用水量的比例为1∶1.5，浸种时间为36～48h，可结合杀菌剂浸种进行混用。

（4）其他经济作物害虫　防治茶小绿叶蝉。小绿叶蝉若虫盛发初期施药，每次每亩用10%可湿性粉剂20～30g对水喷雾，安全间隔期为7d，一季最多使用2次。

防治烟草蚜虫。在蚜虫盛发期施药，每次每亩用10%吡虫啉可湿性粉剂20～40g对水喷雾，安全间隔期为15d，一季最多使用2次。

中毒急救　吡虫啉无特效解毒剂，如发生中毒应及时送医院对症治疗。

注意事项

（1）尽管本药低毒，使用时仍需注意安全。

（2）施药时需注意防护，防止接触皮肤和吸入药粉药雾，施药后用肥皂和清水清洗手和身体暴露部位。

（3）不要与碱性农药混用，不宜在强阳光下喷雾使用，以免降低药效。

（4）为避免出现结晶，使用时应先把药剂在药筒中加少量水配成母液，然后再加足水，搅匀后喷施。

（5）不能用于防治线虫和螨类害虫。

（6）吡虫啉对人畜低毒，但对家蚕和虾类属高毒农药，对蜜蜂的毒性极高，因此必须禁止在桑园及蜜蜂活动区域使用吡虫啉制剂。

（7）由于吡虫啉作用位点单一，害虫易对其产生耐药性，使用中应控制施药次数，在同一作物上严禁连续使用2次，当发现田间防治效果降低时，应及时换用有机磷类或其他类型杀虫剂。

最近几年的连续使用，造成了很高的抗性，国家已经禁止其在水稻上使用。

（8）20%可溶性浓剂防治甘蓝菜蛾，安全间隔期为7d，一季最多使用2次；防治番茄白粉虱安全间隔期为3d，一季最多使用2次；10%乳油用于萝卜，安全间隔期为7d，一季最多使用2次；5%乳油用于甘蓝，安全间隔期为7d，一季最多使用2次。

啶虫脒（acetamiprid）

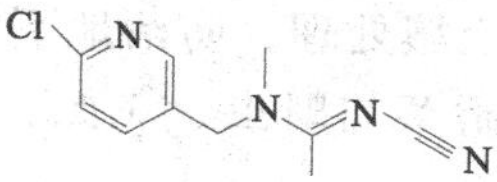

$C_{10}H_{11}ClN_4$, 222.7, 135410-20-7

化学名称　(*E*)-*N*-[(6-氯吡啶-3-基)甲基]-N^2-氰基-N^1-甲基乙酰胺

主要剂型　99%、98%、97%、96%、95%原药，3%、5%、10%、25%、25%乳油，3%、5%、8%、10%、15%、20%、60%、70%可湿性粉剂，10%水乳剂，1.8%、2%高渗乳油，3%、5%、20%、40%可溶性粉剂，3%、5%、6%、10%、20%微乳剂，3%、20%、21%可溶性液剂，20%、36%、40%、50%、70%水分散粒剂等。

理化性质　白色晶体。熔点98.9℃。蒸气压$<1\times10^{-3}$mPa(25℃)。相对密度1.330(20℃)。溶解度：水中4250mg/L；易溶于丙酮、甲醇、乙醇、二氯甲烷、氯仿、乙腈和四氢呋喃等有机溶剂。在pH为4、5、7的缓冲溶液中稳定，在pH=9、45℃条件下缓慢分解；光照下稳定。属氯代烟碱类内吸性低毒杀虫剂。

产品特点

(1) 啶虫脒属吡啶类化合物，为超高活性神经毒剂，作用于昆虫神经系统突触部位的烟碱乙酰胆碱受体，干扰昆虫神经系统的刺激传导，引起神经系统通路阻塞，造成神经递质乙酰胆碱在突触部位的积累，从而导致昆虫麻痹，最终死亡。

(2) 啶虫脒是新一代超高效杀虫剂，具有强烈的触杀、胃毒和内吸作用，速效性好，用量少，持效期长。

(3) 由于其独特的作用机制，对已经对抗蚜威等有机磷、拟除虫菊酯、氨基甲酸酯类杀虫剂产生抗性的害虫有良好效果；对刺吸式口器害虫如蚜虫、蓟马、粉虱等，喷药后15min即可解除危害，对害虫药效可达20d左右。强烈的内吸及渗透作用防治害虫，可达到正面喷药、反面死虫的优异效果。

(4) 对天敌杀伤力小，对鱼毒性较低，对蜜蜂影响小，对环境无污染，是无公害防治技术应用中的理想药剂。

(5) 可用颗粒剂做土壤处理，防治地下害虫。

(6) 广泛用于防治蔬菜的蚜虫、飞虱、蓟马、鳞翅目等害虫，防效在90%以上。

(7) 鉴别要点：原药为白色结晶，微溶于水，易溶于丙酮、甲醇、乙醇、二氯甲烷、氯仿等。乳油为淡黄色均相液体。用户在选购啶虫脒制剂及复配产品时应注意：确认产品的通用名称或英文通用名称及含量；查看农药“三证”，3%啶虫脒乳油等单剂品种及其所有复配制剂应取得农药生产批准证书（HNP）；查看产品是否在2年有效期内。

生物鉴别：摘取带有蚜虫的叶片若干个，将3%啶虫脒乳油稀释2000～2500倍后，直接对带有蚜虫的叶片均匀喷雾，数小时后观察蚜虫是否被击倒致死。若致死，则说明该药为合格品，反之为不合格品。

(8) 啶虫脒常与阿维菌素、甲氨基阿维菌素苯甲酸盐、氰氟虫腙、吡蚜酮、哒螨灵、高效氯氰菊酯、高效氯氟氰菊酯、联苯菊酯、氯氟氰菊酯、杀虫单、杀虫双、辛硫磷等杀虫剂成分混配，生产复配杀虫剂。

应用

(1) 使用范围　适用于水稻、蔬菜、果树、茶叶。

(2) 防治对象　主要防治蚜虫、飞虱、蓟马、鳞翅目等害虫。

使用方法

(1) 蔬菜害虫　防治各种蔬菜蚜虫，在蚜虫发生的初盛期，每亩用3%乳油40～50mL，或10%微乳剂10～20mL，或60%泡腾片剂1.5～2.5g，或40%水分散粒剂4～8g，对水均匀喷雾，有良好的防治效果。

防治白粉虱（彩图3）、烟粉虱，在苗期喷洒3%乳油1000～1500倍液，成株期喷洒3%乳油1500～2000倍液，防效达95%以上，采收期喷洒3%乳油4000～5000倍液，防效达80%以上，对产量品质无影响。也可用10%微乳剂1500～2000倍液，或70%水分散粒剂2～3g/亩，对水均匀喷雾。

防治各种蔬菜蓟马，在幼虫发生盛期喷洒3%乳油1500倍液，或10%微乳剂2000～3000倍液，防效达90%以上。

防治小菜蛾，用3%乳油1000～1500倍液喷雾。

（2）果树害虫 防治柑橘蚜虫。于蚜虫低龄若虫盛发期施药，用3%乳油2000～2500倍液，或20%可湿性粉剂13000～20000倍液整株喷雾。安全间隔期均为14d，每季最多使用1次。

防治柑橘潜叶蛾。于幼虫盛发期施药，用3%乳油1000～2000倍液整株喷雾，安全间隔期为14d，每季最多使用1次。

防治梨树梨木虱。在若虫孵化初期至虫体没有被黏液全部覆盖时喷药，每代喷药1次即可，用3%乳油（可湿性粉剂）1500～2000倍液，或5%乳油（可湿性粉剂）2500～3000倍液均匀喷雾。

防治枣树绿盲蝽。萌芽期至幼果期喷药，10～15d一次，与不同类型药剂交替使用，连续喷药。用3%乳油（可湿性粉剂）1500～2000倍液，或5%乳油（可湿性粉剂）2500～3000倍液均匀喷雾。

防治苹果蚜虫。于蚜虫低龄若虫盛发期施药，用3%乳油1500～2000倍液，或20%可湿性粉剂6000～8000倍液，整株喷雾。安全间隔期均为14d，每季最多使用1次。

（3）粮油作物害虫 防治水稻稻飞虱。在若虫孵化盛期至3龄前喷药，每亩用3%乳油70～100mL，或5%乳油40～60mL，或20%可溶性粉剂（可湿性粉剂）10～15g，对水45～60kg均匀喷雾。因啶虫脒与吡虫啉杀虫机理相同，对吡虫啉产生抗性的飞虱进行防治时应谨慎使用。

防治小麦蚜虫。于蚜虫低龄若虫盛发期施药，每次每亩用20%可湿性粉剂5～12g，或3%微乳剂25～40g，对水喷雾。安全间隔期均为14d，每季最多使用2次。

防治棉花蚜虫、绿盲蝽。于蚜虫低龄若虫盛发期施药，每次每亩用20%可溶粉剂3～6g对水喷雾，安全间隔期为14d，每季最多使用2次。

（4）其他作物害虫　防治烟草蚜虫。于蚜虫低龄若虫盛发期施药，每次每亩用 3%乳油 30～40g，安全间隔期 10d，每季最多使用 2 次。

中毒急救　若误食、误饮，立即到医院洗胃。粉末对眼睛有刺激作用，一旦有粉末进入眼中，应立即用清水冲洗或去医院治疗。

注意事项

（1）啶虫脒为低毒杀虫剂，但对人、畜有毒，应加以注意。对桑蚕高毒，桑园内及其附近禁止使用，剩余药液及洗涤药械的废液，严禁污染河流、湖泊、池塘等水域及水源地，避免对鱼类及水生生物造成毒害。

使用本品时，应避免直接接触药液。

（2）不可与强碱性药液（波尔多液、石硫合剂等）混用；连续喷药时，注意与不同类型药剂交替使用或混合使用，与触杀性杀虫剂混用效果更好。啶虫脒与吡虫啉属同类型药剂，两者不宜混合使用或交替使用。在多雨年份，药效仍可达 15d 以上。

（3）药品应贮存于阴凉、干燥、通风处。

（4）防止药液从口鼻吸入，施药后清洗被污染部位。

（5）3%乳油在黄瓜上安全间隔期 4d，一季最多使用 3 次；20%乳油在黄瓜上安全间隔期为 2d，一季最多使用 3 次；3%可湿性粉剂在甘蓝上安全间隔期为 5d，一季最多使用 2 次；5%可湿性粉剂在甘蓝上安全间隔期为 5d，一季最多使用 2 次。

噻嗪酮（buprofezin）

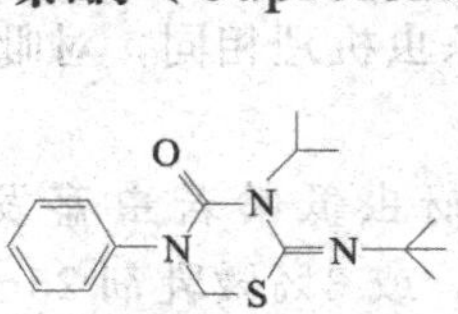

$C_{16}H_{23}N_3OS$, 305.4, 953030-84-7

化学名称　2-叔丁基亚氨基-3-异丙基-5-苯基-3,4,5,6-四氢-2*H*-1,3,5-噻二嗪-4-酮

主要剂型　99%、98.50%、98%、97%、95%、90%原药，

8%展膜油剂，50%、40%、400g/L、37%、25%悬浮剂，5%、20%、25%、50%、65%、75%、80%可湿性粉剂，5%、10%、20%、25%乳油，20%、40%、50%胶悬剂，20%、40%、70%水分散粒剂。

理化性质 白色结晶固体。熔点104.6～105.6℃。相对密度1.18（20℃）。蒸气压 4.2×10^{-2} mPa（20℃）。溶解度：水（mg/L）0.387（20℃），0.46（pH=7，25℃）；其他溶剂（20℃，g/L）：丙酮253.4，二氯甲烷586.9，甲苯336.2，甲醇86.6，正庚烷17.9，乙酸乙酯240.8，正辛醇25.1。对酸、碱、光、热稳定。属噻二嗪类昆虫生长调节剂型低毒仿生杀虫剂。

产品特点

（1）其作用机理为抑制昆虫几丁质合成和干扰新陈代谢，致使幼（若）虫蜕皮畸形而缓慢死亡，或致畸形不能正常生长发育而死亡。一般在3～7d才能见到效果。

（2）噻嗪酮是抑制昆虫生长发育的选择性杀虫剂，对害虫有很强的触杀作用，也具胃毒作用。对作物有一定的渗透能力，能被作物叶片或叶鞘吸收，但不能被根系吸收传导，对低龄若虫毒杀能力强，对3龄以上若虫毒杀能力显著下降，对成虫没有直接杀伤力，但可缩短其寿命，减少产卵量，且所产的卵多为不育卵，即使孵化的幼虫也很快死亡，从而可减少下一代害虫的发生数量。

（3）对害虫具有很强的选择性，只对半翅目的粉虱、飞虱、叶蝉及蚧壳虫有高效，对小菜蛾、菜青虫等鳞翅目害虫无效。

（4）药效发挥慢，一般要在施药后3～5d。若虫蜕皮时才开始死亡，施药后7～10d死亡数达到最高峰，因而药效期长，一般直接控制虫期为15d左右，可保护天敌，发挥了天敌控制害虫的效果，总有效期可达1个月左右。

（5）在常用浓度下对作物、天敌安全，是害虫综合防治中一种比较理想的农药品种。

（6）噻嗪酮常与杀虫单、吡虫啉、高效氯氰菊酯、高效氯氟氰菊酯、阿维菌素、烯啶虫胺、吡蚜酮、醚菊酯、哒螨灵等杀虫剂成分混配，生产复配杀虫剂。

应用

（1）使用范围　适用于蔬菜、水稻、棉花、果树、茶树等。

（2）防治对象　对一些鞘翅目、半翅目和蜱螨目具有持效性杀幼虫活性，可有效防治水稻上的叶蝉科和飞虱科，马铃薯上的叶蝉科，柑橘、棉花和蔬菜上的粉虱科，柑橘上的蚧总科、盾蚧科和粉蚧科。对半翅目的飞虱、叶蝉、粉虱及蚧壳虫类害虫有良好防治效果，药效期长达30d以上。

在蔬菜上主要用于防治白粉虱、小绿叶蝉、棉叶蝉、烟粉虱、长绿飞虱、白背飞虱、灰飞虱、侧多食跗线螨（茶黄螨）、B型烟粉虱、温室白粉虱等。

在果树上主要用于防治柑橘树的矢尖蚧等蚧壳虫、白粉虱，桃、李、杏树的桑白蚧等蚧壳虫、小绿叶蝉，枣树的日本龟蜡蚧等。

使用方法

（1）蔬菜害虫　防治白粉虱，用10%乳油1000倍液喷雾。或用25%噻嗪酮可湿性粉剂1500倍液与2.5%联苯菊酯乳油5000倍液混配喷施。

防治小绿叶蝉、棉叶蝉，用20%可湿性粉剂（乳油）1000倍液喷雾。

防治烟粉虱，用20%可湿性粉剂（乳油）1500倍液喷雾。

防治长绿飞虱、白背飞虱、灰飞虱等，用20%可湿性粉剂（乳油）2000倍液喷雾。

防治侧多食跗线螨（茶黄螨），用20%可湿性粉剂（乳油）2000倍液喷雾。

防治B型烟粉虱和温室白粉虱，用20%可湿性粉剂（乳油）1000～1500倍液喷雾。

（2）果树害虫　防治柑橘矢尖蚧等蚧壳虫、白粉虱，用25%悬浮剂（可湿性粉剂）800～1200倍液，或37%悬浮剂1200～1500倍液喷雾。防治矢尖蚧等蚧壳虫时，在害虫出蛰前或若虫发生初期进行喷药，每代喷药1次即可。防治白粉虱时，从白粉虱发生初盛期开始喷药，15d左右1次，连喷2次，重点喷洒叶片背面。

防治桃、李、杏树桑白蚧等蚧壳虫、小绿叶蝉，用25%悬浮剂（可湿性粉剂）800～1200倍液，或37%悬浮剂1200～1500倍液喷雾。防治桑白蚧等蚧壳虫时，在若虫孵化后至低龄若虫期及时喷药，每代喷药1次即可。防治小绿叶蝉时，在害虫发生初盛期或叶片正面出现较多黄绿色小点时及时喷药，15d左右1次，连喷2次，重点喷洒叶片背面。

（3）水稻害虫　防治水稻白背飞虱、叶蝉类，在主害代低龄若虫始盛期喷药1次，每亩用25%可湿性粉剂50g，对水60kg均匀喷雾。重点喷洒植株中下部。

防治水稻褐飞虱，在主害代及其前一代的卵孵盛期至低龄若虫盛发期各喷药1次，可有效控制其为害。每亩用25%可湿性粉剂50～80g，对水60kg喷雾，重点喷植株中、下部。

（4）茶树害虫　防治茶树小绿叶蝉、黑刺粉虱、瘿螨，在茶叶非采摘期、害虫低龄期用药，用25%可湿性粉剂1000～1200倍液均匀喷雾。

中毒急救　若使用中感到不适，应立即停止作业，离开施药现场，脱去工作服，用清水冲洗污染的皮肤和眼睛。如误服，应立即催吐，并送医院对症治疗，没有特殊解毒药剂。

注意事项

（1）噻嗪酮无内吸传导作用，要求喷药均匀周到。

（2）不可在白菜、萝卜上使用，否则将会出现褐色斑或绿叶白化等药害表现。

（3）不能与碱性药剂、强酸性药剂混用。不宜多次、连续、高剂量使用，一般1年只宜用1～2次。连续喷药时，注意与不同杀虫机理的药剂交替使用或混合使用，以延缓害虫产生耐药性。

（4）药剂应保存在阴凉、干燥和儿童接触不到的地方。

（5）此药只宜喷雾使用，不可用作毒土法。

（6）对家蚕和部分鱼类有毒，桑园、蚕室及周围禁用，避免药液污染水源、河塘。施药田水及清洗施药器具废液禁止排入河塘等水域。

（7）一般作物安全间隔期为 7d，一季最多使用 2 次。

氟啶脲（chlorfluazuron）

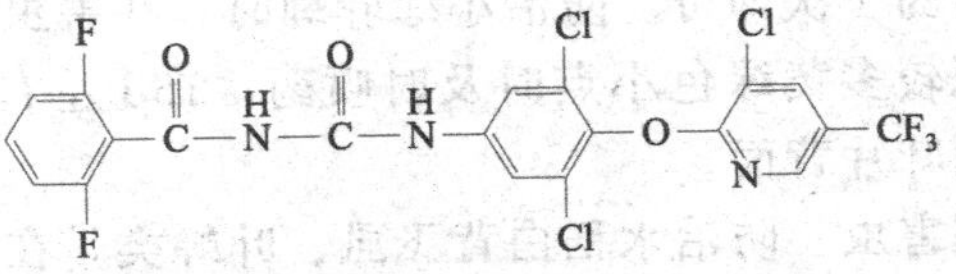

$C_{20}H_9Cl_3F_5N_3O_3$, 540.7, 71422-67-8

化学名称 1-[3,5-二氯-4-(3-氯-5-三氟甲基-2-吡啶氧基）苯基]-3-（2,6-二氟苯甲酰基）脲

主要剂型 5%、50g/L 乳油，0.1%浓饵剂，25%悬浮剂。

理化性质 纯品为白色结晶固体。熔点 221.2～223.9℃（分解），蒸气压＜1.559×10^{-3} mPa（20℃），相对密度 1.542（20℃）。溶解度（20℃）：水中 0.012mg/L；正己烷 0.00639（g/L，下同），正辛醇 1，二甲苯 4.67，甲醇 2.68，甲苯 6.6，异丙醇 7，二氯甲烷 20，丙酮 55.9，环己酮 110。对光和热稳定，在正常条件下存放稳定。属苯甲酰脲类广谱性低毒杀虫剂。

产品特点

（1）作用机制为抑制昆虫表皮几丁质合成，阻碍幼虫正常蜕皮，使卵的孵化、幼虫蜕皮以及蛹发育畸形，成虫羽化受阻，而发挥杀虫作用。对害虫药效高，但药效较慢，幼虫接触药剂后不会很快死亡，但取食活动明显减弱，一般在药后 5～7d 才能达到防效高峰。

（2）迟效性，此剂是起阻害蜕皮作用的，杀虫效果需要 3～5d 的时间体现，在散布适期（幼虫发生始期）时散布，基本上无食害影响。

（3）残效性长，在植物体表面上显示出稳定的残效性，使用氟啶脲药后 1～2d 有些害虫虽然不死，但已无危害能力，药后 3～5d 即死亡，药效期 7～21d。

（4）不具有浸透移动性，因而对散布后的新展叶无效果。

(5) 安全性高，对昆虫持有的生理作用蜕皮进行阻害，对人畜等极为安全。可用于A级绿色食品生产。

(6) 氟啶脲为阻碍蜕皮的苯甲酰脲类昆虫生长调节剂类杀虫剂，以胃毒作用为主，兼有触杀和杀卵作用，无内吸作用。对多种鳞翅目害虫以及直翅目、鞘翅目、膜翅目等害虫杀虫活性高，但对蚜虫、灰飞虱、叶蝉等害虫无效。适用于对有机磷、拟除虫菊酯类、氨基甲酸酯类等农药产生抗性的害虫的综合治理。尤其适于防治小菜蛾、菜青虫、甜菜夜蛾、棉铃虫、潜叶蛾等害虫。

(7) 氟啶脲常与氯氰菊酯、高效氯氰菊酯、丙溴磷、甲氨基阿维菌素苯甲酸盐、杀虫单等杀虫剂成分混配，生产复配杀虫剂。

应用

(1) 使用范围　适用作物为甘蓝等十字花科蔬菜、萝卜、大豆、玉米、果树、马铃薯、茶树、烟草、林木、棉花等。

(2) 防治对象　主要用于防治多种鳞翅目、直翅目、鞘翅目、膜翅目、双翅目害虫。在蔬菜上主要用于防治十字花科蔬菜的小菜蛾（彩图4）、甜菜夜蛾（彩图5）、斜纹夜蛾（彩图6）、银纹夜蛾、烟青虫（彩图7）、豆荚螟、豆野螟（彩图8）、菜青虫（彩图9）、甘蓝夜蛾、棉铃虫、卷叶蛾等。在果树上主要用于防治苹果叶螨、越冬代卷叶虫、苹果小卷叶蛾、果树尺蠖、梨木虱、柑橘叶螨、柑橘木虱、柑橘潜叶蛾。

使用方法

(1) 防治蔬菜害虫　防治小菜蛾。对十字花科蔬菜，小菜蛾低龄幼虫为害苗期或莲座初期心叶及其生长点，防治适期应掌握在卵孵期至1～2龄幼虫盛发期；对生长中后期或莲座后期至包心期叶菜，幼虫主要在中、下部叶片为害，防治适期可掌握在卵孵期至2～3龄幼虫盛发期，用5%乳油1000～1500倍液喷雾防治；对菊酯类农药有抗性的小菜蛾，用5%乳油2000～2500倍液喷雾，药后10d左右的药效可达90%以上。

防治菜青虫，在2～3龄幼虫期，用5%乳油1000～2000倍液喷雾，药后10d效果可达90%以上，3000～4000倍液喷雾，药后10～15d防效也可达90%左右。

防治豇豆、菜豆的豆野螟，在害虫卵孵化盛期至幼虫钻蛀为害前喷药，重点喷洒花蕾、嫩荚等部位，早、晚喷药效果较好。一般使用5%乳油或50g/L乳油600～800倍液，或50%乳油6000～8000倍液喷雾，隔10d再喷一次，共喷2次。

防治斜纹夜蛾、甜菜夜蛾、银纹夜蛾、地老虎、茄二十八星瓢虫、马铃薯瓢虫等，于幼虫初孵期施药，用5%乳油1000～1500倍液均匀喷雾。

防治茄子红蜘蛛，在若螨发生盛期，平均每叶螨数2～3头时，用5%乳油1000～2000倍液喷雾，药后20～25d的防治效果达90%～95%。

防治韭菜地蛆，用5%乳油1000～2000倍液，均匀喷雾。或每亩用5%乳油100～200mL，对水150kg，开沟灌根，持效期可达90d。

(2) 防治果树害虫　防治果树桃小食心虫，在产卵初期、初孵幼虫未侵入果实前开始施药，以后每隔5～7d用药1次，共施药3～4次，用5%乳油或50g/L乳油1000～2000倍液均匀喷雾。

防治柑橘树潜叶蛾，用5%乳油或50g/L乳油2000～3000倍液均匀喷雾。

防治苹果叶螨，在苹果开花前后、苹果叶螨越冬代和第一代若螨集中发生期，用5%乳油1000～1500倍液喷雾防治，并可兼治越冬代卷叶虫。夏季成螨和卵较多，而氟啶脲对这两种虫态直接杀伤力较差，故在盛夏期防治要用5%乳油500～1000倍液喷雾才能达到相同的防效。

防治苹果小卷叶蛾，在越冬幼虫出蛰始期和末期，用5%乳油500～1000倍液各喷1次。

(3) 防治棉花害虫　防治棉花棉铃虫，掌握在卵盛期至卵孵盛期施药，用5%乳油或50g/L乳油1000～2000倍液均匀喷雾。视发生轻重决定用药次数。

防治棉花红铃虫，掌握在二、三代产卵高峰至卵孵盛期，用5%乳油或50g/L乳油1000～2000倍液均匀喷雾，隔7～10d再喷1次药。在与棉田红蜘蛛和棉铃虫混合发生为害时，可以做到虫、螨兼治。

防治棉红蜘蛛，在若、成螨发生期，平均每叶螨数2～3头时，每亩用5%乳油50～75mL，对水30～45kg喷雾，药后5～7d药效开始充分发挥，21d防效在95%以上。

中毒急救 皮肤接触，立即脱掉被污染的衣物，用肥皂和大量清水彻底清洗。溅入眼睛，立即将眼睑翻开，用清水冲洗，若用大量清水冲洗眼睛后仍有刺激感，要至眼科进行治疗。发生吸入，立即将吸入者转移到空气新鲜处。如误服，不要催吐，喝1～2杯水，立即洗胃，并应送医院治疗。

注意事项

（1）无内吸传导作用，施药必须力求均匀、周到，使药液湿润全部枝叶，才能充分发挥药效。

（2）白菜幼苗易出现药害，避免使用。不能与碱性农药混用。

（3）本品是阻碍幼虫蜕皮致其死亡的药剂，从施药至害虫死亡需3～5d，防治为害叶片的害虫，应在低龄期用药效果好。

（4）对蚜虫、叶蝉、飞虱类等刺吸性害虫无效，可与杀蚜剂混用。但因其显效较慢，应较一般有机磷、拟除虫菊酯类等杀虫剂适当提前3d左右用药或与其他药剂混用。防治钻蛀性害虫宜在卵孵化盛期至幼虫蛀入作物前施药。不宜连续多次使用，以免害虫产生抗药性。

（5）做好劳动保护，如穿戴工作服、手套、面罩等，避免人体直接接触药剂，工作后漱口，施药后用肥皂清洗手脚和面部，并更换衣服。施药期间不可吃东西、饮水等。

孕妇和哺乳期妇女应避免接触本品。

（6）对鱼、虾、家蚕有毒，施药期间应注意环境安全，蚕室和桑园附近禁用。水产养殖区施药，禁止在河塘等水体中清洗施药器具。

（7）用过的容器妥善处理，不可做他用，不可随意丢弃。放置于阴凉、干燥、通风、防雨、远离火源处，勿与食品、饲料、种子、日用品等同贮同运。

置于儿童够不着的地方并上锁，不得重压、损坏包装容器。

（8）5%乳油防治甘蓝菜青虫、小菜蛾，安全间隔期为7d，一季最多使用4次；在棉花上使用的安全间隔期为21d，一季最多使用3次；在柑橘树上使用的安全间隔期为21d，一季最多使用2次。

灭蝇胺（cyromazine）

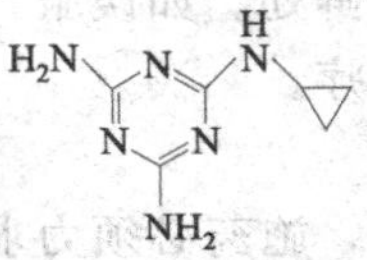

$C_6H_{10}N_6$, 166.2, 66215-27-8

化学名称 *N*-环丙基-2,4,6-三氨基-1,3,5-三嗪

主要剂型 20%、30%、50%、70%、75%、80%可湿性粉剂，60%、70%、80%水分散粒剂，20%、50%、70%、75%可溶粉剂，10%、20%悬浮剂。

理化性质 无色晶体。熔点224.9℃。蒸气压4.48×10^{-4}mPa（25℃）。相对密度1.35（20℃）。溶解性：水13g/L（pH7.1，25℃）；其他溶剂（20℃，g/kg）：甲醇22，异丙醇2.5，丙酮1.7，正辛醇1.2，二氯甲烷0.25，甲苯0.015，己烷0.0002。稳定性：310℃以下稳定；在pH5～9时，水解不明显；70℃以下28d内未观察到水解。属1,3,5-三嗪类昆虫生长调节剂，低毒。

产品特点 灭蝇胺纯品为无色结晶，具有触杀和胃毒作用，并有强内吸传导性，可杀死叶肉内害虫，速效性好，持效期长，低毒无残留，对作物安全。

（1）杀虫机理是诱使双翅目昆虫幼虫和蛹在形态上发生畸变，成虫羽化不完全或受抑制。

（2）高效、速效。低用量、超高效，为目前防治美洲斑潜蝇最好的产品。

（3）强内吸、持效期长。具有超强内吸传导作用，叶面喷雾即可杀死叶肉内的害虫，持效期长达15d以上。

(4) 低毒性、无公害。毒性比食用盐还低，对作物、人畜高度安全，当天用药当天即可上市，是无公害、绿色蔬菜生产上的首选药剂，尤其适合用于出口水果、蔬菜生产基地。

(5) 加工工艺先进。分散性好，黏附性更好，耐雨水冲刷。

(6) 使用方便。既可以用于喷雾，又可用于灌根、淋根。

(7) 可与阿维菌素、杀虫单等复配。

应用

(1) 使用范围　适用于观赏植物和蔬菜。

(2) 防治对象　用于防治黄瓜、菜豆美洲斑潜蝇，韭蛆，红蜘蛛等。

使用方法　防治黄瓜、豇豆、菜豆等多种蔬菜上的斑潜蝇，于发生初期当叶片被害率（潜道）（彩图 10）达 5%时，用 75%可湿性粉剂 3000 倍液，或 10%悬浮剂 800 倍液均匀喷施到叶片正面和背面，每隔 7～10d，连续喷 2～3 次。

防治红蜘蛛，用 75%可湿性粉剂 4000～4500 倍液喷雾。

防治韭蛆，可用 60%水分散粒剂 1000～1500 倍液灌根。

结合农业防治效果更佳：如棚室保护和育苗畦提倡蔬菜覆盖防虫网，田间设置黄板诱杀，每亩设放 15～20 块黄板。在豇豆、菜豆等豆类蔬菜上，有时潜叶蝇和煤霉病并发，可采用 50%灭蝇胺可湿性粉剂 5000 倍液加 50%腐霉利可湿性粉剂 1500 倍液喷雾。

中毒急救　中毒症状为头晕、头痛、恶心、呕吐等，对眼睛有刺激作用，要注意保护。皮肤接触，用清水及肥皂水洗干净。溅入眼睛中，立即用清水冲洗至少 15min，仍有不适，立即就医。误服，立即带该产品标签就医，对症治疗。无特效解毒剂。

注意事项

(1) 该药剂对幼虫防效好，对成蝇效果较差，要掌握在初发期使用，保证喷雾质量。在害虫暴发期使用本品，可配合其他药剂使用。勿与其他碱性药剂等物质混用。

(2) 对斑潜蝇的防治适期以低龄幼虫始发期为好，如果卵孵不整齐，用药时间可适当提前，7～10d 后再次喷药，喷药务必均匀周到。

(3) 在多年使用灭蝇胺防效下降的地区，注意与不同作用机理的药剂交替使用，以减缓害虫抗药性的产生。喷药时，若在药液中混加 0.03%的有机硅或 0.1%的中性洗衣粉，可显著提高药剂防效。

(4) 远离水产养殖区施药，禁止在河塘等水体中清洗施药器具。对皮肤有刺激作用，使用时应注意安全保护。如穿戴工作服、手套、面罩等，避免人体直接接触药剂。工作后漱口、清洗裸露在外的身体部分并更换干净的衣服。施药期间不可吃东西、饮水等。

(5) 由于本品特殊的作用机制，使用时较其他常规药剂提前 2～3d 施药。

使用前先摇匀药剂，再取适量对水稀释。

(6) 用过的容器应妥善处理，不可做他用，也不可随意丢弃。孕妇和哺乳期妇女应避免接触本品。贮存于阴凉、干燥、通风、防雨、远离火源处，勿与食品、饲料、种子、日用品等同贮同运。置于儿童够不着的地方并上锁，不得重压、损坏包装容器。

(7) 用于菜豆，安全间隔期为 7d，一季最多使用 2 次；用于黄瓜，安全间隔期为 2d，一季最多使用 2 次。

多杀霉素（spinosad）

spinosyn A, R = H—, $C_{41}H_{65}NO_{10}$, 732.0

spinosyn D, R = CH_3—, $C_{42}H_{67}NO_{10}$, 746.0

主要剂型 90%原药，2.5%、5%、48%、25g/L、480g/L 悬浮剂，0.02%饵剂，2.5%可湿性粉剂，10%水分散粒剂。

理化性质 原药为灰白色或白色晶体。熔点：spinosyn A 为 84～99.5℃，spinosyn D 为 161.5～170℃。相对密度 0.512

（20℃）。蒸气压（25℃）：spinosyn A 为 3.0×10^{-5} mPa，spinosyn D为 2.0×10^{-5} mPa。溶解度（spinosyn A）：水（20℃）：89mg/L（蒸馏水），235mg/L（pH＝7）；二氯甲烷 52.5（g/L，20℃，下同），丙酮 16.8，甲苯 45.7，乙腈 13.4，甲醇 19.0，正辛醇 0.926，正己烷 0.448。溶解度（spinosyn D）：水（20℃）：0.5mg/L（蒸馏水），0.33mg/L（pH＝7）；二氯甲烷 44.8（g/L，20℃，下同），丙酮 1.01，甲苯 15.2，乙腈 0.255，甲醇 0.252，正辛醇 0.127，正己烷 0.743。pH＝5 和 pH＝7 时不易水解。属生物源低毒、低残留、高效、广谱杀虫剂。

产品特点

（1）多杀霉素的作用机制新颖、独特，不同于一般的大环内酯类化合物。通过刺激昆虫的神经系统，增加其自发活性，导致非功能性的肌收缩、衰竭，并伴随颤抖和麻痹，显示出烟碱型乙酰胆碱受体（nChR）被持续激活引起的乙酰胆碱（Ach）延长释放反应。多杀霉素同时也作用于 γ-氨基丁酸（GAGB）受体，改变 GABA 门控氯通道的功能，进一步增强其杀虫活性。

（2）与其他生物杀虫剂相比，多杀霉素杀虫速度更快，施药后当天可见效果，杀虫速度可与化学农药相媲美，非一般的生物杀虫剂可比。

（3）对害虫具有快速的触杀和胃毒作用，对叶片有较强的渗透作用，可杀死表皮下的害虫，残效期较长，对一些害虫具有一定的杀卵作用。以胃毒为主，无内吸作用。

（4）其有效成分多杀霉素是一种微生物代谢产生的纯天然活性物质，具很强的杀虫活性和安全性，能有效地防治鳞翅目、双翅目和缨翅目害虫，也能很好地防治鞘翅目和直翅目中某些大量取食叶片的害虫种类，对顽固性害虫（小菜蛾、蓟马、甜菜夜蛾等）高效，因无内吸作用，故对刺吸式害虫和螨类的防治效果较差。对捕食性天敌昆虫比较安全，因杀虫作用机制独特，目前尚未发现与其他杀虫剂存在交互抗药性的报道。

（5）多杀霉素是在刺糖多胞菌发酵液中提取的一种大环内酯类无公害高效生物杀虫剂。产生多杀霉素的亲本菌株土壤放线菌多刺甘蔗多孢菌，最初分离自加勒比的一个废弃的酿酒场。毒性极低，对植物安全无药害。

(6) 杀虫效果受下雨影响较小。

(7) 多杀霉素可与甲氨基阿维菌素苯甲酸盐、吡虫啉、噻虫嗪、虫螨腈、茚虫威、阿维菌素、高效氯氰菊酯等杀虫剂成分混配，生产复配杀虫剂。

应用

(1) 使用范围　主要适用作物为甘蓝、大白菜、茄子、节瓜等蔬菜，柑橘树，棉花，水稻等。

(2) 防治对象　主要用于防治鳞翅目、双翅目和缨翅目害虫，如小菜蛾低龄幼虫、甜菜夜蛾低龄幼虫、斜纹夜蛾、棉铃虫、烟青虫、蓟马、蚜虫、白粉虱、马铃薯甲虫、茄黄斑螟幼虫（彩图11)、美洲斑潜蝇、马铃薯甲虫、橘小实蝇、二化螟、桃小食心虫、茶小绿叶蝉、茶尺蠖、稻纵卷叶螟、红火蚁等。

使用方法　防治十字花科蔬菜小菜蛾、菜青虫，在低龄幼虫期施药，用2.5%悬浮剂1000～1500倍液，或每亩用10%水分散粒剂10～20g，对水30～50kg均匀喷雾。根据害虫发生情况，可连续用药1～2次，间隔5～7d。

防治茄子、辣椒的蓟马，用2.5%悬浮剂1000～1500倍液，于蓟马发生初期喷雾，重点喷洒幼嫩组织，如花、幼果、顶尖及嫩梢。每隔5～7d施药一次，连续用药2～3次。

防治瓜果蔬菜的甜菜夜蛾，于低龄幼虫期时施药，每亩用2.5%悬浮剂50～100mL喷雾，傍晚施药防虫效果最好。

防治菜田中的棉铃虫、烟青虫，在幼虫低龄发生期，每亩用48%悬浮剂4.2～5.6mL，对水20～50kg喷雾。

防治柑橘树橘小实蝇，每亩用0.02%饵剂70～100g，对清水6～8份，充分搅匀后，用手持喷壶粗滴喷雾，雾滴大小在4～6mm间；隔株（或隔2～3m）点喷，每点喷树冠中、下层叶片背面0.2～0.5m^2。在实蝇危害初期开始施药，此后每7d施1次药，直到收获。

防治棉花棉铃虫，每亩用480g/L悬浮剂4.2～5.6mL，对水

50kg 喷雾，在低龄幼虫期施药 1～2 次，间隔 5～7d。

防治水稻二化螟、稻纵卷叶螟，每亩用 480g/L 悬浮剂 6～10mL，对水 50kg 喷雾，在低龄幼虫期施药 1～2 次，间隔 5～7d。

中毒急救 动物实验表明，该药剂可能造成眼睛或皮肤刺激。如溅入眼睛，立刻用大量清水冲洗，如佩戴隐形眼镜，冲洗 1min 后摘掉眼镜再冲洗几分钟。如症状持续，携该产品标签去医院诊治。误食时，如神志清醒，可饮用少量清水，不要自行引吐，切勿给不清醒或发生痉挛患者灌喂任何东西或催吐，应携该产品标签送医诊治。皮肤黏附时，脱去被溅衣服，立即用大量清水冲洗皮肤，衣服彻底清洗晒干后方可再穿。如误吸，应立即转移至空气清新处。如症状持续，请就医。无特殊解毒剂。

注意事项

(1) 本品为低毒生物源杀虫剂，但使用时仍应注意安全防护，如穿戴工作服、手套、面罩等，避免人体直接接触药剂。工作后漱口、清洗裸露在外的身体部分并更换干净的衣服。施药期间不可吃东西、饮水等。

孕妇和哺乳期妇女应避免接触本品。

(2) 本品无内吸性，喷雾时应均匀周到，叶面、叶背及叶心均需着药。

(3) 为延缓抗药性产生，每季蔬菜喷施 2 次后要换用其他杀虫剂。

(4) 药剂易黏附在包装袋或瓶壁上，应用水将其洗去再进行二次稀释，力求喷雾均匀。

(5) 在高温下，对采用棚室栽培的瓜类、莴苣苗期应慎用。

(6) 避免污染水源和池塘等水体，不要在水体中清洗施药器具。对蜜蜂高毒，应避免直接施用于开花期的蜜源植物上，避开养蜂场所，最好在黄昏时施药。蚕室和桑园附近禁用。

(7) 药液贮存在阴凉、干燥、通风、防雨、远离火源处，勿与食品、饲料、种子、日用品等同贮同运。宜置于儿童够不着的地方并上锁，不得重压、损坏包装容器。

(8) 25%多杀霉素悬浮剂用于茄子，安全间隔期为 3d，一季最多使用 1 次；用于甘蓝，安全间隔期为 1d，一季最多使用 4 次；用于棉花，安全间隔期为 14d，一季最多使用 3 次；用于柑橘树，安全间隔期为 1d，一季最多使用 6 次。

虫酰肼（tebufenozide）

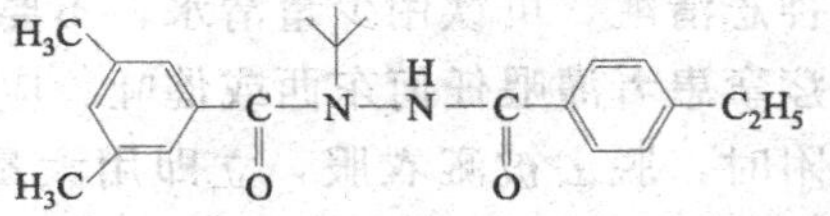

$C_{22}H_{28}N_2O_2$, 352.5, 112410-23-8

化学名称　N-叔丁基-N'-(4-乙基苯甲酰基)-3,5-二甲基苯酰肼

主要剂型　10%、20%、24%、30%、200g/L 悬浮剂，20%可湿性粉剂，10%乳油。

理化性质　无色粉末。熔点 191℃。蒸气压<1.56×10^{-4}mPa（25℃，气体饱和度法）。相对密度 1.03（20℃，比重瓶法）。溶解度：水中 0.83mg/L（25℃）；有机溶剂中微溶。稳定性：94℃下稳定期 7d；pH=7 的水溶液下光稳定（25℃）；在无光无菌的水中稳定期 30d（25℃）；池塘水中 DT_{50}=67d，光存在下 30d（25℃）。属非甾族新型昆虫生长调节剂类杀虫剂。低毒，对高等动物无致畸、致癌、致突变作用。对鱼和水生脊椎动物有毒，对蚕高毒。

产品特点　作用机理为促进鳞翅目幼虫蜕皮，当幼虫取食药剂后，产生蜕皮反应，开始蜕皮。由于不能完全蜕皮而导致幼虫脱水、饥饿而死亡。对低龄和高龄幼虫均有效，当幼虫取食喷有药剂的作物叶片后，约 6～8h 就停止取食，不再为害作物，3～4d 后开始死亡。

虫酰肼是通过吸收和接触起作用，杀虫活性高，选择性强，对所有鳞翅目幼虫有极高的选择性，持效期长，对作物安全。对抗性害虫棉铃虫、菜青虫、小菜蛾、甜菜夜蛾等有特效。

虫酰肼可与氯氰菊酯、高效氯氰菊酯、高效氯氟氰菊酯、阿维菌素、甲氨基阿维菌素苯甲酸盐、辛硫磷、苏云金杆菌、虫螨腈等杀虫剂成分混配，生产制造复配杀虫剂。

应用

(1) 使用范围　适用作物为十字花科蔬菜、苹果树、枣、梨、桃、柑橘、棉花、马铃薯、大豆、烟草、观赏作物、林木等。

(2) 防治对象　主要用于防治蚜虫、叶蝉科、鳞翅目、斑潜蝇属、叶螨科、缨翅目、根疣线虫属、鳞翅目幼虫如梨小食心虫、葡萄小卷蛾、甜菜夜蛾、斜纹夜蛾、卷叶蛾、马尾松毛虫等。本品持效期2～3周。

使用技术　防治十字花科蔬菜小菜蛾、甜菜夜蛾、菜青虫及其他鳞翅目害虫，在卵孵化盛期至幼虫1～2龄盛发期，一般每亩用20%悬浮剂或200g/L悬浮剂75～100mL，或24%悬浮剂60～80mL，对水45～60kg均匀喷雾。

防治棉铃虫，在卵孵化盛期至幼虫钻蛀前喷药防治，一般使用20%悬浮剂或200g/L悬浮剂1500～2000倍液，或24%悬浮剂1800～2400倍液均匀喷雾。

防治枣、苹果、梨、桃等果树卷叶虫、食心虫、各种刺蛾、各种毛虫、潜叶蛾、尺蠖等害虫，用20%悬浮剂1000～2000倍液喷雾。

防治茶树茶尺蠖。从害虫发生初期（低龄幼虫期）开始喷药，用20%悬浮剂或200g/L悬浮剂1500～2000倍液，或24%悬浮剂1800～2400倍液均匀喷雾。

防治烟草烟青虫，用20%悬浮剂1000～2500倍液。

防治美国白蛾、松毛虫等林木害虫，从害虫发生初期（低龄幼虫期）或初见网幕时开始喷药防治，用20%悬浮剂或200g/L悬浮剂2000～3000倍液，或24%悬浮剂3000～4000倍液均匀喷雾。

中毒急救　中毒症状为对眼睛有轻微刺激。皮肤接触，立即脱掉被污染的衣物，用肥皂和大量清水彻底清洗。溅入眼睛，立即将眼睑翻开，用清水冲洗至少15min，若用大量清水冲洗眼睛后仍有刺激感，要至眼科进行治疗。发生吸入，立即将吸入者转移到空气新鲜处。如误服、误吸，应请医生诊治，进行催吐洗胃和导泻，并移到空气清新的地方。无特殊解药，可对症治疗。

注意事项

(1) 对卵的效果较差，施用时应注意掌握在卵发育末期或幼虫发生初期喷施。使用本品喷雾时要均匀周到，尤其对目标害虫的危害部位。本品对小菜蛾药效一般，防治小菜蛾时宜与阿维菌素混用。

（2）不能与碱性药剂、强酸性药剂混用。避免长期单一使用本品，应与其他不同作用机制的杀虫剂交替使用。

（3）本品对蚕高毒，蚕室和桑园附近禁用。本品对鱼类有毒，应远离水产养殖区用药，禁止在河塘等水体中清洗施药器具。避免污染水源。

（4）做好劳动保护，如穿戴工作服、手套、面罩等，避免人体直接接触药剂。工作后漱口、清洗裸露在外的身体部分并更换干净的衣服。施药期间不可吃东西、饮水等。

孕妇和哺乳期妇女应避免接触本品。

（5）用过的容器应妥善处理，不可做他用，不可随意丢弃。

放置于阴凉、干燥、通风、防雨、远离火源处，勿与食品、饲料、种子、日用品等同贮同运。

置于儿童够不着的地方并上锁，不得重压、损坏包装容器。

（6）20%悬浮剂用于甘蓝，安全间隔期为7d，一季最多使用2次。

阿维菌素（abamectin）

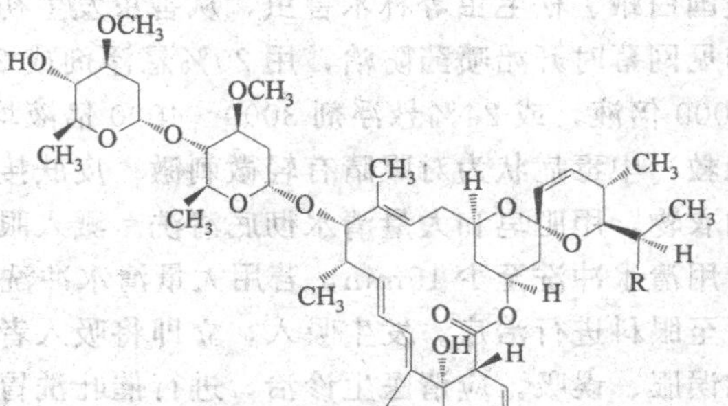

(i) R=—CH_2CH_3 (avermectin B_{1a})

(ii) R=—CH_3 (avermectin B_{1b})

avermectin B_{1a}：$C_{48}H_{72}O_{14}$, 873.1; avermectin B_{1b}：$C_{47}H_{70}O_{14}$, 859.1, 71751-41-2

化学名称 4″-表-乙酰氨基-4″-脱氧阿维菌素

主要剂型 96%、95%、94%、93%、92%、85%原药，3%、5%、10%悬浮剂，0.2%、0.3%、0.5%、0.6%、0.9%、1%、1.8%、2%、2.8%、3%、3.2%、4%、5%乳油，0.2%、0.22%、0.5%、1%、1.8%、3%、5%可湿性粉剂，0.5%、1.8%、2%、3%、3.20%、4%、5%、5.4%、6%微乳剂，0.5%、2%、6%、10%水分散粒剂，1%、5%可溶液剂，0.5%、0.9%、1%、1.8%、2%、2.2%、3%、3.2%、5%、18g/L水乳剂，1%、2%、3%、5%微囊悬浮剂，0.5%颗粒剂，0.12%高渗可湿性粉剂，0.10%饵剂。

理化性质 原药精粉为白色或黄色结晶（含 B_{1a} 80%，B_{1b} < 20%），蒸气压 < 3.7×10^{-6} Pa（25℃），溶点 161.8～169.4℃。20℃水中溶解度 7～10μg/L；其他溶剂中溶解度（g/L，21℃）：三氯甲烷 25，丙酮 100，甲苯 350，甲醇 19.5，乙腈 287，乙酸乙酯 232，丙醇 70，正丁醇 10，乙醇 20，环已烷 6，氯仿 25。常温下不易分解。在 25℃，pH=5～9 的溶液中无分解现象。在通常贮存条件下稳定，对热稳定，对光、强酸、强碱不稳定。属农用抗生素类、广谱、杀虫、杀螨剂。原药属高毒杀虫剂，制剂低毒。对蜜蜂有毒。

产品特点

(1) 阿维菌素是一种由链霉菌产生的新型大环内酯双糖类化合物，其作用机制是干扰害虫神经生理活动，刺激释放 γ-氨基丁酸，而 γ-氨基丁酸对节肢动物的神经传导有抑制作用，螨类成螨、若螨、幼虫与药剂接触后即出现麻痹症状，不活动，不取食，2～4d 后死亡。

(2) 高效、广谱 阿维菌素属农用抗生素类、广谱、杀虫、杀螨剂。一次用药可防治多种害虫，能防治鳞翅目、双翅目、同翅目、鞘翅目的害虫以及叶螨、锈螨等。对害虫、害螨有触杀和胃毒作用，对作物有渗透作用，但无杀卵作用。一般防治食叶害虫每亩用有效成分 0.2～0.4g，对鳞翅目的蛾类害虫每亩用 0.6～0.8g；防治钻蛀性害虫，每亩用有效成分 0.7～1.5g。

(3) 杀虫速度较慢，对害虫以胃毒作用为主，兼有触杀作用。药剂进入虫体后，能促进γ-氨基丁酸从神经末梢的释放，阻碍害虫运动神经信号的传递，使虫体麻痹，不活动，不取食，2～4d后死亡。因不引起虫体迅速脱水，所以杀虫速度较慢。

(4) 持效期长。一般对鳞翅目害虫的有效期为10～15d，对害螨为30～45d。阿维菌素是一种细菌代谢分泌物，在土壤中降解快、光解迅速，环境兼容性较好。

(5) 害虫不易产生耐药性。与有机磷、氨基甲酸酯、拟除虫菊酯类农药无交互抗性，对耐药性害虫有特效。

(6) 对天敌安全。施药后，未渗入植物体内而停留在植物体表面的药剂可很快分解，对天敌损伤很小。在土壤中易被吸附，不能移动，并被微生物分解，在环境中无积累，对人畜和环境很安全。

(7) 对作物安全，不易产生药害。即使施用量大于治虫量的10倍，对大多数作物仍很安全。阿维菌素原药对人畜毒性高，制剂对人畜毒性低，对蜜蜂、某些鱼类毒性高。可以在一般无公害食品和A级绿色食品生产中使用，只在AA级绿色食品中限用。

(8) 鉴别要点：纯品为白色或黄白色结晶粉。1.8%阿维菌素乳油等乳油制剂为棕色透明液体，无明显的悬浮物和沉淀物。

用户在选购阿维菌素单剂及复配产品时应注意：确认产品通用名称及含量；查看农药“三证”，阿维菌素乳油的单剂品种应取得生产许可证（XK），其他复配制剂应取得农药生产批准证书（HNP）；查看产品是否在2年有效期内。

生物鉴别：于菜青虫（2～3龄）幼虫发生期，摘取带虫叶片若干个，将1.8%阿维菌素乳油稀释4000倍直接喷洒在有害虫的叶片上，待后观察。若菜青虫被击倒致死，则该药品为合格品，反之为不合格品。

(9) 阿维菌素常与苏云金杆菌、印楝素、吡虫啉、啶虫脒、吡蚜酮、噻虫嗪、烯啶虫胺、氯氰菊酯、高效氯氰菊酯、高效氯氟氰菊酯、甲氰菊酯、联苯菊酯、氰戊菊酯、溴氰菊酯、丙溴磷、辛硫磷、敌敌畏、三唑磷、灭幼脲、除虫脲、虫酰肼、氟虫脲、灭蝇胺、多杀霉素、炔螨特、噻螨酮、哒螨灵、螺螨酯、唑螨酯、四螨嗪等杀虫（螨）剂成分混配，生产制造复配杀虫（螨）剂。

应用

（1）使用范围　适用于蔬菜、果树、水稻、棉花、花卉、林木等。

（2）防治对象　主要用于防治蔬菜害虫如螨类、小菜蛾、菜青虫、甜菜夜蛾、斜纹夜蛾、黏虫、黄曲条跳甲（彩图12）、猿叶甲（彩图13）、潜叶蝇、瓜实蝇（彩图14）、食心虫、卷叶蛾等害虫，并对许多蔬菜的根结线虫也具有很好的防治效果；果树害虫如红蜘蛛、橘小实蝇、潜叶蛾、梨木虱、锈壁虱、二斑叶螨、梨小食心虫等；水稻害虫如稻纵卷叶螟（彩图15）等；棉花害虫如棉铃虫、红蜘蛛等；花卉害虫如红蜘蛛；林木害虫如松材线虫等。

使用技术

（1）蔬菜害虫　防治菜青虫，平均每株有虫1头时开始防治，用1.8%阿维菌素乳油2500～3000倍液均匀喷雾。

防治小菜蛾，在幼龄幼虫期或卵孵盛期，用1.8%乳油2500～3000倍液均匀喷雾。

防治菜豆斑潜蝇及其他蔬菜上的潜叶蝇类害虫，在幼虫低龄期，即多数被害虫道长度在2cm以下时，用1.8%乳油2000～2500倍液，或1%乳油2000倍液均匀喷雾，喷药宜在早晨或傍晚进行。

防治甜菜夜蛾，用1.8%乳油1000倍液喷雾，药后7～10d防效仍达90%以上。

防治瓜果蔬菜及豆类蔬菜红蜘蛛、叶螨、茶黄螨等害螨和各种抗性蚜虫，在害虫发生初盛期，或蚜虫点片发生时防治，1～1.5个月后再喷药一次。一般用2%乳油3500～4500倍液，或1.8%乳油或18g/L乳油3000～4000倍液，或1%乳油1700～2200倍液，或0.9%乳油1500～2000倍液，或0.5%乳油（可湿性粉剂）800～1000倍液均匀喷雾。

防治韭蛆，每平方米用1.8%乳油0.8～1.2g，或1%乳油800～1000倍液2.25g，加适量水混入塑料桶（盆），在畦口处缓缓注入灌溉水中，随水注入韭菜根部。

防治瓜果蔬菜的根结线虫，定植前，每亩用2%乳油750～900mL，或1.8%乳油或18g/L乳油800～1000mL，或1%乳油1500～1800mL，或0.9%乳油1600～2000mL，或0.5%乳油3000～3500mL，或0.5%可湿性粉剂3000～3500g，对适量水浇灌定植沟或穴；定植后发现根结线虫时，再使用相同剂量的药剂对水后进行根部浇灌，一个月后再浇灌1次。

（2）果树害虫　防治果树红蜘蛛、黄蜘蛛、锈壁虱、鳞翅目食叶害虫，每亩用10%悬浮剂0.7～1.1g，对水30～45kg均匀喷雾。

防治橘小实蝇、橘大实蝇、果实蝇，用0.1%饵剂0.18～0.27g，稀释2～3倍后装入诱集罐，每罐装稀释液54mL，每亩10个诱集罐进行诱杀。

防治苹果金纹细蛾、卷叶蛾、食叶毛虫，从害虫发生初期（低龄幼虫期）开始喷药防治，每代喷药1次即可。用2%乳油3500～4500倍液，或1.8%乳油3000～4000倍液，或1%乳油1700～2200倍液均匀喷雾。

（3）粮油作物害虫　防治水稻二化螟、三化螟、纵卷叶螟，在害虫卵孵化盛期至钻蛀前或卷叶前喷药防治，每亩用2%乳油50～70mL，或1.8%乳油60～80mL，或1%乳油100～150mL，对水30～45kg均匀喷雾。

防治棉花红蜘蛛、棉铃虫，在害螨发生初盛期，或棉铃虫孵化盛期喷药，15～20d 1次，连喷2次。每亩用2%乳油70～100mL，或1.8%乳油80～120mL，或1%乳油150～200mL，对水45～60kg均匀喷雾，并对蚜虫也有一定的兼治作用。

（4）其他作物害虫　防治松材线虫，采用树干注药方法进行施药，一般每株需要注射5%乳油36～72g，或4%乳油45～90g，或2%乳油90～180g，或1.8%乳油100～200g。

中毒急救　用药时注意安全保护，如误服，立即引吐并服用土根糖浆或麻黄素，但勿给昏迷患者催吐或灌任何东西，应送医院对症治疗；抢救时不要给患者使用增强γ-氨基丁酸活性的物质，如巴比妥、丙戊酸等。

注意事项

（1）阿维菌素杀虫、杀螨的速度较慢，在施药后3d才出现死虫高峰，但在施药当天害虫、害蛾即停止取食为害。

（2）该药无内吸作用，喷药时应注意喷洒均匀、细致周密。

（3）应选择阴天或傍晚用药，避免在阳光下喷施，施药时采取戴口罩等防护措施。

（4）合理混配用药。在使用阿维菌素类药剂前，应注意所用药剂的种类、有效成分的含量、施药面积和防治对象等，严格按照要求，正确选择施药面积上所需喷洒的药液量，并准确配制使用浓度，以提高防治效果，不能随意增加或减少用量。

（5）慎用阿维菌素。对一些用常规农药就能完全控制的蔬菜害虫，不必使用阿维菌素。对一些钻蛀性害虫或已对常规农药产生抗药性的害虫，宜使用阿维菌素。不能长期、单一使用阿维菌素，以防害虫产生抗药性，应与其他类型的杀虫剂轮换使用。

（6）施药后防治效果不理想，可能与所用药剂质量较差、用药量不足、虫龄过大及施药方法不当等有关。部分剂型的阿维菌素在储存过程中容易光解，会造成药物损失。阿维菌素在叶片表面很容易见光分解，进入叶片后则可以保持较长的持效期。施药时用水量过少，施药后药滴很快在叶面变干，药物不能渗透进入叶片，容易光解失效。虫龄过大时，不容易将虫及时杀灭，特别是用药量偏少时，保叶效果会较差。同类药甲氨基阿维菌素苯甲酸盐也有类似情况。

（7）不可与碱性农药混合使用。施药后24h内，禁止家畜进入施药区。黄瓜苗期如大量根施阿维菌素乳油则会产生药害，致叶缘发黄，叶脉皱缩。

（8）对鱼高毒，使用时禁止污染水塘、河流，蜜蜂采蜜期禁止施药。对蚕高毒，桑叶喷药后40d还有明显毒杀蚕作用。

（9）可用于绿色食品生产，蔬菜上每季作物最多用一次，出口日本的蔬菜不能使用本药。

（10）1.8%乳油用于萝卜，安全间隔期为7d，一季最多使用3次；用于豇豆，安全间隔期为3d，一季最多使用2次；用于黄瓜，安全间隔期2d，一季最多使用3次；用于叶菜，安全间隔期为7d，一季最多使用 1 次。

甲氨基阿维菌素苯甲酸盐（emamectin benzoate）

CH_3O CH_3 O O CH_3 CH_3 CH_3—NH_2^+ OCH_3 CO_2^- R H CH_3 CH_3 O O CH_3 O HO H O CH_3 O H OH

B_{1a} R=—CH_2CH_3

B_{1b} R=—CH_3

$C_{56}H_{81}NO_{15}(B_{1a})$, $C_{55}H_{79}NO_{15}(B_{1b})$; 1008.3($B_{1a}$), 994.2($B_{1b}$), 155569-91-8

化学名称 4′-表-甲氨基-4′-脱氧阿维菌素苯甲酸盐

主要剂型 95%、90%、83.5%、79.1%原药，0.2%高渗微乳剂，5.7%、5%、2.88%、2.3%、2.15%、2%、1.9%、1.5%、1.14%、1.13%、1.2%、1.1%、1%、0.88%、0.57%、0.55%、0.5%、0.2%乳油；5.7%、5%、3.4%、3%、2.5%、2.3%、2.28%、2.2%、2%、1.8%、1.3%、1.2%、1.17%、1.14%、1.1%、1%、0.6%、0.57%、0.5%微乳剂，8%、5.7%、5%、3.4%、3%、2.5%、2.3%水分散粒剂，3.4%、3%、1.5%泡腾片剂，3.4%、3%、2.5%、1%、0.6%、0.57%水乳剂，5.7%、5%、2.3%可溶粒剂，3%、1%可湿性粉剂，3%悬浮剂，2%可溶液剂，0.1%饵剂，0.2%高渗乳油，0.2%高渗可溶性粉剂。

理化性质 纯品为白色粉末。熔点 141～146℃，蒸气压 4×10^{-6}Pa（21℃），相对密度 1.20（23℃）。水中溶解度 0.024g/L（25℃，pH=7）。通常贮存条件下稳定，对紫外线不稳定。溶于丙酮、甲苯，微溶于水，不溶于己烷。属微生物源低毒杀虫剂。对蜜蜂有毒。

产品特点

（1）甲氨基阿维菌素苯甲酸盐是从发酵产品阿维菌素 B_1 出发合成的一种新型高效半合成抗生素类杀虫、杀螨剂。其作用机理是 γ-氨基丁酸受体激活剂使氯离子大量进入突触后膜，产生超级化，从而阻断运动神经信息的传递过程，使害虫中央神经系统的信号不能被运动神经元接受。

（2）对害虫主要具有胃毒作用，并兼有一定的触杀作用，不具有杀卵功能，对鳞翅目昆虫的幼虫和其他许多害虫及螨类的活性极高，与阿维菌素比较，其杀虫活性提高了100～200倍，毒性降低2～3个数量级。

（3）与其他杀虫剂无交互抗性问题，可防治对有机磷类、拟除虫菊酯类和氨基甲酸酯类等杀虫剂产生抗药性的害虫，对天敌安全。

（4）是一种防治甜菜夜蛾、斜纹夜蛾、棉铃虫、瓜绢螟、豆荚螟等的特效药剂，对以上害虫防治快、狠，低毒、低残留。

（5）杀虫谱广，对节肢动物没有伤害，对人畜低毒。

（6）甲氨基阿维菌素苯甲酸盐常与氯氰菊酯、高效氯氰菊酯、高效氯氟氰菊酯、甲氰菊酯、联苯菊酯、哒螨灵、虫螨腈、多杀霉素、氟虫苯甲酰胺、丙溴磷、三唑磷、茚虫威、吡虫啉、杀虫单、杀虫双、辛硫磷、虫酰肼、灭幼脲、氟铃脲、氟啶脲、丁醚脲、虱螨脲、噻虫嗪、啶虫脒等杀虫剂成分混配，生产制造复配杀虫剂。

（7）鉴别要点：0.2%、2.2%微乳剂及0.5%、0.8%、1%、1.5%、2%乳油为黄褐色均相液体，稍有氨气味，可与水直接混合成乳白色液体，乳液稳定不分层。0.2%可溶粉剂外观为灰白色疏松粉末，在水中快速溶解。

生物鉴别：取带有菜青虫（或小菜蛾幼虫、甜菜夜蛾）的十字花科蔬菜菜叶数片，分别将0.5%甲氨基阿维菌素苯甲酸盐微乳剂、1%甲氨基阿维菌素苯甲酸盐乳油稀释2000倍喷洒于有虫菜叶上，待后观察菜青虫（或小菜蛾幼虫、甜菜夜蛾）是否死亡。若菜青虫（或小菜蛾幼虫、甜菜夜蛾）死亡，则药剂质量合格，反之不合格。

应用

（1）使用范围　适用作物非常广泛，如瓜果蔬菜类、粮棉油糖茶类、烟草、果树类及观赏植物等。

（2）防治对象　在蔬菜上防治十字花科蔬菜小菜蛾、菜青虫、蚜虫、棉铃虫、红蜘蛛、黄曲条跳甲、豆荚螟、斑潜蝇等；在果树上防治苹果金纹细蛾，苹果、桃、枣、梨等果树的卷叶蛾、食心虫、美国白蛾、天幕毛虫、棉铃虫、刺蛾类等，桃线潜叶蛾、梨树梨木虱、柑橘潜叶蛾等。

使用方法　夜蛾类害虫最佳防治期应为3龄前，该时期害虫为害小，集中，容易防治，用药量少、次数少。使用剂量为0.2%乳油10mL对水15kg喷雾。施用时期以傍晚最佳。对4龄以上害虫，用20mL对水15kg喷雾，14h防效也达80%。

防治各种豆荚螟、斑潜蝇，用0.5%微乳剂1500～3000倍液喷雾。防治成虫，以上午8点施药最好，防治幼虫以1～2龄期施药最佳，在施药过程中，农药应交替使用，防止产生抗药性。

防治十字花科蔬菜小菜蛾、菜青虫，在幼虫低龄期用0.5%微乳剂1500～3000倍液喷雾防治。防治高抗性小菜蛾，用0.5%微乳剂1000～2000倍液喷雾。最好与其他药剂交替或轮换使用，以延缓抗性产生。

防治蔬菜蚜虫，可用0.5%微乳剂2000～3000倍液喷雾。

防治棉铃虫、蚜虫、红蜘蛛等，用0.5%微乳剂2000～3000倍液喷雾。

防治黄曲条跳甲，每亩用2.2%微乳剂15～20mL，对水40～50kg均匀喷雾。

防治苹果金纹细蛾，用0.5%乳油800～1000倍液，或1%乳油或1%微乳剂1500～2000倍液等喷雾，从果园内初见虫斑时立即开始喷药，每代喷药1次即可。

防治苹果、桃、枣、梨等果树的卷叶蛾，用0.5%乳油800～1000倍液，或1%乳油或1%微乳剂1500～2000倍液等喷雾，果树发芽后开花前或落花后及时喷药，然后在果园内初见卷叶为害时再次喷药。

防治苹果、桃、枣、梨等果树的食心虫，用0.5%乳油800～1000倍液，或1%乳油或1%微乳剂1500～2000倍液等喷雾，在害虫卵孵化盛期至幼虫蛀果为害前及时喷药，每代喷药1次。

防治苹果、桃、枣、梨等果树的美国白蛾、天幕毛虫、棉铃虫、刺蛾类，用0.5%乳油800～1000倍液，或1%乳油或1%微乳剂1500～2000倍液等喷雾，在害虫发生为害初期，或害虫卵孵盛期至低龄幼虫期及时喷药，每代喷药2～4次。

防治柑橘潜叶蛾，用0.5%乳油800～1000倍液，或1%乳油或1%微乳剂1500～2000倍液等喷雾，在柑橘嫩梢叶片上初见虫道时及时进行喷药，春梢生长期、夏梢生长期、秋梢生长期各喷药1次；若秋梢抽生不整齐，10～15d后需增加喷药1次。

防治桃线潜叶蛾，用0.5%乳油800～1000倍液，或1%乳油或1%微乳剂1500～2000倍液等喷雾，从桃树叶上初见虫斑时开始喷药，1个月左右1次，连喷2～4次。

防治烟草烟青虫。在害虫卵孵化盛期至低龄幼虫期（1～3龄）喷药，每亩用0.5%乳油（微乳剂）30～40mL，或1%乳油（微乳剂）15～20mL，或5%乳油3～4mL，对水45～60kg均匀喷雾。

防治水稻二化螟、三化螟、稻纵卷叶螟。在害虫卵孵化盛期至钻蛀前或低龄幼虫期（1～3龄）喷药，每亩用0.5%乳油（微乳剂）100～200mL，或1%乳油（微乳剂）50～100mL，或5%乳油10～20mL，对水30～60kg喷雾。

防治棉花等作物棉铃虫。在害虫卵孵化盛期至蛀铃前喷药防治，一般用0.5%乳油（微乳剂）400～500倍液，或1%乳油（微乳剂）800～1000倍液，或5%乳油4000～5000倍液均匀喷雾。

中毒急救 用药时注意安全防护，若误服，应立即催吐，并给患者服用土根糖浆或麻黄素，但不能给昏迷患者催吐或灌任何东西；抢救时避免给患者使用增强γ-氨基丁酸活性的物质，如巴比妥等。

注意事项

（1）提倡轮换使用不同类别或不同作用机理的杀虫剂，以延缓抗性的发生。不能在作物的生长期内连续用药，最好是在第1次虫发期过后，第2次虫发期使用别的农药，间隔使用。

(2) 禁止和百菌清、代森锌及铜制剂混用。

(3) 避免在高温下使用，以减少雾滴蒸发和飘移。

(4) 制剂有分层现象，用药前需先摇匀。

(5) 与其他农药混用时，应先将本药剂对水搅匀后再加入其他药剂。

(6) 不同剂型的甲氨基阿维菌素苯甲酸盐产品耐贮性有所不同，部分剂型的产品在贮存期药物就可能大量光解损失。施药时光照条件和用水量等不同，也会影响药物的吸收和光解损失，进而影响害虫防治效果。

(7) 鱼类、家蚕、鸟、蜜蜂等对其敏感，施药期间应避开蜜源作物花期、有授粉蜂群采粉区。避免该药剂在桑园使用和飘移到桑叶上。避免在珍贵鸟类保护区及其觅食区使用。远离水产养殖区施药，药液及其施药用水避免进入鱼类养殖区、产卵区、越冬场、洄游通道的索饵场等敏感水区及保护区，禁止在河塘等水体中清洗施药器具。

(8) 本品易燃，在贮存和运输时远离火源，应贮存在通风、干燥的库房中。贮运时，严防潮湿和日晒，不能与食物、种子、饲料混放。

(9) 用1%乳油防治甘蓝小菜蛾安全间隔期为3d，一季最多使用2次。

氯虫苯甲酰胺 (chlorantraniliprole)

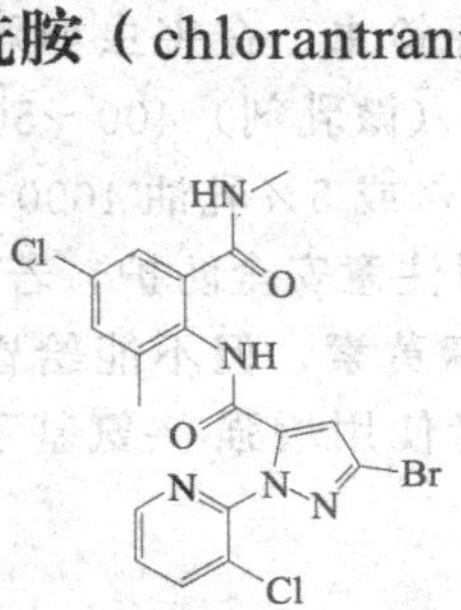

$Cl_8H_{14}BrCl_2N_5O_2$, 483.2, 500008-45-7

化学名称 3-溴-*N*-[4-氯-2-甲基-6-(甲氨基甲酰基) 苯]-1-(3-氯吡啶-2-基)-1-氢-吡啶-5-甲酰胺

主要剂型 95.30%原药，5%、18.5%、20%、200g/L 悬浮剂，35%水分散粒剂，0.4%颗粒剂。

理化性质 纯品为精细白色结晶粉末。熔点 208～210℃（原药 200～202℃），蒸气压 2.1×10^{-8} mPa（25℃，原药）、6.3×10^{-9} mPa（20℃）。溶解度：水中 0.9～1.0mg/L（pH＝4～9，20℃）；丙酮 3.4（g/L，下同），乙腈 0.71，二氯甲烷 2.48，乙酸乙酯 1.14，甲醇 1.71。水中 DT_{50}：10d（pH＝9，25℃）。属邻甲酰氨基苯甲酰胺类高效微毒广谱杀虫剂。制剂对鱼类、水蚤、鸟类、天敌毒性低。制剂对藻类、家蚕剧毒。

产品特点

(1) 氯虫苯甲酰胺的化学结构具有其他任何杀虫剂不具备的全新杀虫原理，能高效激活害虫肌肉上的鱼尼丁（兰尼碱）受体，从而过度释放平滑肌和横纹肌细胞内钙离子，导致昆虫肌肉麻痹，害虫停止活动和取食，致使害虫瘫痪死亡。该有效成分表现出对哺乳动物和害虫鱼尼丁受体极显著的选择差异，大大提高了对哺乳动物和其他脊椎动物的安全性。

(2) 氯虫苯甲酰胺是酰胺类新型内吸杀虫剂。根据目前的试验结果，对靶标害虫的活性比其他产品高出 10～100 倍，并且可以导致某些鳞翅目昆虫交配过程紊乱，研究证明其能降低多种夜蛾科害虫的产卵率。其持效性好，耐雨水冲刷，这些特性实际上是渗透性、传导性、化学稳定性、高杀虫活性和导致害虫立即停止取食等作用的综合体现。因此，决定了其比目前绝大多数在用的其他杀虫剂对作物有更长和更稳定的保护作用。其以胃毒使用为主，兼具触杀作用，是一种高效广谱的鳞翅目、甲虫和粉虱杀虫剂，在低剂量下就可使害虫立即停止取食。

(3) 持效期长，防雨水冲刷，在作物生长的任何时期提供即刻和长久的保护，是害虫抗性治理、轮换使用的最佳药剂。持效期可以达到 15d 以上，对农产品无残留影响，同其他农药混合性能好。

（4）该农药属微毒级，对哺乳动物低毒，对施药人员很安全，对有益节肢动物如鸟、鱼和蜜蜂低毒，非常适合害虫综合治理。

（5）氯虫苯甲酰胺常与噻虫嗪、吡蚜酮、高效氟氯氰菊酯、阿维菌素、噻虫啉、甲氨基阿维菌素苯甲酸盐等杀虫剂成分进行复配，生产复配杀虫剂。

应用

（1）使用范围　主要用于甘蓝、辣椒、花椰菜、菜用大豆、小青菜苗床等蔬菜，苹果树、甘蔗、棉花、玉米、水稻等。

（2）防治对象　高效广谱，对鳞翅目的夜蛾科、螟蛾科、蛀果蛾科、卷叶蛾科、粉蛾科、菜蛾科、麦蛾科、细蛾科等均有很好的控制效果，还能控制鞘翅目象甲科、叶甲科，双翅目潜蝇科，烟粉虱等多种非鳞翅目害虫。

可用于防治黏虫、棉铃虫、天蛾、马铃薯块茎蛾、小菜蛾、菜青虫、烟青虫、黄曲条跳甲、欧洲玉米螟、亚洲玉米螟（彩图16）、瓜绢螟、瓜野螟、烟青虫、甜菜夜蛾、小地老虎（彩图17）、豆荚螟、苹果金纹细蛾、桃小食心虫、蔗螟、水稻二化螟、水稻三化螟、稻纵卷叶螟、大螟（彩图18）、褐飞虱、稻水象甲等。

使用方法

（1）蔬菜害虫　防治蔬菜小菜蛾、斜纹夜蛾、甜菜夜蛾，每亩使用20%悬浮剂10mL，对水30kg喷雾，且只要蔬菜叶片的正面均匀喷到药液，就可以表现高药效，而不像其他农药需要把蔬菜叶片的正反两方面都均匀喷到药液。

防治菜用大豆豆野螟和豆荚螟，每亩用20%悬浮剂5～10mL，对水30kg喷雾。

（2）果树害虫　防治苹果树的金纹细蛾、桃小食心虫、卷叶蛾及其他鳞翅目食叶害虫。用5%悬浮剂1000～1500倍液，或200g/L悬浮剂4000～5000倍液，或35%水分散粒剂7000～10000倍液喷雾。防治金纹细蛾时，在卵孵化期或初见虫斑时进行喷药，每代喷药1次即可。防治桃小食心虫时，在卵盛期至钻蛀前及时喷药。防治卷叶蛾时，首先在开花前或落花后喷药1次，然后再在每代幼虫发生初期及时喷药。防治其他鳞翅目食叶类害虫时，在卵孵化盛期至低龄幼虫期喷药。

防治桃线潜叶蛾。用5%悬浮剂1200～1600倍液，或200g/L悬浮剂5000～7000倍液，或35%水分散粒剂8000～12000倍液喷雾。在叶片上初显虫道时开始喷药，1个月左右1次（即为每代1次），连喷3～5次。

防治柑橘树的潜叶蛾、柑橘凤蝶、玉带凤蝶。用5%悬浮剂1200～1600倍液，或200g/L悬浮剂5000～7000倍液，或35%水分散粒剂8000～12000倍液喷雾。防治潜叶蛾时，在各季嫩梢（春梢、夏梢、秋梢）生长期内，嫩叶上初见虫道时进行喷药，抽梢期持续时间较长时，10～15d后再喷用1次。防治柑橘凤蝶、玉带凤蝶等鳞翅目食叶害虫时，在低龄幼虫期进行喷药。

（3）粮油作物害虫　防治水稻二化螟、三化螟、稻纵卷叶螟等，在稻纵卷叶螟卵孵高峰期、二化螟卵孵期至低龄幼虫发生期，每亩用200g/L悬浮剂5～10mL，对水50～75kg茎叶均匀喷雾。稻纵卷叶螟严重发生时，可于14d后（按当地实际情况可适当缩短）再喷药1次。氯虫苯甲酰胺具内吸传导性，在水稻苗期使用药物能传导到新生叶片，因而具有保护新生叶的功能（因药物主要通过维管束向上传导，水稻生长茂盛时喷到叶片上的药物不能传导到新生叶中），有更长的控虫时间。该药足量使用对大龄稻纵卷叶螟也有良好的杀灭效果；用量较小时，水稻中后期每亩用纯药1～2g，对大龄稻纵卷叶螟的杀灭效果相对较差。

防治水稻大螟，在卵孵高峰期开始施药，每亩用200g/L悬浮剂8.3～10mL，对水50～75kg茎叶均匀喷雾。

防治水稻稻水象甲，在稻水象甲成虫初现时（通常在移栽后1～2d）开始施药，每亩用200g/L悬浮剂6.7～13.4mL，对水50～75kg茎叶均匀喷雾。

防治玉米小地老虎，在害虫发生初期（玉米2～3叶期）施药，每亩用200g/L悬浮剂3.3～5mL，对水50～75kg均匀喷雾，重点喷茎基部。防治玉米玉米螟，在卵孵高峰期施药，每亩用200g/L悬浮剂4～5mL，对水50～75kg茎叶均匀喷雾。

防治甘蔗蔗螟，在卵孵高峰期开始施药，重点喷甘蔗叶部和茎基部，每亩用 200g/L 悬浮剂 15～20mL，对水 50～75kg 均匀喷雾。防治甘蔗小地老虎，于甘蔗出苗后，把药剂均匀喷在甘蔗茎叶和蔗苗基部，然后覆盖薄土，每亩用 200g/L 悬浮剂 7～10mL。

防治棉花棉铃虫，每亩用 200g/L 悬浮剂 8.3～10g，对水50～75kg 茎叶均匀喷雾。

中毒急救 无中毒报道。不慎溅入眼睛或接触皮肤，用大量清水冲洗至少 15min。误吸，将病人转移到空气清新处。误食，要及时洗胃并引吐，立即送医院治疗。没有特效解毒药，绝不可乱服药物。

注意事项

(1) 不能与碱性药剂及肥料混用。

(2) 施药时要做好劳动保护，如穿戴工作服、手套、面罩等，避免人体直接接触药剂。工作后漱口、清洗裸露在外的身体部分并更换干净的衣服。施药期间不可吃东西、饮水等。

(3) 因为其具有较强的渗透性，药剂能穿过作物茎部表皮细胞层进入木质部传导至其他没有施药的部位，所以在施药时可用弥雾或喷雾，这样效果更好。

(4) 当气温高、田间蒸发量大时，应选择早上 10 点以前，下午 4 点以后用药，这样不仅可以减少用药液量，也可以更好地增加作物的受药液量和渗透性，有利于提高防治效果。

(5) 产品耐雨水冲刷，喷药 2h 后下雨，无须再补喷。

(6) 本品对藻类、家蚕及某些水生生物有毒，特别是对家蚕有剧毒，具高风险性。因此在使用本品时应防止其污染鱼塘、河流、蜂场、桑园。采桑期间，避免在桑园及蚕室附近使用，在附近农田使用时，应避免药液飘移到桑叶上。禁止在河塘等水域中清洗施药器具；蜜源作物花期禁用。

孕妇和哺乳期妇女应避免接触本品。

(7) 用过的容器妥善处理，不可做他用，不可随意丢弃。

放置于阴凉、干燥、通风、防雨、远离火源处，勿与食品、饲料、种子、日用品等同贮同运。

宜置于儿童够不着的地方并上锁，不得重压、损坏包装容器。

（8）本品在多年大量使用的地方已产生抗药性，建议已产生抗药性的地区停止使用本品。

该药虽有一定内吸传导性，喷药时还应均匀周到。连续用药时，注意与其他不同类型药剂交替使用，以延缓害虫产生抗药性。为避免该农药抗药性的产生，每季作物或一种害虫最多使用3次，每次间隔时间在15d以上。

（9）5%悬浮剂用于蔬菜，安全间隔期为1d，一季最多使用3次；在水稻上安全间隔期为7d，每季最多使用2次；在玉米上安全间隔期为14d，每季最多使用3次。

噻螨酮（hexythiazox）

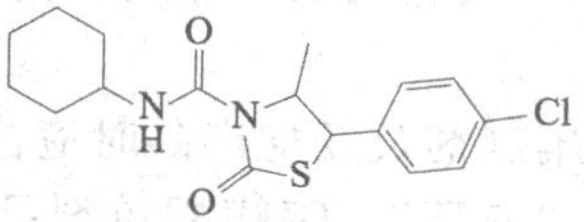

$C_{17}H_{21}ClN_2O_2S$, 352.9, 78587-05-0

化学名称 （4*RS*，5*RS*）-5-（4-氯苯基）-*N*-环己基-4-甲基-2-氧代-1,3-噻唑烷-3-羧酰胺

主要剂型 5%、10%乳油，5%、10%、50%可湿性粉剂，3%水乳剂。

理化性质 无色晶体。熔点108.0～108.5℃。蒸气压0.004mPa（20℃）。溶解度（20℃）：水0.5mg/L；氯仿1379（g/L，下同），二甲苯362，甲醇206，丙酮160，乙腈28.6，己烷4。对光、热、空气、酸碱稳定；温度低于300℃时稳定；光照其水溶液DT_{50}=16.7d；水溶液在pH=5、7、9时稳定。属噻唑烷酮类广谱低毒杀螨剂。对蜜蜂无毒。

产品特点

（1）杀虫机理为抑制昆虫几丁质合成和干扰新陈代谢，致使若虫不能蜕皮，或蜕皮畸形，或羽化畸形而缓慢死亡，具有高杀若虫活性。一般施药后3～7d才能看出效果，对成虫没有直接杀伤力，但可缩短其寿命，减少产卵量，并且产出的多是不育卵，幼虫即使孵化也很快死亡。

(2) 对植物表皮层具有较好的穿透性，但无内吸传导作用，对杀灭害螨的卵、幼螨、若螨有特效，对成螨无效，但对接触到药液的雌成螨产的卵具有抑制孵化作用。

(3) 噻螨酮属于非感温型杀螨剂，在高温和低温下使用的效果无显著差异，残效期长，药效可保持40～50d。由于没有杀成螨活性，所以药效发挥较迟缓。该药对叶螨防效好于锈螨和瘿螨。

(4) 在常用浓度下对作物安全，对天敌、捕食螨和蜜蜂基本无影响。但在高温、高湿条件下，喷洒高浓度药液对某些作物的新梢嫩叶有轻微药害。

(5) 鉴别要点：纯品为白色无味结晶。原药为浅黄色或白色结晶。5%噻螨酮乳油为淡黄色或浅棕色透明液体；5%噻螨酮可湿性粉剂为灰白色粉末。

用户在选购噻螨酮制剂及复配产品时应注意：确认产品通用名称及含量；查看农药“三证”，噻螨酮单剂品种及其复配制剂应取得农药生产批准文件（HNP）；查看产品是否在2年有效期内。

生物鉴别：在幼若螨盛发期，平均每叶有3～4只螨时，摘取带有红蜘蛛的苹果树叶若干片，将5%噻螨酮乳油（可湿性粉剂）1500倍液直接喷洒在有害虫的叶片上，待后观察。若蜘蛛被击倒致死，则该药品为合格品，反之为不合格品。

(6) 噻螨酮常与阿维菌素、炔螨特、哒螨灵、甲氰菊酯等杀螨剂成分混配，生产复配杀螨剂。

应用

(1) 使用范围　适用于蔬菜、柑橘、苹果、棉花、山楂等。

(2) 防治对象　主要用于防治红蜘蛛、黄蜘蛛、白蜘蛛（二斑叶螨）。

使用方法　防治红叶螨、全爪螨幼螨，用5%乳油1500～2000倍稀释液喷雾。

防治棉红蜘蛛、朱砂叶螨、芫菁红叶螨，6月底以前，在叶螨点片发生及扩散为害初期开始喷药，用5%乳油1500～2000倍稀释液喷雾。

防治柑橘红蜘蛛，在春季害虫发生始盛期，平均每叶有螨2～3头时开始喷药，用5%乳油（可湿性粉剂）1200～1500倍液均匀喷雾。

防治苹果红蜘蛛，在苹果开花前后（幼螨、若螨盛发初期，扩散为害前），平均每叶有螨3～4头时喷药，用5%乳油（可湿性粉剂）1000～1500倍液均匀喷雾。

防治山楂红蜘蛛，在越冬成虫出蛰后或害螨发生初期开始喷药防治，用5%乳油（可湿性粉剂）1000～1500倍液均匀喷雾。

中毒急救 如误服，应让中毒者大量饮水，催吐，保持安静，并立即送医院治疗。

注意事项

(1) 宜在成螨数量较少时（初发生时）使用，若是螨害发生严重时，不宜单独使用本剂，最好与其他具有杀成螨作用的药剂混用。

(2) 产品无内吸性，故喷药时要均匀周到，并要有一定的喷射压力。

(3) 对成螨无杀伤作用，要掌握好防治适期，应比其他杀螨剂稍早些使用。

(4) 要注意交替用药，每生长季最好使用一次，浓度不能高于600倍液。

(5) 可与波尔多液、石硫合剂等多种农药现配现用，但波尔多液的浓度不能过高。不宜和拟除虫菊酯、二嗪磷、甲噻硫磷混用。

(6) 噻螨酮在许多果区已使用多年，普遍存在不同程度的耐药性问题，因此建议尽量与不同类型杀螨剂混配使用，以提高杀螨效果。枣树对本剂较敏感，易造成药害。梨树的有些品种上使用不安全，用药时需要慎重。

(7) 一般作物安全间隔期为30d。在1年内，只使用一次为宜。

印楝素（azadirachtin）

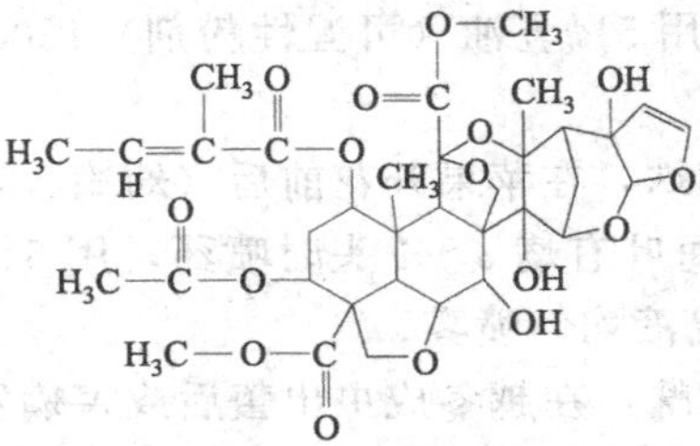

$C_{35}H_{44}O_{16}$, 720.8, 11141-17-6

主要剂型 10%、12%、20%、40%母药，0.3%、0.5%、0.6%、0.7%、1%乳油。

理化性质 纯品为具有大蒜/硫黄味的黄绿色粉末。印楝树油为具有刺激大蒜味的深黄色液体。熔点155～158℃，蒸气压3.6×10^{-6}mPa（20℃），相对密度1.276（20℃）。水中溶解度（g/L，20℃）：0.26；能溶于乙醇、乙醚、丙酮和三氯甲烷，难溶于正己烷。避光保存，DT_{50}＝50d（pH＝5，室温），高温、碱性、强酸介质下易分解。属植物源类低毒杀虫剂。制剂对鱼类、蜜蜂、家蚕剧毒，对鸟类毒性高。

产品特点

（1）作用机制为直接或间接通过破坏昆虫口器的化学感应器官产生拒食作用；通过对中肠消化酶的作用使其食物营养的转换不足，影响昆虫的生命力。高剂量的印楝素可直接杀死昆虫，低剂量则致使出现永久性幼虫或畸形的蛹、成虫等。通过抑制害虫的脑神经分泌细胞对促前胸腺激素的合成与释放，影响前胸腺对蜕皮甾类的合成和释放，以及咽侧体对保幼激素的合成和释放。从而使昆虫血淋巴内保幼激素正常浓度水平被破坏，以及昆虫卵成熟所需要的卵黄原蛋白合成不足而导致不育。

从化学结构上看，本药剂的化学结构与昆虫体内的类固醇和甾类化合物等激素类物质非常相似，因而害虫不易区分它们是体内固有的还是外界强加的，所以它们既能够进入害虫体内干扰害虫的生命过程，从而杀死害虫，又不易引起害虫产生抗药性。

(2) 乳油为棕色液体。它能够防治410余种害虫，杀虫比例高达90%左右。

(3) 对环境、人、畜、天敌安全，为目前世界公认的广谱、高效、低毒、易降解、无残留的杀虫剂，且没有抗药性。

(4) 对几乎所有植物害虫都具有驱杀效果，特别适用于防治对化学杀虫剂已产生抗性的害虫。适用于防治红蜘蛛、蚜虫、潜叶蛾、粉虱、小菜蛾、菜青虫、烟青虫、棉铃虫、茶黄螨、蓟马等鳞翅目、鞘翅目和双翅目害虫，还能防治地下害虫，并对小菜蛾、豆荚螟有特效，能与苏云金杆菌药剂混用，提高防治效果。

(5) 使用本品时不受温度、湿度条件的限制，使用方便性优于其他生物农药。

(6) 可与阿维菌素、苦参碱等复配。

应用

(1) 使用范围　适用作物为十字花科蔬菜（如甘蓝）、茶树、柑橘树、水稻、棉花、烟草、玉米、小麦等。

(2) 防治对象　主要用于防治美洲斑潜蝇幼虫、茶黄螨、蓟马、菜青虫、小菜蛾幼虫、甘蓝夜蛾幼虫、斜纹夜蛾幼虫、甜菜夜蛾幼虫、棉铃虫、茶毛虫、潜叶蛾、蝗虫、草地夜蛾、玉米螟、稻褐飞虱、果蝇、黏虫等。

使用方法　防治十字花科类蔬菜害虫。防治菜青虫、小菜蛾、斜纹夜蛾、甘蓝夜蛾、菜螟、黄曲条跳甲等，于1～2龄幼虫盛发期时施药，用0.3%乳油800～1000倍液，或1%苦参·印楝乳油800～1000倍液喷雾。根据虫情约7d可再防治一次，也可使用其他药剂。0.3%乳油对小菜蛾药效与药量成正相关，可以高剂量使用，每亩用150mL对水稀释400～500倍喷雾，由于小菜蛾多在夜间活动，白天活动较少，因此施药应在清晨或傍晚进行。

防治茄子、豆类害虫。防治白粉虱、棉铃虫、夜蛾、蚜虫、叶螨、豆荚螟、斑潜蝇，用0.3%乳油1000～1300倍液喷雾。

防治柑橘树潜叶蛾，在卵孵盛期至低龄幼虫期，用0.6%乳油1500～2000倍液喷雾。

防治茶树茶毛虫，在卵孵盛期至低龄幼虫期，用0.6%乳油1500～2000倍液喷雾。

中毒急救　不慎溅入眼睛，用大量清水冲洗至少15min。皮肤接触，立即脱掉污染的衣服，用肥皂水或者大量清水冲洗皮肤。误吸，将病人转移到空气清新处，如呼吸停止，应立即进行人工呼吸，如呼吸困难，应输氧。注意给病人保暖。误食，立即用大量清水漱口。误服，应洗胃、导泻，但不可催吐。对于昏迷病人不能这样做，应立即送医院治疗。没有特效解毒药，绝不可乱服药物。

注意事项

（1）该药作用速度较慢，一般施药后1d显效，故要掌握施药适期，不要随意加大用药量。

（2）应在幼虫发生前期预防使用；不能用碱性水进行稀释，也不能与碱性化肥、农药混用，与非碱性叶面肥混合使用效果更佳。如作物用过碱性化学农药，3d后方可施用此药，以防酸碱中和影响药效。

（3）印楝素对光敏感，暴露在光下会逐渐失去活性，在低于20℃下稳定，温度较高时会加速其降解，故以阴天或傍晚施药效果较好，避免中午时使用。

（4）建议将本品与不同作用机制杀虫剂轮换使用，以延缓产生抗药性。

在使用时，按喷液量加0.03%的洗衣粉，可提高防治效果。

（5）对鱼类剧毒。严禁在池塘、水渠、河流和湖泊中洗涤施用过本品的药械，以避免对水生生物造成伤害的风险。对蜜蜂、家蚕剧毒，周围蜜源作物花期禁用，蚕室、桑园附近禁用。不得用于养鱼稻田。对鸟类高毒，鸟类聚集地和繁殖地禁止使用本品。

（6）施药时做好劳动保护，如穿戴工作服、手套、面罩等，避免人体直接接触药剂。工作后漱口、清洗裸露在外的身体部分并更换干净的衣服。施药期间不可吃东西、饮水等。

孕妇和哺乳期妇女应避免接触本品。

（7）用过的容器妥善处理，不可做他用，不可随意丢弃。放置于阴凉、干燥、通风、防雨、远离火源处，勿与食品、饲料、种子、日用品等同贮同运。宜置于儿童够不着的地方并上锁，不得重压、损坏包装容器。

（8）一般作物安全间隔期为5d，一季最多使用次数为3次。

苦参碱（matrine）

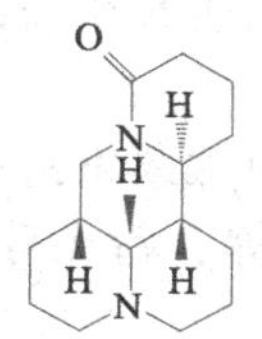

$C_{15}H_{24}N_2O$, 248.4, 519-02-8

主要剂型 10%、5%母药，0.2%、0.26%、0.3%、0.36%、0.38%、0.5%、0.6%、1.3%、2%水剂，0.3%、0.36%、0.5%、1%可溶性液剂，0.3%、0.38%、0.6%、1%乳油，0.38%、1.1%粉剂。

理化性质 深褐色液体，酸碱度≤1.0（以H_2SO_4计）。热贮存在（54±2)℃，14d分解率≤5.0%，(0±1)℃冰水溶液放置1h无结晶，无分层。属生物碱类植物源广谱低毒杀虫剂。对生殖系统无毒性，对鱼及水生物没有明显的影响。对蜂及野生物无明显有害的影响。

产品特点

（1）作用机理为害虫接触药剂后，即麻痹其神经中枢，继而使虫体蛋白质凝固，堵塞虫体气孔，使害虫窒息而死亡。对害虫具有触杀和胃毒作用，24h对害虫击倒率达95%以上。

（2）苦参碱属广谱性植物杀虫剂，是由中草药植物苦参的根、茎、果实经乙醇等有机溶剂提取制成的一种生物碱，一般为苦参总碱，其主要成分有苦参碱、氧化苦参碱、槐果碱、氧化槐果碱、槐定碱等多种生物碱，以苦参碱、氧化苦参碱含量最高。

（3）苦参碱是天然植物性农药，对人畜低毒，是广谱杀虫剂，具有触杀和胃毒作用，但药效速度较慢，施药后3d药效才逐渐升高，7d后达峰值。

(4) 害虫对苦参碱不产生任何抗药性，苦参碱与其他农药无交互抗性，对使用其他农药产生抗性的害虫防效仍佳。

(5) 对人、畜安全，对天敌无伤害，在生物体内无积累和残留，药效期长，持效期10～15d。

(6) 不仅具有优良的杀虫、杀螨作用，而且对真菌有一定的抑制或灭杀作用，同时含有植物生长所需的多种营养成分，能够促进植物生长，达到增产增收。

(7) 杀虫谱广，尤其针对蔬菜常见的菜青虫、斜纹夜蛾、甜菜夜蛾、蚜虫、蓟马、小绿叶蝉、粉虱等，有效率达95%以上。也可防治地下害虫。

(8) 对目标害虫有驱避作用，在施用过本产品的作物有效期内害虫不再危害或很少危害，特别适合作物病虫害的预防。

(9) 苦参碱可与烟碱、氰戊菊酯、印楝素、除虫菊素等杀虫剂成分混配，用于生产复配杀虫剂。

(10) 鉴别要点：制剂（水剂、可溶性液剂、醇溶液、乳油）外观一般为深褐（或棕黄褐）液体，粉剂为浅棕黄色疏松粉末，水溶液呈弱酸性。

化学鉴别：取粉剂样品少许于白瓷碗中，加氢氧化钠试液数滴，即呈橙红色，渐变为血红色，久置不消失。

生物鉴别：取带有2～3龄菜青虫（或小菜蛾幼虫、蚜虫）的蔬菜菜叶数片，分别将0.36%水剂稀释800倍、0.36%可溶性液剂稀释800倍、1%醇溶液稀释1000倍，分别喷洒于有虫菜叶上，待后观察菜青虫（或小菜蛾幼虫、蚜虫）是否死亡。若菜青虫（或小菜蛾幼虫、蚜虫）死亡，则药剂质量合格，反之不合格。

从有地下害虫的小麦地里捉地老虎、蛴螬、金针虫数条，也可从有韭蛆的韭菜地里捉韭菜蛆虫数条，将虫子放一小纸盒中，向纸盒中撒入1.1%粉剂。待后观察虫子是否死亡。若虫子死亡，则药剂质量合格，反之不合格。

应用

(1) 使用范围　适用于蔬菜、果树、茶叶、烟草等作物。广泛使用于黄瓜、西瓜、甜瓜、节瓜、冬瓜、番茄、辣椒、茄子、菜豆、豇豆、韭菜、葱、蒜、烟草、棉花、茶树、苹果等多种植物。

（2）防治对象 对蚜虫、菜青虫、黏虫、其他鳞翅目害虫及红蜘蛛等害虫均有较好的防治效果。

使用方法 主要用于喷雾，防治地下害虫时也可用于土壤处理或灌根。

（1）喷雾 防治菜青虫，在成虫产卵高峰后7d左右，幼虫处于2～3龄时施药防治，每亩用0.3%水剂62～150mL，对水40～50kg，或1%醇溶液60～110mL，对水40～50kg均匀喷雾，或用3.2%乳油1000～2000倍液喷雾。对低龄幼虫效果好，对4～5龄幼虫敏感性差。持续期7d左右。

防治小菜蛾，用0.5%水剂600倍液喷雾。

防治蓟马，于发生期，每亩用2.5%悬浮剂33～50mL，对水30～50kg喷雾，或用2.5%悬浮剂1000～1500倍液均匀喷雾，重点在幼嫩组织如花、幼果、顶尖及嫩梢等部位。

防治茄果类、叶菜类蚜虫、白粉虱、夜蛾类害虫，前期预防用0.3%水剂600～800倍液喷雾；害虫初发期用0.3%水剂400～600倍液喷雾，5～7d喷洒一次。虫害发生盛期可适当增加药量，3～5d喷洒一次，连续2～3次，喷药时应叶背、叶面均匀喷雾，尤其是叶背。

防治黄瓜霜霉病，每亩用0.3%乳油120～160mL，对水60～70kg喷雾。

防治苹果树红蜘蛛。在苹果开花后、红蜘蛛越冬卵开始孵化至孵化结束期施药，用0.3%水剂500～1500倍液整株喷雾。

防治茶毛虫，用2.5%悬浮剂850～1200倍液喷雾，第5天防效达80%以上。

防治茶小绿叶蝉，用2.5%悬浮剂500～1000倍液喷雾。

（2）拌种 防治蛴螬、金针虫、韭蛆等地下害虫，每亩用1.1%粉剂2～2.5kg撒施、条施或拌种。拌种处理时，种子先用水湿润，每1kg蔬菜种子用1.1%粉剂40g拌匀，堆放2～4h后播种。

（3）灌根　防治韭蛆、根际线虫等根茎类蔬菜地下害虫，可用0.3%水剂400倍液灌根或先开沟然后浇药覆土，或于韭蛆发生初盛期施药，每亩用1.1%粉剂2～2.5kg，对水300～400kg灌根；在迟眼蕈蚊成虫或葱地种蝇成虫发生末期，而田间未见被害株时，每亩用1.1%复方粉剂4kg，适量对水稀释后，在韭菜地畦口，随浇地水均匀滴入，防治韭蛆。

中毒急救　中毒早期症状为瞳孔放大，行动失调，肌肉颤抖等。使用中或使用后如果感觉不适，应立即停止工作，采取急救措施，并携带标签送医院就诊。如发生皮肤接触立即脱掉被污染的衣物，用大量清水冲洗至少15min。如发生眼睛接触，立即翻开眼睑，用大量清水冲洗至少15min。吸入，立即将患者转移至空气流通处，呼吸困难者给输氧，并及时就医。不慎误食，立即引吐并给患者服用吐根糖浆或麻黄素，但勿给昏迷患者催吐或灌任何东西。抢救时避免给患者使用巴比妥、丙戊酸等。

注意事项

（1）严禁与强碱性或强酸性农药混用。

（2）本品速效性差，应做好虫情预测预报，在害虫低龄期施药防治，用药时间应比常规化学农药提前2～3d。

（3）使用时应全面、均匀地喷施植物全株。为保证药效，尽量不要在阴天施药，降雨前不宜施用，喷药后不久降雨需再喷一次，最佳用药时间在上午10点前或下午4点后。

（4）建议稀释用二次稀释法，使用前将液剂、水剂或乳油等剂型药剂用力摇匀，再对水稀释。稀释后勿保存。不能用热水稀释，所配药液应一次用完。

（5）不能作蔬菜专性杀菌剂使用（标示为杀菌剂的苦参碱药剂）。

（6）如作物用过其他化学农药，5d后才能施用此药，以防酸碱中和影响药效。

（7）对皮肤有轻度刺激，施药后应立即用肥皂水冲洗皮肤。

（8）本品应贮存在干燥、阴凉、通风、防雨处，远离火源或热源。置于儿童触及不到之处，并加锁。勿与食品、饮料、粮食、饲料等其他商品同贮同运。

（9）一般作物安全间隔期为2d，一季最多使用2次。

苏云金杆菌（bacillus thuringiensis）

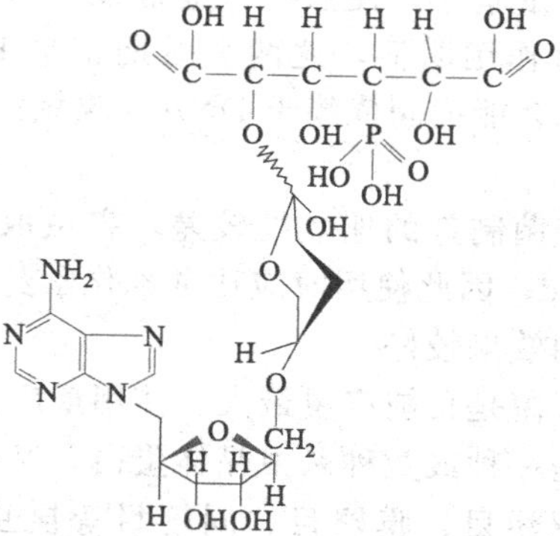

$C_{22}H_{32}N_5O_{16}P$, 653.6, 68038-71-1

主要剂型 50000IU/mg原药，B.t乳剂（100亿个孢子/mL），菌粉（100亿个孢子/g），100亿活孢子/mL、6000IU/mg、8000IU/mg、16000IU/mg、32000IU/mg可湿性粉剂，2000IU/μL、4000IU/μL、6000IU/μL、7300IU/mL、8000IU/μL、100亿活孢子/mL悬浮剂，8000IU/mg、4000IU/mg、16000IU/mg粉剂，8000IU/μL油悬浮剂，2000IU/mg颗粒剂，15000IU/mg、16000IU/mg、32000IU/mg、64000IU/mg水分散粒剂，4000IU/mg悬浮种衣剂，100亿活芽孢/g、150亿活芽孢/g可湿性粉剂，100亿活芽孢/g悬浮剂。

理化性质 苏云金芽孢杆菌杀虫剂是利用苏云金杆菌杀虫菌经发酵培养生产的一种微生物制剂。黄褐色固体。不溶于水和有机溶剂，紫外线下分解，干粉在40℃以下稳定，碱中分解。对高等动物毒性低；对鱼类、家禽类毒性低；对蜜蜂毒性低，但有一定风险；对家蚕毒性大，有高风险。

产品特点

（1）苏云金杆菌是一种微生物源低毒杀虫剂，以胃毒作用为主。该菌进入昆虫消化道后，可产生两大类毒素：内毒素（即伴孢晶体）和外毒素（α、β和γ外毒素）。伴孢晶体是主要的毒素，它被昆虫碱性肠液破坏成较小单位的δ-内毒素，使中肠停止蠕动、瘫痪，中肠上皮细胞解离，停食，芽孢则在中肠中萌发，经被破坏的肠壁进入血腔，大量繁殖，使虫得败血症而死。外毒素作用缓慢，而在蜕皮和变态时作用明显，这两个时期正是RNA（核糖核酸）合成的高峰，外毒素能抑制依赖于DNA（脱氧核糖核酸）的RNA聚合酶。

（2）苏云金杆菌制剂的速效性较差，害虫取食后2d左右才能见效，持效期约1d，因此使用时应比常规化学药剂提前2～3d，且在害虫低龄期使用效果较好。

（3）苏云金杆菌是目前产量最大、使用最广的生物杀虫剂，它的主要活性成分是一种或数种杀虫晶体蛋白，又称δ-内毒素，对鳞翅目、鞘翅目、双翅目、膜翅目、同翅目等昆虫，以及动植物线虫、蜱螨等节肢动物都有特异的毒杀活性，而对非目标生物安全。因此，苏云金杆菌杀虫剂具有专一、高效和对人畜安全等优点，对作物无药害，不伤害蜜蜂和其他昆虫。对蚕有毒。

（4）商品苏云金杆菌制剂在生产防治中也显示出某些局限性，如速效性差、对高龄幼虫不敏感、田间持效期短以及重组工程菌株遗传性不稳定等，都已成为影响苏云金杆菌进一步成功推广使用的制约因素。

有机蔬菜生产过程中可以使用生物防治技术对病虫草害进行防治。苏云金杆菌制剂能有效防治有机蔬菜病虫害。由于其体内含有杀虫的晶体毒素，而又对人、畜、植物和天敌无害，不污染环境，不易使害虫产生抗药性，也是有机生产中防治害虫的重要手段。

（5）鉴别要点：原药为黄褐色固体。32000IU/mg、16000IU/mg、8000IU/mg可湿性粉剂为灰白至棕褐色疏松粉末，不应有团块。8000IU/mg、4000IU/mg、2000IU/mg悬浮剂为棕黄色至棕色悬浮液体。

用户在选购苏云金杆菌制剂及复配产品时应注意：确认产品通用名称、含量及规格；查看农药“三证”，可湿性粉剂和悬浮剂应取得生产许可证（XK），苏云金杆菌制剂应取得农药生产批准证书（HNP）；查看标签上产品有效期和生产日期，确认产品在2年有效期内。

生物鉴别：于菜青虫（2～3龄）幼虫发生期，摘取带虫叶片若干个，将8000IU/mg悬浮剂稀释2000倍直接喷洒在有害虫的叶片上，待后观察。若菜青虫被击倒，则该药品为合格品，反之为不合格品。

（6）苏云金杆菌可与阿维菌素、杀虫单、甜菜夜蛾核型多角体病毒、棉铃虫核型多角体病毒、苜蓿银纹夜蛾核型多角体病毒、菜青虫颗粒体病毒、黏虫颗粒体病毒、松毛虫质型多角体病毒、茶尺蠖核型多角体病毒、虫酰肼、氟铃脲、吡虫啉、高效氯氰菊酯、甲氨基阿维菌素苯甲酸盐等杀虫剂成分混配，用于生产复配杀虫剂。

应用

（1）使用范围　适用作物为十字花科蔬菜（如甘蓝）、水稻、玉米、大豆、棉花、茶树、甘薯、高粱、烟草、枣树、梨树、柑橘树、苹果树、林木等。

（2）防治对象　主要用于防治蔬菜害虫斜纹夜蛾幼虫、甘蓝夜蛾幼虫、棉铃虫、甜菜夜蛾幼虫、灯蛾幼虫、小菜蛾幼虫、豇豆荚螟幼虫、黑纹粉蝶幼虫、粉斑夜蛾幼虫、菜螟幼虫（彩图19）、菜野螟幼虫、马铃薯甲虫、葱黄寡毛跳甲、烟青虫、菜青虫、玉米螟、天蛾、造桥虫、孢囊线虫等；果树害虫枣尺蠖、天幕毛虫、柑橘凤蝶、玉带凤蝶、苹果巢蛾、食心虫、卷叶蛾、大造桥虫、柳毒蛾；茶树害虫茶毛虫、茶尺蠖；水稻害虫二化螟、三化螟、稻飞虱、稻苞虫、稻纵卷叶螟；林木害虫松毛虫。对某些地下害虫也有较好防效。

使用方法　可用于喷雾、喷粉、灌心、制成颗粒剂或毒饵等，也可进行大面积飞机喷洒，也可与低剂量的化学杀虫剂混用以提高防治效果。草坪害虫的防治每公顷用100亿孢子/g的菌粉

752g 对水稀释 2000 倍喷洒，或每公顷用乳剂 1500～3000g 与 50～75kg 的细沙充分拌匀，制成颗粒剂撒入草坪草根部，防治危害根部的害虫。也可将苏云金杆菌致死的发黑变烂的虫体收集起来，用纱布袋包好，在水中揉搓，每 50g 虫尸洗液加水 50～100kg 喷雾。

（1）蔬菜害虫　防治十字花科蔬菜菜青虫。在幼虫 3 龄前，每亩用 16000IU/mg 苏云金杆菌和 10000PIB/mg 菜青虫颗粒体病毒复配的可湿性粉剂 50～75g 对水均匀喷雾；或用 3.2%可湿性粉剂 1000～2000 倍液喷雾；或用 15000IU/mg 水分散粒剂 25～50g 对水均匀喷雾；或用 45%的杀虫单和 1%的苏云金杆菌复配的可湿性粉剂 14～28g 均匀喷雾。

防治蔬菜小菜蛾。每亩用 8000～16000IU/mg 可湿性粉剂 100～150g 对水均匀喷雾；或用 4000IU/mg 苏云金杆菌和 0.5%甲氨基阿维菌素苯甲酸盐复配的悬浮剂 30～40g 对水均匀喷雾；或用 100 亿活芽孢/g 苏云金杆菌和 0.1%阿维菌素复配的可湿性粉剂75～100 对水均匀喷雾；或用 8000IU/μL 悬浮剂 5～10mL 对水均匀喷雾；或用 3.2%可湿性粉剂 1000～2000 倍液喷雾；或用 15000IU/mg 水分散粒剂 25～50g 对水均匀喷雾；或用 45%的杀虫单和 1%的苏云金杆菌复配的可湿性粉剂 14～28g 对水均匀喷雾。

防治蔬菜斜纹夜蛾。每亩用 15000IU/mg 水分散粒剂 25～50g 对水均匀喷雾。

防治蔬菜甜菜夜蛾。每亩用 16000IU/mg 苏云金杆菌和 10000PIB/mg 甜菜夜蛾核型多角体病毒复配的可湿性粉剂 75～100g 对水均匀喷雾；或用 2000IU/μL 苏云金杆菌悬浮剂和 1×10^7PIB/mL 苜蓿银纹夜蛾核型多角体病毒复配的悬浮剂 75～100mL 对水均匀喷雾；或用 2.0%苏云金杆菌和 1.6%虫酰肼复配的可湿性粉剂 2.88～3.6g 对水均匀喷雾；或用 50 亿活孢子/g 苏云金杆菌和 1.5%氟铃脲复配的可湿性粉剂 80～120g 对水均匀喷雾。

对水量均按每亩 30～45kg。

(2) 果树害虫 防治柑橘、苹果、桃、枣上的尺蠖、食心虫、凤蝶、巢蛾、天幕毛虫等，防治森林松毛虫、尺蠖、柳毒蛾等，用8000IU/mg可湿性粉剂600～800倍液或16000IU/mg水分散粒剂1200～1600倍液喷雾。

(3) 粮油作物害虫 防治大豆天蛾、甘薯天蛾，幼虫孵化盛期，每亩用8000IU/mg可湿性粉剂200～300g，或16000IU/mg可湿性粉剂100～150g，或32000IU/mg可湿性粉剂50～80g，或2000IU/μL悬浮剂200～300mL，或4000IU/μL悬浮剂100～150mL，或8000IU/μL悬浮剂50～75mL，对水30～45kg均匀喷雾。

防治玉米、高粱上的玉米螟，在喇叭口期用药。一般每亩用100亿活芽孢/g可湿性粉剂150～200g，拌细土20～30kg均匀心叶撒施。

防治棉花棉铃虫。每亩用16000IU/mg可湿性粉剂200～300g对水30～45kg均匀喷雾；或用2%苏云金杆菌和9%灭多威复配的可湿性粉剂5.5～6.5g对水30～45kg均匀喷雾。

防治棉花二代棉铃虫。每亩用16000IU/mg可湿性粉剂100～150g对水30～45kg均匀喷雾；或用8000IU/mg可湿性粉剂200～300g对水30～45kg均匀喷雾。

防治水稻稻纵卷叶螟、稻苞虫，每亩用8000IU/mg可湿性粉剂200～300g或16000IU/mg水分散粒剂100～150g，对水40～50kg均匀喷雾；或用45%杀虫单和1%复配的可湿性粉剂16～23g，对水40～50kg均匀喷雾。

防治水稻二化螟。每亩用100亿活芽孢/g苏云金杆菌和46%杀虫单复配的可湿性粉剂50～60g，对水40～50kg喷雾；或用0.5%苏云金杆菌和62.6%杀虫单复配的可湿性粉剂29～44g，对水40～50kg喷雾。

防治水稻三化螟。每亩用100亿活芽孢/g苏云金杆菌和51%杀虫单复配的可湿性粉剂50～75g对水40～50kg均匀喷雾。

(4) 其他作物害虫 防治茶树茶毛虫，用8000IU/mg可湿性粉剂400～800倍液或16000IU/mg水分散粒剂800～1600倍液喷雾。

防治茶树茶尺蠖，每亩用 2000IU/μL 苏云金杆菌和 10000PIB/μL 茶尺蠖核型多角体病毒复配的悬浮剂 150～150mL 对水均匀喷雾。

防治烟草烟青虫，每亩用 8000IU/mg 可湿性粉剂 100～200g 或 16000IU/mg 水分散粒剂 50～100g，对水 50kg 喷雾。

防治林木松毛虫，每亩用 8000～16000IU/mg 可湿性粉剂 600～800 倍液喷雾；或 16000IU/mg 苏云金杆菌和 10000PIB/mg 松毛虫质型多角体病毒复配的可湿性粉剂 1000～2000 倍液喷雾；或用 4000IU/mg 粉剂 300～400g，对水 40～50kg 均匀喷雾。

中毒急救 吞服了制剂可能引起胃肠炎。高岭土和果胶可使肠炎症状得到缓和。溅到皮肤或眼内，立即用清水冲洗 15min，就医。吸入，应将病人移到通风处，就医。误服，立即催吐，并送医院对症治疗。

注意事项

（1）在蔬菜收获前 1～2d 停用。药液应随配随用，不宜久放，从稀释到使用，一般不能超过 2h。

（2）苏云金杆菌制剂杀虫的速效性较差，使用时一般以害虫在一龄、二龄时防治效果好，取食量大的老熟幼虫往往比取食量较小的幼虫作用更好，甚至老熟幼虫化蛹前摄食菌剂后可使蛹畸形，或在化蛹后死亡。所以当田间虫口密度较小或害虫发育进度不一致，世代重叠或虫龄较小时，可推迟施菌日期以便减少施菌次数，节约投资。对生活习惯隐蔽又没有转株危害特点的害虫，必须在害虫蛀孔、卷叶隐蔽前施用菌剂。

（3）施用时要注意气候条件。因苏云金杆菌对紫外线敏感，故最好在阴天或晴天下午 4～5 时后喷施。需在气温 18℃以上使用，气温在 30℃左右时，防治效果最好，害虫死亡速度较快。18℃以下或 30℃以上使用都无效。在有雾的早上喷药或喷药 30min 前给蔬菜淋水则效果较好。

（4）加黏着剂和肥皂可加强效果。如果不下雨（下雨 15～

20mm 则要及时补施)，喷施一次，有效期为 5～7d，5～7d 后再喷施，连续几次即可。

(5) 只能防治鳞翅目害虫，如有其他种类虫害发生需要与其他杀虫剂一起喷施。喷施苏云金杆菌后，再喷施菊酯类杀虫剂能增加杀虫效果。不能与内吸性有机磷杀虫剂或者杀细菌的药剂（如多菌灵、甲基硫菌灵等）一起喷施。不能与碱性农药混合使用。喷过杀菌剂的喷雾器也要冲洗干净，否则杀菌剂会把部分苏云金杆菌杀死，从而影响杀虫效果。

(6) 购买苏云金杆菌制剂时，要看质量是否过关，可采用"嗅"的方法来检验，正常的苏云金杆菌产品中都有一定的含菌量，开盖时应没有臭味，有时还会有香味（培养料发出的)，而过期或假的产品则常产生异味或没有气味。要特别注意产品的有效期，最好购买刚生产不久的新产品，否则影响效果。

(7) 本品对家蚕有剧毒，在养蚕地区使用时，必须注意勿与蚕接触。对蜜蜂有风险，施药期间应避免对周围蜂群的影响，蜜源作物花期、蚕室和桑园附近禁用。

本品对水生生物有毒，应远离水产养殖区施药，禁止在河塘等水体中清洗施药器具。

做好劳动保护，如穿戴工作服、手套、面罩等，避免人体直接接触药剂。工作后漱口、清洗裸露在外的身体部分并更换干净的衣服。施药期间不可吃东西、饮水。

孕妇和哺乳期妇女应避免接触本品。

(8) 应保存在低于 25℃的干燥阴凉仓库中，防止曝晒和潮湿，以免变质，有效期 2 年。由于苏云金杆菌的质量好坏以其毒力大小为依据，存放时间太长或方式不合适则会降低其毒力，因此，应对产品做必要的生物测定。

勿与食品、饲料、种子、日用品等同贮同运。置于儿童够不着的地方并上锁，不得重压、损坏包装容器。

(9) 建议将本品与其他作用机制不同的杀虫剂轮换使用，以延缓抗性产生。

一般作物安全间隔期为 7d，一季最多使用 3 次。

白僵菌（beauveria）

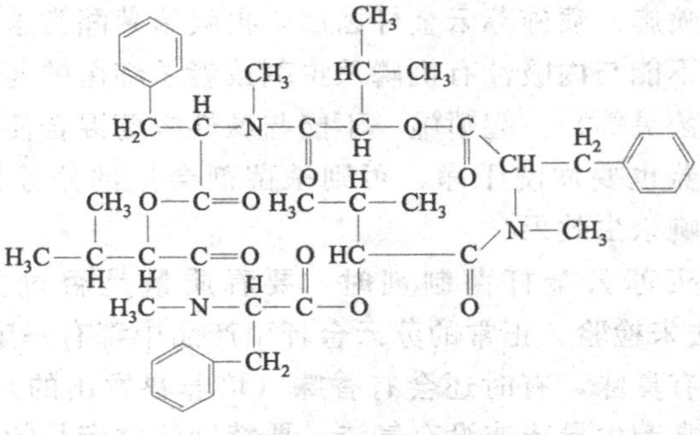

$C_{44}H_{57}N_3O_8$, 756.0

主要剂型　1000亿孢子/g、500亿孢子/g母药，2亿活孢子/cm^2球孢白僵菌、400亿孢子/g、150亿孢子/g球孢白僵菌可湿性粉剂，400亿孢子/g球孢白僵菌水分散粒剂，300亿孢子/g球孢白僵菌可分散油悬浮剂，2亿孢子/cm^2挂条。

产品优点

（1）白僵菌的杀虫作用主要通过昆虫表皮接触感染，其次也可经消化道和呼吸道感染。侵染的途径因昆虫的种类、虫态、环境条件等的不同而异。萌发的分生孢子在虫体体壁几丁质较薄的节间膜处长出芽管，芽管顶端分泌出溶几丁质酶使几丁质溶解成一个小孔，萌发管进入虫体。萌发的芽管借酶的作用，不断溶解体壁几丁质向前伸长，直至体壁上皮细胞才生成的菌丝也进入体壁，然后侵入血淋巴组织，菌丝起初沿着细胞膜发育生长，再穿过细胞膜进入细胞内，于是原生质和细胞核失活，养料被耗尽，大量解体消失。

（2）低毒、无残留　白僵菌对高等动物毒性低。300亿孢子/g球孢白僵菌油悬浮剂对蜜蜂、家蚕毒性低。白僵菌防治害虫的过程是一种生命替代另一种生命的运动过程，它通过对害虫的寄生作用来达到杀死害虫的目的，生产过程也无三废问题，符合无公害环保要求。

（3）使用简单　白僵菌产品可制成粉剂、菌液等多种剂型，通过喷粉、喷液、放粉炮、放地炮、超低容量喷雾等多种方法进行菌粉施放，方法简单易行。

(4) 防效持续　施用白僵菌后其孢子广泛存在，而且感染的寄主死亡后能在体外产孢并再次扩散，在适宜条件下形成流行病，具有一年施药多年有效的持续控制害虫的作用。

(5) 不易产生抗药剂　害虫对化学农药的抗性使得其杀虫效果逐年减退。白僵菌杀虫一方面靠白僵菌的寄生，另一方面靠菌丝在生长时吸取虫体内养分和水分，使虫体内生理代谢混乱，其杀虫是以生物作用为主，因此不易使害虫产生抗药性，连年使用效果会越来越好。

(6) 安全性高　白僵菌依靠自身分泌几丁酶溶解昆虫表皮的几丁质进入昆虫体内进行侵染，人体不含几丁质，因此不侵染人畜，对人畜无毒无害。

(7) 经济　跟化学防治相比，使用白僵菌防治各类害虫的费用较低，连续使用后可减少杀虫剂的使用量，降低防治成本。

(8) 可有效控制刺吸类害虫和地下害虫　由于此类害虫的取食较为隐蔽，生产上控制这类害虫一般较困难，真菌杀虫剂能够直接从昆虫体壁入侵，具有触杀效果，只要病菌接触害虫就可以引起感染而杀死害虫。

(9) 可流行治病　白僵菌含有活体真菌及孢子，施入田间后借助适宜的温度和湿度，便可以继续繁殖生长，增强杀虫效果，同时感染的昆虫还可作为病原感染其他的害虫。

(10) 高选择性　不同于化学农药不分敌我地将益虫和害虫尽数毒杀，白僵菌能主动回避对瓢虫、草蛉和食蚜蝇等益虫的侵染攻击，从而使田间整体防治效果更好。

(11) 白僵菌是由昆虫病原真菌半知菌类、丛梗孢目、丛梗孢科、白僵菌属发酵、加工成的制剂，原药为乳白色粉末，制剂为乳黄色粉状物。

产品缺点

(1) 防效受环境条件影响较大　白僵菌孢子萌发、生长和繁殖都要受到外界环境条件影响。温度影响孢子萌发、菌丝侵入和病情的发展。相对湿度影响分生孢子的萌发和菌丝生长，干旱时孢子不萌发。紫外线也能杀死真菌孢子。

（2）杀虫速度较慢　跟化学药剂相比，微生物杀虫剂的杀虫速度一般较慢，主要是由于从害虫感染到致病到杀死害虫有一个时间周期，常需经4～6d后害虫才死亡，因此在害虫种群密度高的情况下施用可能会贻误防治时机，造成较大损失。

（3）不易长时间贮存　白僵菌等真菌杀虫剂，配制菌液后不能长期存放，否则会使孢子萌发，降低侵染力。

（4）杀虫效果受菌粉质量影响　在白僵菌生产和应用过程中，菌种常发生变异，出现生长瘠薄、产孢量少、杀虫毒力较低等现象，因此使用高质量的菌粉是防虫效果好的基础。在最适宜条件下施用高质量菌粉可大大提高杀虫效果，能有效持续长久地控制害虫。

（5）不同厂家的产品质量不同　由于生产真菌杀虫剂的流程没有统一标准，使不同厂家生产的产品质量也参差不齐，因此会影响田间的防效。

使用方法

（1）喷雾法　将菌粉制成浓度为1亿～3亿孢子/mL菌液，加入0.01%～0.05%洗衣粉液作为黏附剂，用喷雾器将菌液均匀喷洒于虫体和枝叶上。也可把因白僵菌侵染至死的虫体收集，并研磨，对水稀释成菌液（每毫升菌液含活孢子1亿个以上）喷雾，即100个死虫体，对水80～100kg喷雾。

（2）喷粉法　将菌粉加入填充剂，稀释到1g含1亿～2亿活孢子的浓度，用喷粉器喷菌粉，但喷粉效果常低于喷雾。

（3）土壤处理法　防治地下害虫，将“菌粉+细土”制成菌土，按每亩用菌粉3.5kg，用细土30kg，混拌均匀即制成菌土，含孢量在1亿/cm^3左右。施用菌土分播种和中耕两个时期，在表土10cm内使用。

应用

（1）使用范围　适用作物为蔬菜、水稻、花生、茶树、棉花、马尾松、竹子、林木、杨树、草原等。

（2）防治对象　白僵菌可寄生鳞翅目、同翅目、膜翅目、直翅目等 200 多种昆虫和螨类，如蔬菜害虫玉米螟、小菜蛾等；果树害虫如柑橘红蜘蛛等；林木害虫如松毛虫、美国白蛾、松褐天牛、光肩星天牛、杨小舟蛾、蝗虫等；棉花害虫如斜纹夜蛾等；茶树害虫如茶小绿叶蝉等；竹子害虫如竹蝗等；水稻害虫如稻纵卷叶螟等；地下害虫如蛴螬（彩图 20）等。

特别是对玉米螟和松毛虫的生物防治，在国内已作为常规手段连年使用。田间试验表明：球孢白僵菌防治马尾松松毛虫和松褐天牛、花生蛴螬、松树松毛虫、草原蝗虫、水稻稻纵卷叶螟、十字花科蔬菜小菜蛾、杨树光肩星天牛等有很好的效果，杀虫谱广。卵孢白僵菌对蛴螬等地下害虫有特效。

使用技术　防治地下害虫，用布氏白僵菌或球孢白僵菌可防治大黑鳃金龟、暗黑鳃金龟、白星花金龟（彩图 21）、铜绿金龟和四纹丽金龟等金龟子成虫和幼虫。可单用菌剂，也可和其他农药混用。单用菌剂时（每克含 17 亿～19 亿孢子）每亩用量是 3kg。

防治蛴螬，每亩用 150 亿孢子/g 球孢白僵菌可湿性粉剂 250～300g 拌毒土撒施。

防治蔬菜小菜蛾，每亩用 400 亿孢子/g 球孢白僵菌水分散粒剂 26～35g 对水 30～45kg 均匀喷雾。

防治大豆食心虫、豆荚螟、造桥虫等豆科植物害虫，可喷雾或喷粉。将菌粉掺入一定比例的白陶土，粉碎稀释成 20 亿孢子/g 的粉剂喷粉。或用 100～150 亿孢子/g 的原菌粉，加水稀释至 0.5 亿～2 亿孢子/mL 的菌液，再加 0.01%的洗衣粉，用喷雾器喷雾。在大豆食心虫脱荚入土化蛹前，向地面喷布球孢白僵菌药剂，每亩用 300 亿孢子/g 球孢白僵菌油悬浮剂 0.1～0.25kg，大豆食心虫脱荚在地面爬行、虫体黏附白僵菌孢子后，在土壤感染而死亡，一般防效为 70%～80%。

防治玉米螟。主要是采用颗粒剂施药法。颗粒剂的制法是将每克含白僵菌孢子 100 亿个的均粉加 20 倍煤炭渣或其他草木灰等作填充剂，加适量水即制成 5 亿个孢子/g 的颗粒剂。根据虫情调查，在玉米螟孵化高峰期后，玉米植株出现排列状花叶之前第 1 次用药，在心叶末期，个别植株出现雄穗时第2次用药，共2次。用药时将白僵菌颗粒剂撒在玉米的喇叭口及其周围的叶腋中，每亩用药量不少于0.5kg纯菌粉，也可以用300亿孢子/g球孢白僵菌油悬浮剂1∶100倍药液浇灌玉米心，每亩用药液60～80kg。在配置白僵菌颗粒剂时，加进少量化学农药，能提高杀虫效果。

防治棉花斜纹夜蛾。每亩用400亿孢子/g球孢白僵菌可湿性粉剂25～30g，对水30～45kg均匀喷雾。

防治茶树茶小绿叶蝉。每亩用400亿孢子/g球孢白僵菌可湿性粉剂25～30g，对水30～45kg均匀喷雾。

防治水稻稻纵卷叶螟、稻叶蝉和稻飞虱等。

① 撒粉法。根据产品孢子含量不同，每亩用300亿孢子/g球孢白僵菌油悬浮剂或可湿性粉剂0.25～0.5kg，加15kg干糠头灰或草木灰或25kg干黄泥过筛细粉拌匀。以傍晚撒施为好。

② 喷雾或泼浇法。将球孢白僵菌油悬浮剂或者可湿性粉剂、水分散粒剂等配制成菌液，要求菌液配成每毫升含孢子量1亿～2亿个，按水量加入0.15%～0.2%的洗衣粉，制成悬浮液。产品、洗衣粉、水三者必须同时加入浸泡搓洗。产品浸泡时间15min～1h为宜，浸泡后搓洗过滤即可喷雾。每亩必须喷足60kg以上菌液，如粗喷或泼浇应再酌情加水稀释。利用球孢白僵菌可防治早稻和晚稻的黑尾叶蝉，一般在施菌7d后虫密度下降80%～90%，同时能兼治稻螟蛉、稻纵卷叶螟、稻孢虫等多种水稻害虫。由于充分发挥其再侵染作用，药效期可持续1个月。

防治林木松毛虫。为了充分发挥球孢白僵菌的最大杀虫效果，应根据球孢白僵菌生物学特性和虫情消长规律掌握好以下4点：

① 放菌季节和天气。根据球孢白僵菌在24～28℃、相对湿度80%以上的条件下发育良好的特点，其放菌季节可选择春季防治越冬代幼虫，即主攻越冬代，控制1、2代为好。尤其在放菌后遇上连续7～10d的阴雨天气，杀虫效果更为明显。还可采取“年年放菌，代代放菌”的方法，使松林中长期保持一定数量的球孢白僵菌原体，控制松毛虫的大暴发。天气对放菌效果有很大的影响，一般阴雨后初晴空气湿度大时比晴天放菌好，早晚比中午好，风力1～

2级比3级以上大风好。因此要抓住有利时间放菌，可提高杀虫效果。

② 放菌方式和用量。由于球孢白僵菌有重复感染、扩散蔓延的特点，最大限度地发挥球孢白僵菌的这些特点，可降低防治成本。因此，在使用方法上首先要准确掌握松毛虫发生地，并根据虫口密度大小，分别采取全面放菌、带状放菌或点状放菌的方式，即可起到控制虫害的作用。为了提高杀虫效率，可适当混合低浓度的化学农药，以降低松毛虫的抵抗力，并使孢子均匀分布水中，提高杀虫效果。除此之外还可采用放活虫法，即要林间采集4龄以上幼虫，带回室内，用5亿个孢子/mL的菌液将虫体喷湿，然后放回林间，让活虫自由爬行扩散，每释放点放虫400～500条，此法扩散效果好。或使用虫嗜扩散法，即放菌以后，将球孢白僵菌感染死虫捡回，撒在未感染的林地上风口处，或将虫尸研烂，用水稀释100倍喷雾等方法杀虫。

③ 选择放菌地区。根据球孢白僵菌致病条件，一般在山脚、山腰和山谷地，地被物较厚、郁闭度大、林间湿度大的林地致病率高，杀虫效果好，反之则差。

④ 选择放菌地点。放菌点选择是否恰当，对球孢白僵菌的扩散感染力有很大关系。放菌点应选在山上小盘地或山腰凹处，郁闭度大、植被厚的地方，以利扩散感染。

防治竹子竹蝗。用400亿孢子/g球孢白僵菌可湿性粉剂1500～2500倍液均匀喷雾。

防治林木松褐天牛。用2亿孢子/cm^{2}球孢白僵菌制成挂条，2～3条/15株。

防治林木光肩星天牛。用2亿孢子/cm^{2}球孢白僵菌制成挂条，2～3条/15株。或用400亿孢子/g球孢白僵菌可湿性粉剂1500～2500倍液喷雾（防治成虫），产卵孔（排泄孔）注射（防治幼虫）。

防治美国白蛾、杨小舟蛾、松毛虫。用400亿孢子/g球孢白僵菌可湿性粉剂1500～2500倍液均匀喷雾。

中毒急救 无中毒报道。不慎溅入眼睛，用大量清水冲洗至少15min。皮肤接触，立即脱掉污染的衣服，用肥皂水或者大量清水冲洗皮肤。误吸，将病人转移到空气清新处，如呼吸停止，应洗胃、导泻，立即送医院治疗。没有特效解毒药，绝不可乱服药物。

注意事项

（1）使用球孢白僵菌防治稻纵卷叶螟、稻叶蝉和稻飞虱时要注意以下 3 点。

① 球孢白僵菌对水稻稻纵卷叶螟、稻叶蝉、稻飞虱等致死速度比化学农药慢，要 6～9d 后才开始大量死亡。故防治水稻稻纵卷叶螟、稻叶蝉、稻飞虱时，应坚持以“防”为主的原则，不宜在害虫暴发危害时匆忙施菌。

② 抓紧阴天、小雨适时施菌，晴天要在下午 4 时进行。施菌 3d 内保持田间有水，以提高田间湿度。

③ 水稻苗期即未封行前以喷雾为好，气候适宜撒粉亦好。封行后密度高，宜用粗喷或泼浇等法。秧田期宜在傍晚喷雾为好。

（2）防治大豆食心虫应注意以下 4 点。

① 应用球孢白僵菌防治农林害虫应与虫情预报、气象预报紧密配合，掌握好施药时机，才能提高杀虫效果。

② 球孢白僵菌加水配成菌液，应随配随用，不可放置超过 2h，以免孢子发芽，降低感染力。

③ 球孢白僵菌与少量化学农药混合施用，有增效作用，掺和 3％敌百虫有增效作用。

④ 家蚕饲养区忌本品。

（3）菌液应随配随用，在阴天、雨后或早晚湿度大时，配好的菌液要在 2h 内用完，以免孢子过早萌发，失去侵染能力。

（4）在害虫卵孵盛期施用白僵菌制剂时，可与化学农药混用，以提高防效，但不能与杀菌剂混用。不可与碱性或者强酸性物质混用。

（5）害虫感染白僵菌死亡的速度缓慢，一般经 4～6d 后才死亡，因此要注意在害虫密度较低的时候提前施药。

（6）为提高防治效果，菌液中可加入少量洗衣粉。用于喷雾作业时，制剂中加入 20 倍体积的 0 号柴油，采用超低容量喷雾，效果更好。药后应保持一定的湿度。

（7）施药时要注意气温。白僵菌孢子发芽侵入虫体后，在24～28℃范围内菌丝生长最好，药效也最好。低于15℃或高于28℃时菌丝生长缓慢，药效慢且低；在0～5℃低温下菌丝生长极为缓慢，甚至休眠不生长，基本不显示药效。

（8）本品速效性较差，持效期较长，应避免污染水源地。

（9）本品包装一旦打开，应尽快用完，以免影响孢子活力。操作时轻拿轻放，缓慢打开盖子，以防粉尘飞场。并做好劳动保护，如穿戴工作服、手套、面罩等，避免人体直接接触药剂。工作后漱口、清洗裸露在外的身体部分并更换干净的衣服。施药期间不可吃东西、饮水等。

孕妇和哺乳期妇女应避免接触本品。

（10）用过的容器妥善处理，不可做他用，不可随意丢弃。菌剂应在阴凉、干燥、通风、防雨、远离火源处贮存，勿与食品、饲料、种子、日用品等同贮同运。禁止与化学杀菌剂一起堆放或混放。宜置于儿童够不着的地方并上锁，不得重压、损坏包装容器。过期菌粉不能使用。

四聚乙醛（metaldehyde）

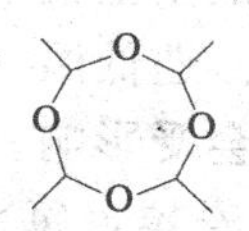

$C_8H_{16}O_4$, 176.2, 108-62-3

化学名称 2,4,6,8-四甲基-1,3,5,7-四氧杂环-辛烷

主要剂型 99%、98%、96%原药，6%颗粒剂（每千克约有7万粒），10%颗粒剂，80%可湿性粉剂。

理化性质 纯品为结晶粉末。熔点246℃，沸点112～115℃（升华，部分解聚）。蒸气压6.6Pa（25℃）。相对密度1.27（20℃）。溶解度（mg/L，20℃）：水222；甲苯530，甲醇1730。稳定性：高于112℃升华，部分解聚。中等毒性（对鸟类中毒）。

产品特点 四聚乙醛颗粒剂为蓝色或灰蓝色颗粒。是一种胃毒剂，对蜗牛和蛞蝓有一定的引诱作用，主要令螺体内乙酰胆碱酯酶大量释放，破坏螺体内特殊的黏液，从而导致其神经麻痹而死亡。植物体不吸收该药，因此不会在植物体内积累。

适用于十字花科蔬菜（如甘蓝）等多种作物及大棚温室等场所。

应用

（1）使用范围 适于水稻、蔬菜、棉花、烟草等作物。

（2）防治对象 主要用于防治蜗牛（彩图22）、灰巴蜗牛、同型巴蜗牛、野蛞蝓（彩图23）、网纹蛞蝓、细钻螺、琥珀螺、椭圆萝卜螺、福寿螺（彩图24）等。

使用方法

（1）用6%四聚乙醛颗粒剂撒施 每亩用6%颗粒剂250～500g，在蔬菜播种后或定植幼苗后，均匀把颗粒剂撒施于田间；也可采用条施或点施，药点（条）相距40～50cm为宜。

防治蔬菜、棉花及烟草蜗牛、蛞蝓。播种后，种子发芽时施药，每亩用6%颗粒剂400～540g，混合沙土10～15kg，均匀撒施于裸地表面或作物根系周围。在害虫繁殖旺季，第一次用药两周后再追加施药1次。蜗牛多日伏暗出，于黄昏或雨后施药，效果最佳。如遇大雨，药粒易被冲散至土壤中，导致药效减低，需重复施药；但小雨对药效影响不大。遇低温（<15℃）或高温（>35℃），害虫的活动能力减弱，药效会受影响。

防治水生蔬菜田中的福寿螺，每亩用6%颗粒剂1kg，与5kg泥沙拌匀，均匀撒入田中，田间要平整，并保持1～4cm的浅水层，药后1d不要灌水入田，如在施药后短期内遇降雨或涨潮，可酌情补充施药。

防治水稻福寿螺。在水稻插秧、抛秧1d后，移植田移栽后施药。每次每亩用6%颗粒剂400～540g，均匀撒施于稻田中，保持2～5cm水位3～7d。作物收获前7d停止用药，一季最多使用2次。

（2）用10%颗粒剂撒施 防治灰巴蜗牛、同型巴蜗牛、野蛞蝓、网纹蛞蝓、细钻螺等（在晴天傍晚撒施）。每平方米用10%颗粒剂1.5g撒施。诱杀蜗牛，在发生轻年份每亩用颗粒剂850～1000g，在发生重年份用1200～1500g，撒于田间。

（3）用80%可湿性粉剂喷施　防治福寿螺，在气温高于20℃，栽植前1～3d，每亩每次用80%可湿性粉剂800g，加水稀释后一次施用，保持1～3cm深的田水约7d。防治琥珀螺、椭圆萝卜螺等，每亩用80%可湿性粉剂300～400g，对水稀释为2000倍液喷雾。

中毒急救　如发生中毒，应立即灌洗清胃和导泻，用抗痉挛作用的镇静药。输葡萄糖液保护肝脏，帮助解毒和促进排泄。如伴随发生肾衰竭，应仔细检测液体平衡状态和电解质，以免发生液体超负荷，现无专用解毒剂。如误服，应立即喝3～4杯开水，但不要诱导呕吐。痉挛、昏迷、休克，应立即送医院诊治。

注意事项

（1）施用本农药后，不要在田中践踏，以免影响药效。

（2）使用本剂后应用肥皂水清洗双手及接触药物的皮肤。贮存和使用本剂过程中，应远离食物、饮料及饲料。不要让儿童及家禽接触或进入处理区。

（3）本品应存放于阴凉干燥处。在贮藏期间如保管不好，容易解聚。忌用有焊锡的铁器包装。

（4）在叶菜上安全间隔期为7d，一季最多使用2次。

甲氧虫酰肼（methoxyfenozide）

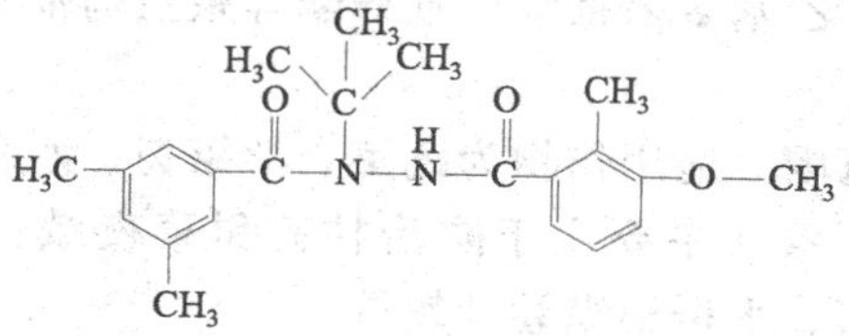

$C_{22}H_{28}N_2O_3$, 368.5, 161050-58-4

化学名称　*N*-叔丁基-*N′*-(3-甲基-2-甲苯甲酰基)-3,5-二甲基

苯甲酰肼

主要剂型 97.6%原药，24%、240g/L悬浮剂。

理化性质 纯品为白色粉末。熔点206.2～208℃（原药204～206.6℃）。蒸气压$<1.48\times10^{-3}$ mPa（20℃）。溶解度：水中3.3mg/L；其他溶剂（20℃，g/100g）：DMSO 11，环己酮9.9，丙酮9。稳定性：在25℃下储存稳定；在25℃，pH=5、7、9下水解。属新型特异性苯甲酰肼类昆虫生长调节剂型杀虫剂。对高等动物毒性低，对鱼类毒性中等，对水生生物中等毒性，对鸟类低毒，对蜜蜂毒性低，对蚯蚓安全。

产品特点 甲氧虫酰肼属双酰肼类杀虫剂。对鳞翅目害虫具有高度选择杀虫活性，以触杀作用为主，并具有一定的内吸作用。为一种非固醇型结构的蜕皮激素，模拟天然昆虫蜕皮激素20-羟基，激活并附着蜕皮激素受体蛋白，促使鳞翅目幼虫在成熟前提早进入蜕皮过程而又不能形成健康的新表皮，从而导致幼虫提早停止取食、最终死亡。其产品特点有以下几点。

(1) 对防治对象选择性强，只对鳞翅目幼虫有效，对抗性甜菜夜蛾效果极佳，对高龄甜菜夜蛾同样高效；对斜纹夜蛾、菜青虫等众多鳞翅目害虫高效。

(2) 反应速度快，害虫取食后6～8h即产生中毒反应，停止取食和为害作物，所以，尽管害虫死亡的时间长短不一，但能在较短的时间里保护好作物。

(3) 选择性强，用量少，对人畜毒性极低，不易产生药害，对环境安全。

(4) 甲氧虫酰肼可与虫螨腈、阿维菌素、甲氨基阿维菌素苯甲酸盐、茚虫威、乙基多杀霉素、吡蚜酮等杀虫药剂复配。

应用

(1) 使用范围　适用作物为蔬菜、苹果树、水稻等。

(2) 防治对象　主要用于防治甘蓝甜菜夜蛾、苹果树小卷叶蛾、水稻二化螟、水稻稻纵卷叶螟等。

使用方法

(1) 蔬菜害虫　防治十字花科蔬菜甜菜夜蛾、斜纹夜蛾、菜青虫等害虫，宜在卵孵高峰期至2龄幼虫始盛期及早用药，在低龄幼虫期（1～2龄），每亩用24%悬浮剂或240g/L悬浮剂15～20mL对水45～60kg，均匀喷雾，于低龄幼虫期施药，最好在傍晚施用。喷雾以均匀透彻为宜。

防治瓜绢螟，宜在2龄幼虫始盛期（未卷叶危害前），用24%悬浮剂或240g/L悬浮剂1500倍液喷雾。

防治棉铃虫，每亩用24%悬浮剂或240g/L悬浮剂50～80mL，对水50L喷雾，10～14d后再喷1次。

（2）果树害虫　防治苹果树小卷叶蛾，在卵孵化盛期和低龄幼虫期施药，用24%悬浮剂或240g/L悬浮剂3000～5000倍液喷雾，应在新梢抽发时低龄幼虫期施药1～2次，间隔7d。

防治苹果蠹蛾、苹果食心虫等，在成虫开始产卵前或害虫蛀果前施药，每亩用24%悬浮剂12～16g，重发生区建议用最高推荐剂量，10～18d后再喷1次。安全间隔期14d。

（3）水稻害虫　防治水稻二化螟、稻纵卷叶螟。在以双季稻为主的地区，一代二化螟多发生在早稻秧田及移栽早、开始分蘖的本田禾苗上。防止造成枯梢和枯心苗，一般在蚁螟孵化始盛期至高峰期施药，每亩用24%悬浮剂或240g/L悬浮剂20.8～27.8mL，对水50～100kg喷雾。

中毒急救　对皮肤和眼睛有刺激性。溅入眼睛，立刻用大量清水冲洗不少于15min，如佩戴隐形眼镜，冲洗1min后摘掉眼镜再冲洗几分钟。如症状持续，携该商品标签去医院诊治。若误食，不要自行引吐，携该商品标签去医院诊治。如神志清醒，可服用少量清水。若皮肤黏附，立即用肥皂及大量清水冲洗皮肤。若误吸，转移至空气清新处。如症状持续，请就医。

医护人员提示：吸氧治疗头痛和虚弱症状。第1个24h中每3～6h检测血液中的正铁血红蛋白浓度，此值应该在24h内恢复正常。可静脉注射亚甲蓝治疗正铁血红蛋白血症。如正铁血红蛋白浓度大于10%～20%，可注射1～2mg/kg体重的1%亚甲蓝溶液后再以15～30mL冲洗，同时给予100%氧气治疗。正铁血红蛋白血症可能会加重因缺氧而产生的症状，如慢性肺病、冠状动脉疾病或贫血。

注意事项

(1) 使用前先将药剂充分摇匀，先用少量水稀释，待溶解后边搅拌边加入适量水。喷雾务必均匀周到。

(2) 施药应掌握在卵孵盛期或害虫发生初期。

(3) 本品对家蚕高毒，在桑蚕和桑园附近禁用。避免本品污染水塘等水体，不要在水体中清洗施药器具。

(4) 可与其他药剂如与杀虫剂、杀菌剂、生长调节剂、叶面肥等混用（不能与碱性农药、强酸性药剂混用），混用前应先做预试，将预混的药剂按比例在容器中混合，用力摇匀后静置15min，若药液迅速沉淀而不能形成悬浮液，则表明混合液不相容，不能混合使用。

(5) 为防止抗药性产生，害虫多代重复发生时勿单一施此药，建议与其他作用机制不同的药剂交替使用。

(6) 本品不适宜灌根等任何浇灌方法。

(7) 做好劳动保护，如穿戴工作服、手套、面罩等，避免人体直接接触药剂，工作后漱口、清洗裸露在外的身体部分并更换干净的衣服，施药期间不可吃东西、饮水等。

孕妇和哺乳期妇女应避免接触本品。

(8) 用过的容器妥善处理，不可做他用，不可随意丢弃。放置于阴凉、干燥、通风、防雨、远离火源处，勿与食品、饲料、种子、日用品同贮同运。

置于儿童够不着的地方并上锁，不得重压、损坏包装容器。

(9) 本品在甘蓝上使用的安全间隔期为7d，一季最多使用4次；在苹果树上使用的安全间隔期为70d，一季最多使用2次；在水稻上使用的安全间隔期为60d，一季最多使用2次。

第二章

杀菌剂

甲基硫菌灵(thiophanate-methyl)

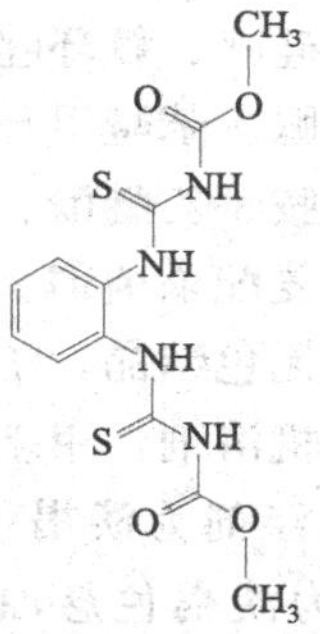

$C_{12}H_{14}N_4O_4S_2$, 342.4, 23564-05-8

化学名称 4,4′-(1,2-亚苯基)双(3-硫代脲基甲酸甲酯)

主要剂型 92%、95%、97%原药,50%、70%、80%可湿性粉剂,40%、50%胶悬剂,10%、36%、50%、500g/L悬浮剂,70%、75%、80%水分散粒剂,4%膏剂,3%糊剂。

理化性质 纯品为无色结晶固体,原粉(含量约93%)为微黄色结晶。熔点195℃(分解),相对密度(d^{20})1.5。在水和有机溶剂中的溶解度很低,易溶于二甲基甲酰胺,溶于二氧六环、氯仿,亦可溶于丙酮、甲醇、乙醇、乙酸乙酯等溶剂。对酸、碱稳定。属苯并咪唑类广谱治疗性、低毒、低残留杀菌剂。对人畜低毒，对蜜蜂无接触毒性，对鸟类毒性低。

产品特点 作用机理为主要通过强烈抑制麦角甾醇的生物合成，改变孢子的形态和细胞膜的结构，致使孢子细胞变形，菌丝膨大，分枝畸形，直接影响到细胞的渗透性，从而使病菌死亡或受抑制。在作物体内可转化成多菌灵，因此与多菌灵有交互抗性。其产品特点有以下几点。

（1）甲基硫菌灵为广谱、内吸杀菌剂，具有向植株顶部传导的功能，对多种蔬菜有较好的预防保护和治疗作用，对叶螨和病原线虫有抑制作用。

（2）该药混用性好，使用方便、安全、低毒、低残留，但连续使用易诱使病菌产生抗药性。悬浮剂相对加工颗粒微细、黏着性好、耐雨水冲刷、药效利用率高，使用方便、环保。

（3）甲基硫菌灵常与硫黄粉、福美双、代森锰锌、乙霉威、腈菌唑、丙环唑、百菌清、氟硅唑、氟环唑、烯唑醇、三唑酮、三环唑、戊唑醇、己唑醇、异菌脲、苯醚甲环唑、醚菌酯、嘧菌酯、烯唑醇、咪鲜胺锰盐、噻呋酰胺、乙醚酚、甲霜灵、恶霉灵、中生菌素等杀菌剂成分混配，生产复配杀菌剂。

（4）鉴别要点：纯品为无色结晶，工业品为微黄色结晶。几乎不溶于水，可溶于大多数有机溶剂。甲基硫菌灵可湿性粉剂为无定形灰棕色或灰紫色粉末，悬浮剂为淡褐色（黏稠）悬浊液体，pH为6～8。50％胶悬剂外观为淡褐色悬浊液体，比重1.2（20℃），沸点100～110℃。可湿性粉剂应取得农药生产许可证（XK）；其他产品应取得农药生产批准证书（HNP）；选购时应注意识别该产品的农药登记证号、农药生产许可证号（农药生产批准证书号）、执行标准号。

生物鉴别：在小麦赤霉病始发期选取带病植株2棵，用70％甲基硫菌灵可湿性粉剂1000倍液对其中一棵带病菌落进行直接喷雾，数小时后在显微镜下观察喷药植株上病菌孢子的情况，并对照观察未喷药植株上病菌孢子的变化情况。若喷药植株病菌孢子活动明显受到抑制且有致死孢子，则该药品质量合格，否则为伪劣产品。

应用

(1) 使用范围　适用于西瓜、甜瓜、茄子、辣椒、番茄、芹菜、芦笋、马铃薯等蔬菜，苹果、梨、葡萄、桃、核桃、枣、柿、板栗、石榴、香蕉、柑橘、芒果等果树，水稻、小麦、玉米、花生、大豆、油菜等粮油作物，及甘薯、甜菜、中药材植物、花卉植物等。

(2) 防治对象　对蔬菜炭疽病、褐斑病、灰霉病，如番茄叶霉病，甜菜褐斑病，瓜类白粉病、炭疽病和灰霉病，豌豆白粉病和褐斑病，水稻稻瘟病和纹枯病，小麦锈病和白粉病，麦类赤霉病、黑穗病，油菜菌核病，花生疮痂病；果树根部病害根腐病、紫纹羽病、白纹羽病、白绢病等，如苹果和梨树的腐烂病、轮纹病、炭疽病、褐斑病、花腐病、霉心病、褐腐病、黑星病、白粉病、锈病、霉污病，葡萄黑痘病、炭疽病、白粉病、褐斑病等病害均有效。

使用方法　可叶面喷雾、拌种、浸种、灌根等。

(1) 喷雾　防治蔬菜炭疽病、白粉病、灰霉病、菌核病、枯萎病，瓜类蔓枯病，白菜白斑病，茄子黄萎病，空心菜、草莓轮斑病，落葵、草莓蛇眼病，根甜菜、芦笋、罗勒、香椿、莲藕等蔬菜褐斑病，茭白胡麻叶斑病，小西葫芦根霉腐烂病，十字花科蔬菜褐腐病等。在发病初期用70%可湿性粉剂800～1000倍液喷雾，每隔7～10d喷1次，连喷2～3次。

防治番茄叶霉病，发病初期，每亩用70%可湿性粉剂35～53g，病害发生严重地区可适当增加剂量，最多可增加到每亩用制剂80g对水喷雾，每隔7～10d喷1次，连续使用2～3次。

防治黄瓜白粉病，发病初期，每亩用70%可湿性粉剂32～48g，或70%水分散粒剂40～60g，对水喷雾，间隔7～10d喷1次。

防治芦笋茎枯病，发病初期，用70%可湿性粉剂600～1000倍液整株喷雾，每隔7～10d喷1次，连续使用3～4次。

防治西瓜炭疽病，发病初期，每次每亩用70%可湿性粉剂40～80g对水喷雾，间隔7～10d喷1次，连续使用2～3次。

防治马铃薯环腐病，发病初期，每次每亩用36%可湿性粉剂800倍液叶面喷雾，视病害发生情况，每隔10d左右施药1次，连续用药 2～3 次。

防治柑橘疮痂病（彩图 25）、炭疽病，梨黑星病、白粉病、锈病、黑斑病、轮纹病，葡萄白粉病、炭疽病等。用 70%可湿性粉剂 1000～1500 倍液喷雾，间隔 10d 施药 1 次，连续用药 2～3 次。

防治柑橘绿霉病、青霉病，发病初期，每次用 36%悬浮剂 800～1000 倍液整株喷雾，视病害发生情况，每隔 10d 左右施药 1 次，连续用药 2～3 次。

防治苹果轮纹病，发病初期，用 70%可湿性粉剂或 70%水分散粒剂 600～1000 倍液整株喷雾，每隔 10～15d 喷 1 次，连续用药 3～4 次。

防治苹果白粉病、黑星病，发病初期，用 36%可湿性粉剂 800～1000 倍液整株喷雾，视病害发生情况，每隔 10d 左右施药 1 次，连续用药 2～3 次。

防治葡萄、桑树、烟草白粉病，发病初期，用 36%可湿性粉剂 800～1000 倍液整株喷雾，视病害发生情况，每隔 10d 左右施药 1 次，连续用药 2～3 次。

防治梨黑星病和白粉病，发病初期开始施药，每次用 36%可湿性粉剂 800～1200 倍液整株喷雾，视病害发生情况，每隔 10d 左右施药 1 次，连续用药 2～3 次。

防治水稻稻瘟病、菌核病、纹枯病。发病初期或幼穗形成期至孕穗期施药，每亩用 70%可湿性粉剂 100～142.8g，对水 40～50kg 喷雾，间隔 7～10d 施药 1 次，连续 2～3 次。或用 36%可湿性粉剂 800～1500 倍液叶面喷雾，视病害发生情况每隔 10d 左右施药 1 次，连续用药 2～3 次。

防治麦类赤霉病。小麦扬花初期、盛期各喷药 1 次，每次每亩用 70%可湿性粉剂 70～100g，对水 40～50kg 喷雾。

防治小麦白粉病、赤霉病，发病初期，用 36%可湿性粉剂 1500 倍液叶面喷雾，视病害发生情况，每隔 10d 左右施药 1 次，连续用药 2～3 次。

防治花生疮痂病。用 70%可湿性粉剂 500 倍液于发病初期喷雾。

防治花生褐斑病，发病初期或发病前开始用药，每亩用70%可湿性粉剂25～33.3g，对水喷雾，间隔7～10d使用1次，连续使用3～4次。

防治花生叶斑病，发病初期，每次用36%可湿性粉剂1500～1800倍液均匀喷雾，视病害发生情况，每隔10d左右施药1次，可连续用药2～3次。

防治棉花枯萎病，发病初期，用36%可湿性粉剂170倍液均匀喷雾，视病害发生情况，每隔10d左右施药1次，可连续用药2～3次。

防治油菜菌核病、霜霉病，每亩用70%可湿性粉剂100～150g，对水50kg，于油菜盛花期喷雾，隔7～10d再施药1次。

防治甜菜褐斑病，发病初期，用36%可湿性粉剂1300倍液叶面喷雾，视病害发生情况，每隔10d左右施药1次，可连续用药2～3次。

防治烟草菌核病，发病初期，每次用36%可湿性粉剂1500倍液整株喷雾，视病害发生情况，每隔10d左右施药1次，可连续用药2～3次。

防治毛竹枯梢病，发病初期，用36%可湿性粉剂1500倍液均匀喷雾，视病害发生情况，每隔10d左右施药1次，可连续用药2～3次。

(2) 拌种　防治菜用大豆灰斑病、四棱豆叶斑病，用50%可湿性粉剂拌种，用药量为种子重量的0.2%。

防治豌豆细菌性叶斑病，用50%可湿性粉剂拌种，用药量为种子重量的0.5%～1%。

防治大蒜白腐病，用50%可湿性粉剂拌种，用药量为蒜种重量的0.4%。

防治豌豆的白粉病、凋萎病，用70%可湿性粉剂拌种，用药量为种子重量的0.3%，再密闭48～72h后播种。

防治十字花科蔬菜褐腐病、落葵蛇眼病，除喷雾外，播前可用种子重量0.3%的70%可湿性粉剂拌种。

防治麦类黑穗病，用50%可湿性粉剂200g对水4kg拌种

100kg，然后闷种6h。

防治棉花苗期病害，每100kg棉种用70%可湿性粉剂700g拌种。

（3）涂抹　防治西葫芦蔓枯病，将70%可湿性粉剂50倍液，在病茎上刮掉病层的病斑处涂抹，过5d后再涂1次。

防治芦笋茎枯病，将70%可湿性粉剂30～50倍液，在芦笋芽出土后，涂芽一次，到嫩秆期，在茎秆基部20～30cm处，涂药一次。

防治黄瓜、西葫芦等的菌核病，将70%甲基硫菌灵可湿性粉剂1kg与50%异菌脲可湿性粉剂1.5kg混匀后，对水稀释成50倍液，涂抹茎上发病处。

防治果树枝干腐烂病，在刮除病斑的基础上，使用3%糊剂原液，或36%悬浮剂10～15倍液，或50%可湿性粉剂或50%悬浮剂15～20倍液在病斑表面涂抹。一个月后再涂药1次效果更好。

防治苹果和梨的枝干轮纹病，春季轻刮瘤后涂药，用70%甲基硫菌灵可湿性粉剂与植物油按1∶(20～25)，或80%甲基硫菌灵可湿性粉剂与植物油按1∶(25～30)，或50%甲基硫菌灵可湿性粉剂与植物油按1∶(15～20)的比例，充分搅拌均匀后涂抹枝干。

（4）土壤处理　防治西葫芦曲霉病，用50%甲基硫菌灵可湿性粉剂1kg与50kg干细土拌匀，制成药土，将药土撒于瓜秧基部。

防治冬瓜和节瓜的枯萎病，每亩用50%甲基硫菌灵可湿性粉剂3.5kg，与适量细土拌匀，在定植时施用。

防治黄瓜根腐病，将50%可湿性粉剂500倍液配成药土，撒于根茎部。

防治豇豆根腐病，用70%甲基硫菌灵可湿性粉剂1份，与50份细土拌匀后，穴施或沟施，每亩用药剂1.5kg。

（5）灌根　防治番茄枯萎病、茄子黄萎病，可用70%可湿性粉剂400～500倍液灌根，每株灌药液0.25～0.5kg。

防治芦笋紫纹羽病，用70%可湿性粉剂700倍液灌根。

防治西葫芦蔓枯病，在定植穴内、根瓜坐住及根瓜采收后

15d，用70%可湿性粉剂800倍液各灌根一次。

防治芦笋茎枯病，在芦笋幼芽萌动时，用70%可湿性粉剂1000倍液，浇灌根部。

防治豇豆根腐病，用50%悬浮剂600～700倍液灌根。

防治辣椒根腐病，扁豆立枯病，芦笋立枯病、冠腐病，用50%悬浮剂600倍液灌根。

防治苦瓜枯萎病，用50%悬浮剂400倍液灌根。

防治黄瓜枯萎病（彩图26），用50%可湿性粉剂400倍液灌根。

防治黄瓜、冬瓜、节瓜等的根腐病，南瓜和扁豆的枯萎病，用50%可湿性粉剂500倍液灌根。

防治果树根部病害，如根腐病、紫纹羽病、白纹羽病、白绢病等，在清除或刮除病根组织的基础上，于树盘下用土培埂浇灌，每年早春施药效果最好。用70%可湿性粉剂或70%水分散粒剂800～1000倍液浇灌，浇灌药液量因树体大小而异，以药液将树体大部分根区土壤渗透为宜。

（6）浸种（果、苗） 防治草莓褐斑病，用70%可湿性粉剂500倍液，浸苗15～20min，晾干后栽种。

防治荸荠灰霉病、秆枯病，用50%可湿性粉剂800倍液，浸种18～24h，按常规播种球茎。定植时，再浸苗18h。

防治南瓜青霉病，用50%可湿性粉剂500～1000倍液，采后浸果。

防治大蒜白腐病，用50%可湿性粉剂，用药量为种子重量的0.2%，用水量为种子重量的6%，将药剂溶于水中，搅匀后，再用该药拌种。

防治莲藕腐败病，用50%可湿性粉剂800倍液与75%百菌清可湿性粉剂800倍液混配后，喷淋种藕，再盖塑膜密闭24h，晾干后再栽插于大田。

防治甘薯黑斑病，用70%可湿性粉剂700～2800倍液浸种薯，或36%悬浮剂800～1000倍液浸种薯，播种前浸种10min。

防治柑橘储藏期青、绿霉病。用70%可湿性粉剂500～700倍液于采收后浸果。

防治苹果和梨的采后烂果病，采后贮运前，用70%可湿性粉剂或70%水分散粒剂800～1000倍液浸果，1～2min后捞出晾干即可。

中毒急救 用药时，如药液溅入眼睛，应立即用清水或2%苏打水冲洗；疼痛时，向眼睛结膜滴1～2滴2%奴佛卡因液。若误食而引起急性中毒时，应立即催吐，症状严重的立即送医院诊治。

注意事项

(1) 不能与含铜和碱性、强酸性农药混用。

(2) 连续使用易产生抗药性，应注意与不同类型药剂交替使用。甲基硫菌灵与多菌灵、苯菌灵等都属于苯并咪唑类杀菌剂，因此应注意与其他药剂轮用。

(3) 不少地区用此药防治灰霉病、菌核病等已难奏效，需改用其他对路药剂防治。

(4) 悬浮剂可能会有一些沉淀，摇匀后使用不影响药效。

(5) 应该储存于阴凉、干燥处，严格防潮湿和日晒。

(6) 在黄瓜上安全间隔期为4d，每季最多使用2次；在西瓜上安全间隔期为14d，每季最多使用3次；在番茄上安全间隔期为3d，一季最多使用3次；在芦笋上安全间隔期为14d，每季最多使用5次；在花生上安全间隔期为7d，每季最多使用4次；在梨上安全间隔期为21d，每季最多使用2次；在苹果上安全间隔期为21d，每季最多使用4次；在水稻上安全间隔期为30d，每季最多使用3次，在麦类上安全间隔期为30d，每季最多使用2次。

代森锰锌（mancozeb）

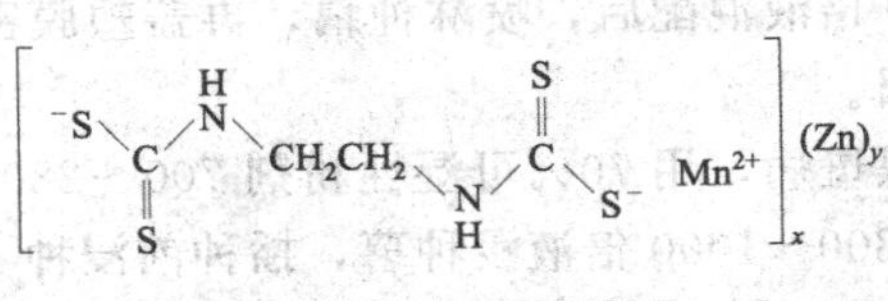

$[C_4H_6MnN_2S_4]_xZn_y$，8018-01-7

化学名称 1,2-亚乙基双二硫代氨基甲酰锰和锌盐的多元配位络合物

主要剂型 50%、70%、80%、85%可湿性粉剂，30%、420g/L、43%、430g/L悬浮剂，70%、75%、80%水分散粒剂，80%粉剂，75%干悬浮剂。

理化性质 代森锰锌活性成分不稳定，原药不进行分离，直接做成各种制剂。原药为灰黄色粉末，约172℃时分解，无熔点，蒸气压<1.33×10^{-2}mPa（20℃，估计值），相对密度1.99（20℃）。水中溶解度为6.2mg/L（pH=7.5，25℃）；在大多数有机溶剂中不溶解。在密闭容器中及隔热条件下可稳定存放2年以上。属硫代氨基甲酸酯类高效、低毒、广谱的保护性杀菌剂。

产品特点 主要通过金属离子杀菌。其杀菌机理是和参与丙酮酸氧化过程的二硫辛酸脱氢酶中的硫氢基结合，从而抑制病菌代谢过程中丙酮酸的氧化，从而导致病菌死亡，该抑制过程具有六个作用位点，故病菌极难产生抗药性。

（1）目前市场上代森锰锌类产品分为两类，一类为全络合态结构，一类为非全络合态结构（又称“普通代森锰锌”）。全络合态产品主要为80%可湿性粉剂和75%水分散粒剂，该类产品使用安全，防病效果稳定，并具有促进果面亮洁、提高果品质量的作用。非全络合态结构的产品，防病效果不稳定，使用不安全，使用不当经常造成不同程度的药害，严重影响产品质量。

（2）代森锰锌属有机硫类、广谱性、保护型杀菌剂，具有高效、低毒、病菌不易产生抗性等特点，且对作物的缺锰、缺锌症有治疗作用。对多种作物的霜霉病，茄果类蔬菜的早疫病、晚疫病、叶斑病等均有很好的预防效果，是对多种病菌能够有效预防的广谱性杀菌剂之一，对病菌没有治疗作用，必须在病菌侵害寄主植物前喷施才能获得理想的防治效果。代森锰锌可以连续多次使用，病菌极难产生抗药性。

（3）主要用于防治蔬菜霜霉病、炭疽病、褐斑病等，目前是防治番茄早疫病和马铃薯晚疫病的理想药剂。

（4）对多菌灵产生抗性的病害，改用代森锰锌可收到良好的防

治效果。代森锰锌常被用作许多复配剂的主要成分。可与多种农药、化肥混用，如与百菌清、硫黄粉、多菌灵、甲基硫菌灵、福美双、三乙膦酸铝、甲霜灵、精甲霜灵、霜脲氰、恶霜灵、烯酰吗啉、烯唑醇、三唑酮、苯醚甲环唑、异菌脲、戊唑醇、二氰蒽醌、多抗霉素、波尔多液、恶唑菌酮、腈菌唑、氟吗啉等杀菌成分混配，生产复配杀菌剂。与内吸性杀菌成分混配时，可以延缓病菌对内吸成分抗药性的产生。

(5) 鉴别要点：工业品为灰黄色粉末。不溶于水及大多数有机溶剂，遇酸碱分解，高温暴露在空气中和受潮易分解，可引起燃烧。70%代森锰锌可湿性粉剂为灰黄色粉末，湿润时间≤60s。可湿性粉剂应取得农药生产许可证（XK），其他产品应取得农药生产批准证书（HNP）。选购时应注意识别。

生物鉴别：摘取两片带有白菜霜霉病病菌的叶片，取其中一片用70%代森锰锌可湿性粉剂500倍液直接喷雾菌落处。数小时后，在显微镜下观察已喷药菌落的病菌孢子并对照观察未喷药叶片（插入有水瓶中）病菌孢子变化情况。若喷药叶片上病菌孢子活动明显受到抑制且有致死孢子，则该药品质量合格，否则为伪劣产品。

应用

(1) 使用范围　适用于番茄、菠菜、白菜、甜菜、辣椒、芹菜、菜豆、茄子、莴苣，瓜类如西瓜等，棉花、花生、麦类、水稻、玉米、橡胶、茶、荔枝、樱桃、草莓、葡萄、芒果、香蕉、苹果、梨树、烟草、玫瑰花、月季花等。在推荐剂量下对作物安全。

(2) 防治对象　对藻菌纲的疫霉属、半知菌类的尾孢属、壳二孢属等引起的多种作物病害均有较好的防效。对多种果树、蔬菜病害有效，如可防治疫病、霜霉病、灰霉病，瓜类炭疽病、黑星病、赤星病等。对花生云纹斑病、棉花铃疫病、甜菜褐斑病、橡胶炭疽病、人参叶斑病、蚕豆赤斑病等均有很好的防治效果。

使用方法　用于玉米、麦类、花生、高粱、水稻、番茄等作物的种子包衣、浸种和拌种等，可以防治种传病害和苗期的土传病害。对于大田作物、蔬菜喷药，人工喷洒一般每亩40～50L药液，拖拉机喷洒则每亩7～10L药液，飞机喷洒则每亩1～2L药液；果树人工喷药量为每亩 200～300L 药液。除防治病害外，还具有刺激植物生长的作用。一般用 75%可湿性粉剂 600～800 倍液喷洒。

（1）喷雾 防治茄子和马铃薯的疫病、炭疽病、叶斑病，用 80%可湿性粉剂 400～600 倍液，发病初期喷洒，连喷 3～5 次。

防治辣（甜）椒炭疽病、疫病、叶斑类病害，发病前或发病初期，每亩用 70%可湿性粉剂 171～240g，或 75%水分散粒剂 160～224g 对水 45～60kg 喷雾，视病害发生情况，每隔 7d 左右喷 1 次，连续用药 2～3 次。若防治辣椒猝倒病，要注意茎基部及其周围地面也需喷雾。

防治番茄早疫病、晚疫病（彩图 27）、炭疽病、灰霉病、叶霉病、斑枯病，可于发病初期，每亩用 80%可湿性粉剂或 80%水分散粒剂 150～200g，或 50%可湿性粉剂 246～316g，或 70%可湿性粉剂 175～225g，或 30%悬浮剂 240～320g，对水 45～60kg 均匀喷雾，视病害发生情况，每隔 7d 一次，连喷 2～3 次，采收前 5d 停止用药。防治早疫病还可结合涂茎，用旧毛笔或小棉球蘸取 80%可湿性粉剂 100 倍的药液，在病部刷 1 次。

防治黄瓜霜霉病、炭疽病（彩图 28）、褐斑病，于发病初期或爬蔓时开始，每亩用 80%可湿性粉剂 150～250g，或 75%水分散粒剂 140～180g，或 420g/L 悬浮剂 130～200g，对水 45～60kg 喷雾，也可用 70%可湿性粉剂 500～600 倍液喷雾。每隔 7～10d 喷一次，连喷 2～3 次，采收前 5d 停止用药。

防治西瓜炭疽病，发病前或初见病斑时，每亩用 80%可湿性粉剂 166～250g，或 70%可湿性粉剂 148.6～240g，或 75%水分散粒剂 220～240g，对水 45～60kg 均匀喷雾，每隔 7～10d 喷一次，连喷 3 次。

防治甜瓜炭疽病、霜霉病、疫病、蔓枯病等，每亩用 80%可湿性粉剂 150～200g，于发病前或初见病斑时对水 45～60kg 喷雾，每隔 7～10d 喷一次，一般喷雾 3～6 次。采摘前 5d 停止用药。

防治甘蓝、白菜、莴苣霜霉病（彩图 29），茄子绵疫病、褐斑病，芹菜疫病、斑枯病，以及十字花科蔬菜炭疽病，发病初期用 70%可湿性粉剂 500～600 倍液喷雾，每隔 7～10d 喷一次，连喷

3～5次。

防治菜豆炭疽病、锈病（彩图30）、赤斑病，用80%可湿性粉剂400～700倍液喷雾，每隔7～10d喷一次，连喷2～3次。

防治马铃薯晚疫病，可于发病初期每亩用80%可湿性粉剂120～180g，或70%可湿性粉剂137～206g，或75%水分散粒剂128～192g，对水45～60kg，均匀喷雾。

用代森锰锌防治黄瓜、西瓜、辣椒、番茄等移栽蔬菜上的病害，最好于移栽前（苗床期）喷药1次，以减少菌源。移栽后，在发病前、发病初期（初见病斑时）开始喷药，每亩用80%可湿性粉剂120～180g，对水45～60kg均匀喷雾，每隔5～7d喷1次。大田蔬菜每隔7～10d喷1次。连续用药2～3次。

防治大豆锈病，于初花期施药，每亩用80%可湿性粉剂200～300倍液，均匀喷雾，每隔7～10d施用1次，连续4次。

防治苹果、梨、桃等轮纹病、炭疽病、黑星病、赤星病、叶斑病，用80%可湿性粉剂600～800倍液，在发病初期喷雾。

防治苹果霉心病，盛花末期喷施1次80%可湿性粉剂或75%水分散粒剂600～800倍液。

防治葡萄黑痘病和霜霉病，用80%可湿性粉剂600～800倍液，在幼果期及发病初期喷雾，隔7～10d喷1次，连喷4～6次。

防治香蕉叶斑病、黑星病及炭疽病，用80%可湿性粉剂或75%水分散粒剂600～700倍液，或48%悬浮剂300～400倍液等，均匀喷雾，从病害发生初期开始喷药，10d左右1次，连喷3～4次。

防治荔枝、龙眼霜疫霉病，从发病初期开始喷药，7d左右1次，连喷2～3次，用80%可湿性粉剂或75%水分散粒剂600～800倍液均匀喷雾。

防治柑橘疮痂病、炭疽病、砂皮病（黑点病），兼防蒂腐病、黑星病、黄斑病等，用80%可湿性粉剂或75%水分散粒剂500～600倍液喷雾，柑橘萌芽2～3mm、谢花2/3、幼果期各喷药1次，多雨年份及重病果园应适当增加喷药1～2次，6月底或7月上旬、8月中旬各喷药1次，能彻底防控锈壁虱，兼防砂皮病、炭疽病、黑星病、煤烟病等果实病害。碰柑和橙类，9 月上中旬再喷药 1 次，有效防治炭疽病。

防治花生黑斑病、叶斑病、褐斑病、灰斑病，于病害发病初期开始施药，用 80%可湿性粉剂每亩 200g，对水 40～50kg 均匀喷雾，每隔 10d 喷药 1 次，连续 2～3 次。

防治橡胶树炭疽病、甜菜褐斑病、人参叶斑病、玉米大斑病，用 80%可湿性粉剂 400～600 倍稀释液，在发病初期喷雾，隔 8～10d 喷 1 次，连喷 3～5 次。

防治烟草赤星病，于发病初期，用 80%可湿性粉剂 600～800 倍液喷雾。防治烟草黑胫病，于发病初期，用 43%悬浮剂 400～600 倍液喷雾。

防治水稻稻瘟病，叶瘟病时于发病初期，穗瘟时于麦穗末期至抽穗期，用 80%可湿性粉剂喷雾。

(2) 拌种　防治白菜类猝倒病，用 70%可湿性粉剂（或干悬浮剂）拌种，用药量为种子重量的 0.2%～0.3%。

防治胡萝卜黑斑病、黑腐病、斑点病，用 70%可湿性粉剂（或干悬浮剂）拌种，用药量为种子重量的 0.3%。

防治十字花科蔬菜黑斑病，用 70%可湿性粉剂（或干悬浮剂）拌种，用药量为种子重量的 0.4%。

防治蔬菜苗期立枯病、猝倒病，用 80%可湿性粉剂，按种子重量的 0.1%～0.5%拌种。

(3) 浸种　防治山药枯萎病，用 70%可湿性粉剂 1000 倍液，浸泡山药尾子 10～20min 后播种。

(4) 灌根　防治甜瓜蔓枯病（在幼苗三叶期）、山药枯萎病，用 70%可湿性粉剂 500 倍液灌根。

防治黄瓜枯萎病，用 80%可湿性粉剂 400 倍液灌根。

(5) 土壤处理　防治黄瓜苗期猝倒病、豌豆苗黑根病，每平方米苗床用 70%可湿性粉剂 1g 和 25%甲霜灵可湿性粉剂 9g，再与 4～5kg 过筛干细土混匀，制成药土；浇好苗床底水后，先把 1/3 的药土撒在苗床上，播种后，再把 2/3 的药土覆盖在种子上。

中毒急救　施药时注意个人保护，避免将药液溅及眼睛和皮肤，如有误食，请立即催吐、洗胃和导泻，并送医院对症诊治。

注意事项

（1）为提高防治效果，可与多种农药、化肥混合使用，但不可与含铜或碱性农药、化肥混用。与喷施波尔多液的间隔期至少应有15d。

（2）幼叶、幼果期应慎重使用普通代森锰锌，以免发生药害，生产优质高档农产品需特别注意。

（3）代森锰锌只有预防作用，不具有治疗作用，应在发病前期或初期施用。

（4）应在作物采收前2～4周停止用药，中午、高温时避免用药。

（5）贮藏时，应注意防止高温，并要保持干燥，以免在高温、潮湿条件下使药剂分解，降低药效。

（6）在西瓜上安全间隔期为21d，一季最多使用3次；番茄、辣椒上安全间隔期为15d，一季最多使用3次；在马铃薯上安全间隔期为3d，每季最多使用3次；苹果、梨、葡萄、荔枝上的安全间隔期均为10d，每季最多使用3次；在柑橘上安全间隔期为21d，一季最多使用2次；在花生上安全间隔期为7d，一季最多使用3次；在烟草上安全间隔期为21d，每季最多使用3次。

百菌清（chlorothalonil）

CN
Cl Cl
Cl CN
Cl

$C_8Cl_4N_2$, 265.9, 87-86-5

化学名称 2,4,5,6-四氯-1,3-苯二甲腈（四氯间苯二腈）

主要剂型 5%、40%、50%、60%、70%、75%可湿性粉剂，40%、50%、720g/L悬浮剂，2.5%、10%、20%、28%、30%、40%、45%烟剂，5%粉尘剂，5%粉剂，75%、90%水分散粒剂，

10%油剂。

理化性质 纯品为白色无味结晶，熔点252.1℃，沸点350℃（760mmHg），蒸气压0.076mPa（25℃），相对密度1.732（20℃）。溶解度：水中为0.81mg/L（25℃）；丙酮20.9（g/L，下同），二氯乙烷22.4，乙酸乙酯13.8，庚烷0.2，甲醇1.7，二甲苯74.4。在通常贮存条件下稳定，对碱和酸性水溶液以及在紫外光线的照射下都稳定。属取代苯类广谱保护性低毒杀菌剂。对鱼类有毒。

产品特点

（1）百菌清能与真菌细胞中的三磷酸甘油醛脱氢酶发生作用，与该酶中含有半胱氨酸的蛋白质相结合，从而破坏该酶活性，使真菌细胞的新陈代谢受破坏而失去生命力。

百菌清不进入植物体内，只在作物表面起保护作用，对已侵入植物体内的病菌无作用，对施药后新长出的植物部分亦不能起到保护作用。

（2）百菌清在植物表面有良好黏着性，不易受雨水冲刷，药效持效期较长，在常规用量下，一般药效期约7～10d。

（3）百菌清属于多作用位点杀菌剂，因此，长期使用也不会出现抗药性问题，对多种作物真菌病害具有预防作用。

（4）百菌清没有内吸传导作用，不会从喷药部位及植物的根系被吸收。因此，在植物已受到病菌侵害，病菌进入植物体内后，百菌清的杀菌作用很小，因此用于多种蔬菜真菌性病害预防，必须在病菌侵染寄主植物前用药才能获得理想的防病效果，连续使用病菌不易产生抗药性。

（5）鉴别要点：纯品为白色无味晶体。工业品含量97%，略有刺激性气味。75%百菌清可湿性粉剂为白色至灰色疏松粉末；10%百菌清油剂外观为绿黄色油状均相液体；2.5%百菌清烟剂为乳白色粉状物，发烟时间7～15min，30min后无余火，烧后残渣疏松，应取得农药生产许可证（XK）。百菌清其他产品应取得农药生产批准证书号（HNP），选购时应注意识别该产品的农药登记证号、农药生产许可证（农药生产批准证书号）、执行标准号。

生物鉴别：选取两片白菜（甘蓝）霜霉病病菌的叶片，将其中一片用75%百菌清可湿性粉剂600倍液直接喷雾，数小时后在显微镜下观察喷药叶片上病菌孢子情况并对照观察未喷药叶片上病菌孢子的变化情况。若喷药叶片上病菌孢子活动明显受阻且有致死孢子，则该药品质量合格，否则为不合格品或伪劣产品。

10%百菌清油剂鉴别方法基本同上，只是配药时按80倍稀释。

（6）可与腐霉利、霜脲氰、乙霉威、甲霜灵、精甲霜灵、三乙膦酸铝、代森锰锌、硫黄、甲基硫菌灵、多菌灵、福美双、异菌脲、嘧霉胺、嘧菌酯、戊唑醇、咪鲜胺、烯酰吗啉、双炔酰菌胺、琥胶肥酸铜等复配，生产复配杀菌剂。

应用

（1）使用范围　适用于番茄、黄瓜、西瓜、甘蓝、花椰菜、菜豆、芹菜、甜菜、洋葱、莴苣、胡萝卜、辣椒、蘑菇、马铃薯、草莓、花生、小麦、水稻、玉米、棉花、香蕉、苹果、茶树、柑橘、桃、烟草、草坪、橡胶树等。

（2）防治对象　用于防治蔬菜、麦类、水稻、玉米、果树、花生、茶叶、橡胶、花卉等作物的多种真菌性病害，如蔬菜上的甘蓝黑斑病、霜霉病、菜豆锈病、灰霉病及炭疽病，芹菜叶斑病，马铃薯晚疫病、早疫病及灰霉病，番茄早疫病、晚疫病、叶霉病、斑枯病，各种瓜类上的炭疽病、霜霉病等；果树上的苹果早期落叶病、黑星病、炭疽病、轮纹病，梨树的黑斑病、褐斑病、白粉病，葡萄的黑痘病、穗轴褐枯病、霜霉病、褐斑病、炭疽病、白粉病，桃树黑星病、褐腐病、真菌性穿孔病，柑橘的疮痂病、炭疽病、黄斑病、黑星病、砂皮病，香蕉的叶斑病、黑星病等；水稻上的稻瘟病、稻曲病。

使用方法　可用于喷雾、浸（拌）种、土壤处理、灌根、涂抹、熏蒸、喷施粉尘剂等。

（1）蔬菜病害　防治番茄早疫病、晚疫病、叶霉病等。在病害发生前开始喷药，每次每亩用75%可湿性粉剂100～150g，对水60～75kg喷雾，每隔7～10d喷药1次，共喷2～3次。

防治辣椒炭疽病、早疫病、黑斑病及其他叶斑类病害，于发病前或发病初期，喷 75%可湿性粉剂 500～700 倍液，每隔 7～10d 喷 1 次，连喷 2～4 次。

防治黄瓜霜霉病，在病害发生前，开始喷药，每次每亩用 75%可湿性粉剂 100～150g，对水 50～75kg 喷雾，每隔 7～10d 喷药 1 次，共喷 2～3 次。防治黄瓜炭疽病，喷 75%可湿性粉剂 500～600 倍液。

防治甘蓝黑胫病，发病初期，喷 75%可湿性粉剂 600 倍液，每隔 7d 左右喷 1 次，连喷 3～4 次。

防治草莓灰霉病、叶枯病、叶焦病及白粉病，在发病初期喷药 1 次，每次每亩用 75%可湿性粉剂 100g，对水 50～75kg 喷雾，每隔 7～10d 喷药 1 次，共喷 2～3 次。

防治玉米大斑病，发病初期，气候条件有利于病害发生时，每次每亩用 75%可湿性粉剂 110～140g，对水 60～75kg 喷雾，以后每隔 5～7d 喷药 1 次，共喷 2～3 次。

防治菜豆锈病、灰霉病及炭疽病等，在发病初期开始喷药，每亩用 75%可湿性粉剂 113.3～206.7g 对水 50～60kg 喷雾，每隔 7～10d 喷药一次，共喷 2～3 次。

防治芹菜叶斑病，在芹菜移栽后，在病害开始发生时每次每亩用 75%可湿性粉剂 80～120g，对水 50～60kg 喷雾，以后每隔 7d 喷 1 次，共喷 2～3 次。

防治特种蔬菜病害，如山药炭疽病，石刁柏茎枯病、灰霉病、锈病，黄花菜叶斑病、叶枯病、姜白星病、炭疽病等，于发病初期及时喷 75%可湿性粉剂 600～800 倍液，每隔 7～10d 喷 1 次，连喷 2～4 次。

防治莲藕腐败病，可用 75%可湿性粉剂 800 倍液喷种藕，闷种 24h，晾干后种植。在莲始花期或发病初期，拔除病株，每亩用 75%可湿性粉剂 500g，拌细土 25～30kg，撒施于浅水层藕田，或对水 20～30kg，加中性洗衣粉 40～60g，喷洒莲茎秆，每隔 3～5d 喷 1 次，连喷 2～3 次。防治莲藕褐斑病、黑斑病，发病初期喷 75%可湿性粉剂 500～800 倍液，每隔 7～10d 喷 1 次，连喷 2～3 次。

防治慈姑褐斑病、黑粉病，发病初期，用75%可湿性粉剂800～1000倍液喷雾，每隔7～10d喷1次，连喷2～3次。

防治芋污斑病、叶斑病，水芹斑枯病，于发病初期，用75%可湿性粉剂600～800倍液喷雾，每隔7～10d喷1次，连喷2～4次。在药液中加0.2%中性洗衣粉，防效会更好。

防治马铃薯早疫病、晚疫病，每亩用75%可湿性粉剂100～150g，或720g/L悬浮剂80～100mL，或40%悬浮剂120～150mL，对水45～60kg均匀喷雾，从初见病斑时开始喷药，每隔7～10d一次，连喷4～7次。

防治豌豆、蚕豆等的根腐病，用75%可湿性粉剂拌种，用药量为种子重量的0.2%。

防治白菜类猝倒病，用75%可湿性粉剂拌种，用药量为种子重量的0.2%～0.3%。

防治甜瓜叶枯病，大蒜白腐病，胡萝卜的黑斑病、黑腐病、斑点病，用75%可湿性粉剂拌种，用药量为种子重量的0.3%。

防治白菜类的霜霉病、萝卜黑斑病、假黑斑病，用75%可湿性粉剂拌种，用药量为种子重量的0.4%。

防治豌豆的白粉病、凋萎病，用75%可湿性粉剂和50%多菌灵可湿性粉剂，按1：1制成混剂，混剂用药量为种子重量的0.3%，拌种后再密闭48～72h后播种。

防治西瓜叶枯病，用75%可湿性粉剂1000倍液，浸种2h，洗净催芽。

防治苦苣褐斑病，用75%可湿性粉剂1000倍液，浸种20～30min。

防治莲藕腐败病，用75%可湿性粉剂800倍液与50%多菌灵可湿性粉剂800倍液混配后，喷淋种藕，再盖膜密闭24h后，晾干播种。

防治西葫芦曲霉病，用75%可湿性粉剂1kg，与干细土50kg拌匀，制成药土，撒药土于瓜秧基部。

防治蔬菜苗期猝倒病，用75%可湿性粉剂50～60倍液，与适量细砂拌匀，在发病重时或因天阴而不能喷药时，可在苗床内均匀撒一层药砂。

防治西葫芦蔓枯病，用75%可湿性粉剂600倍液灌根，在定植穴内，根瓜坐住时，及根瓜采后15d时，各灌一次药液，每次每株灌250mL。或先刮去西葫芦茎蔓上病斑表层，再用75%可湿性粉剂50倍液涂抹病斑处，过5d后再涂抹一次。

防治甜瓜猝倒病，用75%可湿性粉剂600倍液灌根，每平方米苗床上浇3L药液。

防治蔬菜苗期猝倒病，用75%可湿性粉剂600倍液，喷淋病苗及附近植株。

在保护地中烟熏，可防治番茄早疫病、晚疫病、叶霉病、白粉病、灰霉病、菌核病，茄子灰霉病、菌核病，辣椒灰霉病、疫病、菌核病，黄瓜霜霉病、黑星病、灰霉病、炭疽病、白粉病、叶斑病，韭菜灰霉病、菌核病，芹菜叶斑病、斑枯病。在保护地栽培中，每亩每次用45%烟剂150～180g，或30%烟剂200～250g熏烟，在发病前或发病初期进行，熏烟在傍晚进行，将棚室关闭封严，药剂均匀分几份堆放在棚室内，用暗火点燃，次日清晨通风。

防治莴苣、青花菜、芥蓝等的霜霉病，在保护地栽培中，每亩每次用5%粉尘剂1～1.5kg喷施。每间隔7～10d一次，连施3～4次。喷粉时，棚室关闭1h后再通风，若早春或晚秋喷粉，在傍晚进行，次日再打开门窗、通风口等。

根据百菌清预防保护作用为主的特点及保护地特定环境，在天气适合发病条件下或关键时期喷施药剂，保护地若提早于发病前采用百菌清烟剂熏烟或粉尘剂喷粉（喷粉效果更佳）进行保护，预防效果显著。

（2）果树病害　防治苹果的早期落叶病、黑星病、炭疽病、轮纹病。从苹果落花后10d左右开始喷药，与戊唑多菌灵、甲基硫菌灵、苯醚甲环唑等治疗性药剂交替使用，10～15d一次，连续喷施。百菌清一般使用75%可湿性粉剂800～1000倍液，或720g/L悬浮剂1000～1200倍液，或83%水分散粒剂1000～1200倍液，或40%悬浮剂600～800倍液均匀喷雾。

防治梨树的黑斑病、白粉病、褐斑病。从病害发生初期或初见病斑时开始均匀喷药，10～15d 一次，连喷 2～3 次。药剂使用浓度同“苹果病害”。

防治葡萄黑痘病、穗轴褐枯病，兼防霜霉病，开花前、后各喷药 1 次。防治霜霉病时，从初见病斑时开始喷药，10d 左右 1 次，连喷 5～7 次（注意与治疗性药剂交替使用），兼防炭疽病、褐斑病、白粉病；在果粒将要着色时，开始喷药防治炭疽病，10d 左右 1 次，连喷 3～4 次（注意与治疗性药剂交替使用），兼防霜霉病、褐斑病、白粉病。一般使用 75%可湿性粉剂 600～800 倍液，或 720g/L 悬浮剂 600～800 倍液，或 83%水分散粒剂 700～900 倍液，或 40%悬浮剂 400～500 倍液均匀喷雾。注意：红提葡萄果粒对百菌清较敏感，仅适合在果穗全部套袋后喷施。

防治桃树黑星病（疮痂病）时，从落花后 20～30d 开始喷药，10～15d 一次，直到果实采收前 1 个月，兼防真菌性穿孔病；防治褐腐病时，从果实采收前 1 个半月开始喷药，10d 左右一次，连喷 2～4 次。一般使用 75%可湿性粉剂 800～1000 倍液，或 720g/L 悬浮剂 1000～1200 倍液，或 83%水分散粒剂 1000～1200 倍液，或 40%悬浮剂 600～800 倍液均匀喷雾。

防治草莓白粉病、灰霉病、褐斑病、叶枯病，在开花初期、中期、末期各喷药 1 次，用 75%可湿性粉剂 600～800 倍液，或 720g/L 悬浮剂 800～1000 倍液，或 83%水分散粒剂 800～1000 倍液，或 40%悬浮剂 600～800 倍液均匀喷雾。

防治香蕉叶斑病、黑星病，从病害发生初期开始喷药，10d 左右 1 次，连喷 2～3 次。用 75%可湿性粉剂 500～700 倍液，或 720g/L 悬浮剂 600～800 倍液，或 83%水分散粒剂 600～800 倍液，或 40%悬浮剂 400～500 倍液均匀喷雾。

防治保护地果树的灰霉病、花腐病。对上述病害采用喷雾防控外，还可采用熏烟。在病害发生前或连续 2d 阴天时开始用药，每亩用 45%烟剂 150～180g，或 40%烟剂 170～200g，或 30%烟剂 200～250g，或 20%烟剂 350～400g，或 10%烟剂 700～800g，均匀分多点点燃，而后密闭熏烟一夜。棚室熏烟后，第二天通风后才能进棚进行农事操作。

防治柑橘疮痂病、砂皮病、炭疽病、黑星病、黄斑病。在春梢生长期、花瓣脱落期、夏梢生长期、秋梢生长期及果实膨大至转色期各喷药1～2次，用75%可湿性粉剂600～800倍液，或720g/L悬浮剂800～1000倍液，或83%水分散粒剂600～800倍液，或40%悬浮剂400～500倍液均匀喷雾。

防治果树霜霉病、白粉病，葡萄炭疽病、果腐病，桃褐斑病，苹果炭疽病、叶斑病，柑橘疮痂病，用75%可湿性粉剂800～1000倍液喷雾。

(3) 其他作物病害　防治水稻稻瘟病和纹枯病，病害发生前或发病初期施药，每次每亩用75%可湿性粉剂100～130g对水喷雾，间隔7～10d一次。

防治麦类霜霉病，在破口期每亩用75%可湿性粉剂70～100g，对水50kg喷雾。

防治小麦锈病，发病前或发病初期开始施药，每次每亩用75%可湿性粉剂100～127g对水喷雾，视发病情况喷施1～2次。

防治花生叶斑病和锈病，发病初期开始用药，每次每亩用75%可湿性粉剂100～133g，或40%悬浮剂100～150mL，对水喷雾，每隔7～10d喷1次，连续喷药3次。

防治茶树炭疽病、茶饼病、网饼病，在发病前或发病初期用药，用75%可湿性粉剂800～1000倍液喷雾，每隔7～10d喷1次，连续喷施2～3次。

防治橡胶树炭疽病，发病初期，用75%可湿性粉剂500～800倍液整株喷雾。

中毒急救　对皮肤和眼睛有刺激作用，少数人有过敏反应、引起皮炎。使用时注意安全，如有药液溅到眼睛里，立即用大量清水冲洗15min，直到疼痛消失；误食后不要进行催吐，立即送医院对症治疗。

注意事项

(1) 百菌清化学性质稳定，是良好的伴药，除不能与碱性农药混用外，几乎可以和其他所有的常用农药混用，不会出现化学反应降低药效等副作用。

（2）该制剂不宜与石硫合剂、波尔多液等碱性农药混用。

（3）百菌清对鱼类及甲壳类动物毒性大，要避免药液污染池塘和水域。

（4）柿对百菌清较敏感，不可施用。高浓度药剂对桃、梅、苹果会引起药害。苹果落花后20d的幼果期不能用药，会造成果实锈斑。对玫瑰花有药害。与杀螟硫磷混用，桃树易发生药害。与克螨特、三环锡等混用，茶树可能产生药害。

（5）悬浮剂可能会有一些沉淀，摇匀后使用不影响药效。

（6）注意防潮、防晒。

（7）在黄瓜上安全间隔期为21d，一季最多使用6次；在番茄上安全间隔期为7d，一季最多使用3次；在大白菜上安全间隔期限为7d，每季最多使用2次；在柑橘上安全间隔期为25d，一季最多使用6次；在花生上安全间隔期为14d，一季最多使用3次；在梨树上安全间隔期为25天，每季最多使用6次；在苹果上安全间隔期不少于20d，每季最多使用4次；在葡萄上安全间隔期为21d，每季最多使用4次；在水稻上安全间隔期为10d，早稻每季最多使用3次，晚稻每季最多使用5次。

氢氧化铜（copper hydroxide）

HO—Cu—OH

$Cu(OH)_2$, 97.56, 20427-59-2

化学名称　氢氧化铜

主要剂型　88%、89%原药，53.8%、77%可湿性粉剂，38.5%、53.8%、61.4%干悬浮剂，57.6%干粒剂，38.5%、46.1%、53.8%、57.6%水分散粒剂，53.8%可分散粒剂，7.1%、25%、37.5%悬浮剂。

理化性质　纯品为蓝色粉末或蓝色凝胶，相对密度3.717（20℃）。溶解度：水中5.06×10^{-4} g/L（pH＝6.5，20℃）；正庚烷7100（μg/L，下同），对二甲苯15.7，1,2-二氯乙烷61.0，异

丙醇 1640，丙酮 5000，乙酸乙酯 2570。在冷水中不可溶，热水中可溶，易溶于氨水溶液，不溶于有机溶剂。性质稳定，耐雨水冲刷。50℃以上脱水，140℃分解。属矿物源类无机铜素广谱保护性低毒杀菌剂。对蜜蜂无毒。

产品特点

(1) 氢氧化铜为多孔针形晶体，杀菌作用主要通过释放铜离子与真菌体内蛋白质中的—SH、—NH_2、—COOH、—OH 等基团起作用，形成铜的络合物，使蛋白质变性，进而阻碍和抑制病菌代谢，最终导致病菌死亡。但此作用仅限于阻止真菌孢子萌发，所以仅有保护作用。并对植物生长有刺激增产作用。杀细菌效果好，病菌不易产生抗药性。在细菌病害与真菌病害混合发生时，施用本剂可以兼治，节省农药和劳力。主要用于防治蔬菜的霜霉病、疫病、炭疽病、叶斑病和细菌性病害等多种病害。

(2) 对病害具有保护杀菌作用，药剂能均匀地黏附在植物表面，不易被水冲走，持效期长，使用方便，推荐剂量下无药害，是替代波尔多液的铜制剂之一。

(3) 杀菌作用强，宜在发病前或发病初期使用。

(4) 该药杀菌防病范围广，渗透性好，但没有内吸作用，且使用不当容易发生药害。喷施在植物表面后没有明显药斑残留。

(5) 氢氧化铜可与多菌灵、霜脲氰、代森锰锌混配，用于生产复配杀菌剂。

应用

(1) 使用范围　十字花科蔬菜、菜豆、花生、西瓜、香瓜、黄瓜、番茄、茄子、芹菜、葱类、辣椒、胡萝卜、生姜、马铃薯、茶树、葡萄、柑橘、香蕉、荔枝、苹果、梨、桃、杏、李、水稻、人参、烟草等多种植物。

(2) 防治对象　氢氧化铜适用范围很广，既可用于防治多种真菌性病害，又可用于防治细菌性病害。十字花科蔬菜黑斑病，黑腐病，大蒜叶枯病和病毒病，芹菜细菌性斑点病、早疫病、斑枯病，胡萝卜叶斑病，黄瓜细菌性角斑病，辣椒细菌性斑点病，茄子早疫病、炭疽病、褐腐病，菜豆细菌性疫病，葱类紫斑病、霜霉病，香瓜霜霉病、网纹病，西瓜蔓枯病、细菌性果斑病，苹果斑点落叶病，柑橘疮痂病、树脂病、溃疡病、脚腐病，葡萄黑痘病、白粉病、霜霉病、穗轴褐枯病、褐斑病、炭疽病，苹果、梨、山楂烂根病、腐烂病、干腐病、枝干轮纹病，桃、杏、李、樱桃流胶病，荔枝霜疫霉病，香蕉叶斑病、黑星病，水稻白叶枯病、细菌性条斑病、稻瘟病、纹枯病，马铃薯早疫病、晚疫病，花生叶斑病，茶树炭疽病、网饼病，芍药灰霉病，梨黑星病、黑斑病，烟草野火病，人参黑斑病等。

使用方法

（1）喷雾　防治西瓜、甜瓜的炭疽病、细菌性果腐病、枯萎病。从病害发生初期开始喷药，7～10d 一次，连喷 3～4 次，一般每亩使用 77%可湿性粉剂 100～120g，或 53.8%可湿性粉剂（水分散粒剂、干悬浮剂）70～100g，对水 45～60kg 均匀喷雾。

防治西瓜蔓枯病，发病初期，用 53.8%干悬浮剂 1000 倍液喷雾，用药时间宜在下午 3 点以后，气候条件不适宜时，应少量多次使用，间隔 7～10d 喷 1 次。

防治番茄早疫病、晚疫病、溃疡病。从病害发生初期开始喷药。一般每亩用 77%可湿性粉剂 100～150g，或 53.8%可湿性粉剂（水分散粒剂、干悬浮剂）70～100g，对水 60～75kg 均匀喷雾，10d 左右 1 次，连喷 4～6 次。

防治黄瓜霜霉病、细菌性叶斑病。从病害发生初期开始喷药，一般每亩用 77%可湿性粉剂 100～150g，或 53.8%可湿性粉剂（水分散粒剂、干悬浮剂）70～100g，对水 60～75kg 均匀喷雾。7～10d 喷 1 次，与不同类型药剂交替使用，连续喷施，重点喷洒叶片背面。

防治黄瓜细菌性角斑病。发病前或发病初期开始喷药，每次每亩用 77%可湿性粉剂 150～200g，或 53.8%水分散粒剂 68～83g，对水喷雾，每隔 7～10d 喷 1 次，可连续使用 2～3 次。

防治辣椒疫病、疮痂病、炭疽病，从病害发生初期开始喷药，一般每亩使用 77%可湿性粉剂 100～120g，或 53.8%可湿性粉剂（水分散粒剂、干悬浮剂）70～100g，对水 45～60kg 均匀喷雾。

7～10d 一次，连喷 3～4 次。

防治白菜软腐病。从莲座期开始喷药，一般每亩用 77%可湿性粉剂 50～75kg，或 53.8%可湿性粉剂（水分散粒剂、干悬浮剂）40～50g，对水 30～45kg 均匀喷雾。7～10d 一次，连喷 2～3 次，重点喷洒植株的茎基部。

防治芹菜叶斑病。从病害发生初期开始喷药，一般每亩用 77%可湿性粉剂 50～75kg，或 53.8%可湿性粉剂（水分散粒剂、干悬浮剂）40～50g，对水 30～45kg 均匀喷雾。7～10d 一次，连喷 2～4 次。

防治蚕豆叶烧病、茎疫病，菜豆细菌性晕疫病，豆薯细菌性叶斑病，用 77%可湿性粉剂 500～600 倍液喷雾。

防治菜豆斑点病，蕹菜炭疽病，姜眼斑病，用 77%可湿性粉剂 600 倍液喷雾。

防治大蒜病毒病和叶枯病，发病前，用 25%悬浮剂 300～500 倍液喷雾。

防治葡萄霜霉病、黑痘病等，用 53.8%干悬浮剂 800～1000 倍液喷雾，在 75%落花后进行第 1 次用药，间隔 10～15d 用药 1 次，雨季到来时或果实进入膨大期，间隔 7～10d 用药 1 次，连续用药 3～4 次。

防治香蕉叶斑病、黑星病，从病害发生初期开始喷药，用 77%可湿性粉剂 800～1000 倍液，或 53.8%可湿性粉剂（水分散粒剂）600～800 倍液喷雾，10～15d 一次，连喷 2～4 次。

防治柑橘溃疡病、疮痂病，用 77%可湿性粉剂 100～1200 倍液，或 53.8%可湿性粉剂（水分散粒剂）800～1000 倍液喷雾，在春梢生长初期、幼果期、夏梢生长初期、秋梢生长初期各喷药 1 次。

防治柑橘树脂病，在春梢萌发前清园喷药，用 77%可湿性粉剂 600～800 倍液，或 53.8%可湿性粉剂（水分散粒剂）500～600 倍液均匀喷雾。也可用 77%可湿性粉剂 150～200 倍液，或 53.8%可湿性粉剂（水分散粒剂）100～150 倍液，刮病斑后涂药。

防治苹果、梨、山楂的腐烂病、干腐病、枝干轮纹病等枝干病害时，在发芽前喷药清园，用77%可湿性粉剂400～500倍液，或53.8%可湿性粉剂（水分散粒剂）300～400倍液喷洒枝干。腐烂病及干腐病病斑刮除后，也可在病斑表面，用77%可湿性粉剂150～200倍液，或53.8%可湿性粉剂（水分散粒剂）100～150倍液涂药。

防治桃、杏、李、樱桃流胶病，用77%可湿性粉剂400～500倍液，或53.8%可湿性粉剂（水分散粒剂）300～400倍液喷雾，在发芽前对枝干喷药1次即可，生长期严禁使用。

防治水稻细菌性条斑病、稻瘟病、白叶枯病、纹枯病和稻曲病等，发病前，用53.8%干悬浮剂1000倍液喷雾，间隔7～10d再用药1次，连续用药2次。

防治人参黑斑病，发病初期，用53.8%干悬浮剂500倍液喷雾。

防治芍药灰霉病，发病前，用77%可湿性粉剂500倍液喷雾。

防治烟草野火病，发病前，用57.6%干粒剂1800～2500倍液喷雾。

(2) 灌根　防治冬瓜和节瓜疫病，用77%可湿性粉剂400倍液灌根。

防治番茄和茄子的青枯病，芦笋的立枯病、根腐病，在初发病时，用77%可湿性粉剂400～500倍液灌根，每株灌0.3～0.5L药液，每隔10d灌一次，连灌2～3次。

防治甜瓜猝倒病，用77%可湿性粉剂500倍液灌根，每平方米苗床面积浇3L药液。

防治西瓜枯萎病，从坐瓜后开始灌根，一般使用77%可湿性粉剂500～600倍液，或53.8%可湿性粉剂（水分散粒剂、干悬浮剂）400～500倍液灌根，每株灌药液250～300mL，10～15d后再灌一次。

(3) 浇灌　防治姜瘟病时，采用随水浇灌的方法进行用药。从病害发生初期或发生前开始，一般每亩每次随水浇灌77%可湿性粉剂1～1.5kg、或53.8%可湿性粉剂1.5～2kg，10～15d一次，连续浇灌2次。用药一定要均匀、周到。

防治苹果、梨、山楂等仁果类果树及葡萄的烂根病时，多在春天灌根用药。一般按生长期喷雾的使用倍数浇灌药液，每株用药量因树体大小不同而异，以药液能够渗入到主要根区的范围为宜，选用77%可湿性粉剂600～800倍液，或53.8%可湿性粉剂（水分散粒剂）500～600倍液等浇灌。

(4) 浸种　防治马铃薯青枯病，用77%可湿性粉剂500～600倍液浸种。

中毒急救　对眼黏膜有一定的刺激作用，施药时应注意对眼睛的防护；如果药液不小心溅入眼睛，应立即用清水冲洗干净并携带此标签去医院就医。如果误服，立即服用大量牛奶、蛋白液或清水，并立即送医院对症治疗。

注意事项

(1) 在作物病害发生前或发病初期施药，每隔7～10d喷药1次，并坚持连喷2～3次，以发挥其保护剂的特点。在发病重时应5～7d喷药1次，喷雾要求均匀周到，正反叶片均应喷到。

(2) 不能与强酸或强碱性农药混用。不能与遇铜易分解的农药混用。禁止与乙膦铝类农药混用。须单独使用，避免与其他农药混合使用。若与其他药剂混用时（应先小量试验），宜先将本剂溶于水，搅匀后，再加入其他药剂。

(3) 阴雨天或有露水时不能喷药，高温高湿气候条件慎用。

在对铜敏感的白菜、大豆等作物上，应先试后用。

蔬菜幼苗期用安全浓度喷药防病，应慎用或不用。

在桃、杏、李、樱桃等核果类果树上仅限于发芽前清园喷施，发芽后的生长期禁止使用。苹果、梨开花期和幼果期严禁用此药，柑橘上使用77%可湿性粉剂，浓度不应低于1000倍液，否则易产生药害。

(4) 与春雷霉素的混剂对大豆和藕等作物的嫩叶敏感，因此一定要注意浓度，宜在下午4点后喷药。

(5) 用药时穿防护服，避免药液接触身体，切勿吸烟或进食，勿让儿童接触药剂，切勿将废液倒入水系，或在水系中洗涮盛放该药液的空容器。

(6) 对鱼类及水生生物有毒，避免药液污染水源。施药后各种工具要认真清洗，污水和剩余药液要妥善处理保存，不得任意倾倒。

(7) 搬运时应注意轻拿轻放，以免破损污染环境，运输和储存时应有专门的车皮和仓库，不得与食品和日用品一起运输，应在阴凉、通风、干燥处贮存。

(8) 用 77%可湿性粉剂防治番茄早疫病时，安全间隔期为 3d，一季最多使用 3 次。

春雷霉素（kasugamycin）

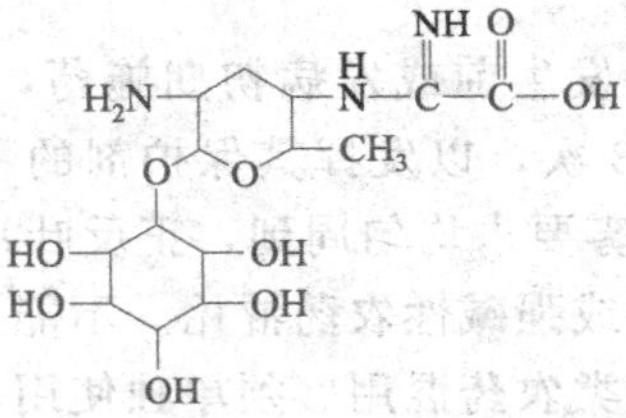

$C_{14}H_{25}N_3O_9$，379.4，6980-18-3

化学名称 [5-氨基-2-甲基-6-(2,3,4,5,6-五羟基环己基氧代)四氢吡喃-3-基] 氨基-α-亚胺乙酸

主要剂型 55%、65%、70 原药，2%液剂、可溶液剂，2%水剂，2%、4%、6%可湿性粉剂。

理化性质 春雷霉素是由肌醇和二基己糖合成的二糖类物质，是一种由链霉菌产生的弱碱性抗生素。春雷霉素盐酸盐纯品，呈白色针状或片状结晶，熔点 202～204℃（分解），蒸气压＜1.3×10^{-2} mPa（25℃），相对密度 0.43g/cm^3（25℃）。溶解度：水中为 207（pH＝5），228（pH＝7），438（pH＝9）（g/L，25℃）；甲醇中为 2.76，丙酮、二甲苯＜1（mg/kg，25℃）。在室温下非常稳定。在 pH 为 4.0～5.0 的弱酸中稳定，但强酸和碱中不稳定，易被破坏失活（失效）。半衰期（50℃）：47d（pH＝5），14d（pH＝9）。易溶于水，水溶液呈浅黄色，不溶于醇类、酯类（乙酯）、乙酸、三氯甲烷、氯仿、苯及石油醚等有机溶剂。属微生物源、农用抗生素类、低毒杀菌剂。对鱼、虾毒性低，对鸟类毒性低，对蜜蜂有一定毒性。

产品特点

（1）春雷霉素的有效成分是小金色放线菌的代谢产物。杀菌机理是通过干扰病菌体内氨基酸代谢的酯酶系统，从而影响蛋白质的合成，抑制菌丝伸长和造成细胞颗粒化，最终导致病原体死亡或受到抑制，但对孢子萌发无影响。

（2）药剂纯品为白色结晶，商品制剂外观为棕色粉末，具有保护、治疗作用及较强的内吸性，易溶于水，在酸性和中性溶液中比较稳定。春雷霉素是防治多种细菌和真菌性病害的理想药剂，有预防、治疗、生长调节功能，其治疗效果更为显著。它既是防治稻瘟病的专用抗生素，还对水稻细条病、柑橘流胶病和砂皮病、猕猴桃溃疡病、辣椒细菌性疮痂病、芹菜早疫病、菜豆晕枯病、茭白胡麻叶斑病等有好的防治效果。

（3）渗透性强，并能在植物体内移动，喷药后见效快，耐雨水冲刷，持效期长，且能使施药后的瓜类叶色浓绿并延长收获期。

（4）春雷霉素常与王铜、多菌灵、氯溴异氰尿酸、噻唑锌、硫黄、稻瘟灵、三环唑、四氯苯酞混配，用于生产复配杀菌剂。

应用

（1）使用范围　适用作物为水稻、番茄、黄瓜、白菜、辣椒、芹菜、菜豆、甜菜、烟草、柑橘、荔枝、香蕉、猕猴桃等。

（2）防治对象　春雷霉素适用于多种作物，对多种真菌性和细菌性病害均具有很好的防治效果。春雷霉素对水稻上的稻瘟病（包括苗瘟、叶瘟、穗颈瘟、谷瘟）有优异防效和治疗作用。春雷霉素还可以防治番茄叶霉病、西瓜细菌性角斑病、黄瓜枯萎病、甜椒褐斑病、辣椒疮痂病、芹菜早疫病、白菜软腐病、柑橘溃疡病、桃树流胶病、疮痂病、穿孔病等病害。

使用方法

（1）蔬菜　主要用于防治甘蓝黑腐病、白菜软腐病、番茄叶霉病、番茄灰霉病、辣椒细菌性疮痂病、马铃薯环腐病。主要用于喷雾和灌根，于发病初期开始用药，7～10d 后第 2 次用药，共用 2 次即可。还可用于马铃薯浸种消毒。

① 喷雾　防治黄瓜炭疽病、细菌性角斑病，用 2%水剂 400～750 倍液喷雾。防治黄瓜枯萎病，于发病前或开始发病时，用 4%可湿性粉剂 100～200 倍液灌根、喷根颈部，或喷淋病部、涂抹病斑。

防治番茄叶霉病、灰霉病，甘蓝黑腐病，从病害发生初期开始用药，一般每亩用 2%水剂（液剂）140～170mL，或 2%可湿性粉剂 140～170g，或 4%可湿性粉剂 70～85g，或 6%可湿性粉剂45～55g，对水 45～60kg 均匀喷雾。每隔 7～10d 一次，连喷 3 次左右，重点喷洒叶片背面。

防治白菜软腐病，发病初期用 2%可湿性粉剂 400～500 倍液喷雾，间隔 7～8d 喷施 1 次，连喷 3～4 次。

防治辣椒疮痂病，发病初期每亩用 2%液剂 100～130mL，对水 60～80kg 喷雾，间隔 7d 喷施 1 次，连喷 2～3 次。

防治芹菜早疫病、辣椒细菌性疮痂病、菜豆晕枯病，于发病初期每亩用 2%液剂 100～130mL，对水 65～80L 喷雾。辣椒疮痂病需要每隔 7d 喷药一次，连续喷药 2～3 次。

防治茭白胡麻斑病，发病初期喷 4%可湿性粉剂 1000 倍液，7～10d 喷一次，共喷 3～5 次。

防治甜菜褐斑病，发病初期，用 2%水剂 300～400 倍液喷雾。

② 灌根　防治黄瓜、西瓜、甜瓜等瓜类蔬菜的枯萎病，从定植后 1 个月左右或田间初见病株时开始用药液浇灌植株根部，一般用 2%水剂（液剂、可湿性粉剂）200～300 倍液，或 4%可湿性粉剂 400～600 倍液，或 6%可湿性粉剂 600～800 倍液。15d 后再浇灌一次，每株浇灌药液 250～300mL。

③ 浸种　防治马铃薯环腐病，用 25～40mg/L 的春雷霉素药液，浸泡种薯 15～30min。

（2）水稻　防治水稻稻瘟病，每亩用 6%可湿性粉剂 30～40g，对水 50～75kg 喷雾。7～10d 后第 2 次用药。在水稻抽穗期和灌浆期施药，对结实无影响。叶瘟达 2 级时喷药，病情严重时应在第1次施药后7d左右再喷施1次；防治穗颈瘟在稻田出穗1/3左右时喷施，穗颈瘟严重时，除在破口期施药外，齐穗期也要喷1次药。

(3) 果树　防治柑橘溃疡病，发病初期，用4%可湿性粉剂600～800倍液喷雾。或用复配剂47%春雷·王铜可湿性粉剂500～700倍液喷雾，具有良好的防治效果。或者在3月下旬至4月上旬柑橘春梢抽梢现蕾期，每亩用47%春雷·王铜可湿性粉剂255.3g，每株用药液量1L左右，叶面均匀喷雾，将药液均匀喷布于叶片正反面及果面上，间隔30d左右施药1次，共喷3～4次。

防治香蕉叶鞘腐烂病，香蕉抽蕾7d时用2%水剂500倍液喷雾，2周后再喷施1次，发病重时用2%春雷霉素水剂+25%丙环唑乳油1000倍液喷雾。

防治猕猴桃溃疡病，新梢萌芽到新叶簇生期用6%可湿性粉剂400倍液，间隔10d喷1次，连喷2～3次。

中毒急救　无典型中毒症状。一旦发生中毒，请对症治疗。用药时如果感觉不适，立即停止工作，采取急救措施，并送医就诊。皮肤接触，立即脱掉被污染的衣物，用大量清水彻底清洗受污染的皮肤，如皮肤刺激感持续，请医生诊治。眼睛溅药，立即将眼睑翻开，用清水冲洗至少15min，请医生诊治。发生吸入，立即将吸入者转移到空气新鲜处，如果吸入者停止呼吸，需进行人工呼吸。注意保暖和休息，请医生诊治。如误服，请勿引吐，送医就诊。紧急医疗措施：使用医用活性炭洗胃，注意防止胃容物进入呼吸道。对昏迷病人，切勿经口喂入任何东西或引吐。本品无专用解毒剂，应对症治疗。

注意事项

(1) 可以与多种农药混用，可与多菌灵、代森锰锌、百菌清等药剂混用，但应先小面积试验，再大面积推广应用。不能与强碱性农药及含铜制剂混用。

(2) 叶面喷雾时，可加入适量中性洗衣粉，提高防效。喷药后8h内遇雨，应补喷。

(3) 药液应现配现用，一次用完，以防霉菌污染变质失效。不宜长期单一使用本剂。连续使用本品时可能产生抗药性，为防止此现象的发生，最好和其他作用机制不同的杀菌剂交替使用。

（4）菜豆、豌豆、大豆等豆类作物，葡萄、柑橘、苹果、杉树苗及莲藕对春雷霉素敏感，使用时要慎重，应防止雾滴飘移，以免影响周边敏感植物。

（5）操作时做好劳动保护，如穿戴工作服、手套、面罩等，避免人体直接接触药剂。工作后漱口、清洗裸露在外的身体部分并更换干净的衣服。施药期间不可吃东西、饮水等。

孕妇与哺乳期妇女禁止接触本品。

（6）用过的容器妥善处理，不可做他用，不可随意丢弃。放置于阴凉、干燥、通风、防雨、远离火源处，勿与食品、饲料、种子、日用品等同贮同运。不得与碱性物质存放一起。贮存时间不能过久，以免降低药效。

置于儿童够不着的地方并上锁，不得重压、损坏包装容器。

（7）在番茄、黄瓜上安全间隔期为21d，一季最多使用3次。

嘧菌酯（azoxystrobin）

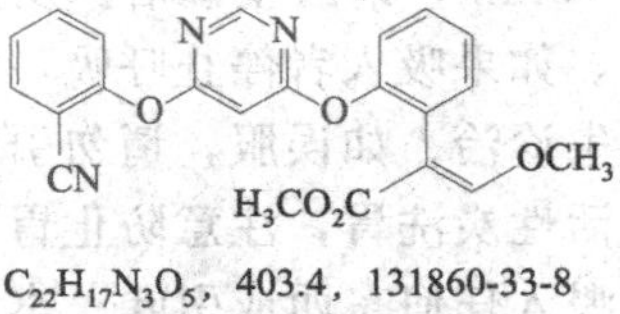

$C_{22}H_{17}N_3O_5$，403.4，131860-33-8

化学名称 （*E*）-{2-[6-(2-氰基苯氧基)嘧啶-4-基氧]苯基}-3-甲氧基丙烯酸甲酯

主要剂型 93%、95%、97.5%、98%原药，25%、250g/L、30%、35%悬浮剂，25%乳油，20%、255、50%、60%、805 水分散粒剂。

理化性质 嘧菌酯纯品为白色结晶状固体，熔点116℃（原药114～116℃），蒸气压 1.1×10^{-7} mPa（20℃），相对密度1.34（20℃）。溶解性：水中6mg/L（20℃）；正己烷0.057（g/L，

20℃，下同)，正辛醇 1.4，甲醇 20，甲苯 86，乙酸乙酯 130，乙腈 340，二氯甲烷 400。稳定性：水溶液中光解半衰期为 2 周，pH 为5～7，室温下水解稳定。属甲氧基丙烯酸酯类内吸性广谱低毒杀菌剂。对蜜蜂、鸟类毒性低，对蚯蚓以及多种节肢动物安全。对害虫天敌步甲和寄生蜂安全。

产品特点

(1) 嘧菌酯是以源于蘑菇的天然抗菌素为模板，通过人工仿生合成的一种全新的 β 甲氧基丙烯酸酯类杀菌剂，具有保护、治疗和铲除三重功效，但治疗效果属于中等。嘧菌酯具有新的作用机制，药剂进入病菌细胞内，与线粒体上细胞色素 b 的 Q_0 位点相结合，阻断细胞色素 b 和细胞色素 c_1 之间的电子传递，从而抑制线粒体的呼吸作用，破坏病菌的能量合成。由于缺乏能量供应，病菌孢子萌发、菌丝生长和孢子的形成都受到抑制。

(2) 杀菌谱广　嘧菌酯是一类防治真菌病害的药剂，能防治几乎所有的作物真菌病害，是目前防治病害种类最多的内吸性杀菌剂种类。

(3) 持效期长　持效期 15d，可减少用药次数。

(4) 作用独特　嘧菌酯在发病全过程均有良好的杀菌作用，病害发生前阻止病菌的侵入，病菌侵入后可清除体内的病菌，发病后期可减少新孢子的产生，对作物提供全程的防护作用。

(5) 改善品质　能够显著地改善番茄、辣（甜）椒、黄瓜、西瓜、冬瓜、丝瓜等果实品质，使用嘧菌酯后，能够促进植物叶片叶绿素的含量增加，使作物叶面更绿、叶面更大、绿叶的保持时间更长，刺激作物对逆境的反应，延缓作物衰老，能够提高植物的抗寒和抗旱能力。

(6) 嘧菌酯可与百菌清、苯醚甲环唑、丙环唑、戊唑醇、烯酰吗啉、精甲霜灵、咪鲜胺、甲霜灵、甲基硫菌灵、霜脲氰、己唑醇、噻唑锌、噻霉酮、霜霉威盐酸盐、丙森锌、多菌灵、乙嘧酚、宁南霉素、四氟醚唑、几丁聚糖、氟环唑、噻呋酰胺、粉唑醇、氰霜唑、咯菌腈、氨基寡糖素、腐霉利、氟酰胺、吡唑萘菌胺等杀菌剂成分复配，用于生产复配杀菌剂。

应用

(1) 使用范围　适用作物非常广泛，可用于黄瓜、西瓜、马铃薯、番茄、辣椒、冬瓜、丝瓜等蔬菜，葡萄、香蕉、荔枝、芒果等水果，以及谷物、花生、咖啡、蔷薇科观赏花卉、草坪等。推荐剂量下对作物相对安全，但对某些苹果品种有药害。对环境和地下水等安全。

(2) 防治对象　对几乎所有的真菌界的子囊菌亚门、担子菌亚门、鞭毛菌亚门和半知菌亚门病菌孢子的萌发及产生有抑制作用，也可控制菌丝体的生长。并且还可抑制病原孢子侵入，具有良好的保护活性，全面有效控制蔬菜、果树、花卉等植物的各种真菌病害，如白粉病、霜霉病、黑星病、炭疽病、锈病、疫病、颖枯病、网斑病等。特别对草莓白粉病、甜瓜白粉病、黄瓜白粉病、梨黑星病有特效，但对病毒病和细菌性病害没有效果。可用于茎叶喷雾、种子处理，也可进行土壤处理，

在蔬菜上对各种霜霉病、晚疫病、早疫病、炭疽病、白粉病（彩图 31）、叶霉病、立枯病、猝倒病、根腐病、锈病、灰霉病、菌核病（彩图 32）、褐纹病、褐斑病等都有很好的效果。

使用方法

(1) 蔬菜　防治番茄早疫病、晚疫病、灰霉病、叶霉病、基腐病等。前期以防治晚疫病为主，兼防早疫病，从初见病斑时开始喷药，10d 左右一次，与不同类型药剂交替使用，连喷 3～5 次；后期以防治叶霉病为主，兼防其他病害，从初见病斑时开始喷药，10d 左右一次，连喷 2～3 次。一般每亩使用 250g/L 悬浮剂 60～90mL，或 50％水分散粒剂 30～45g，对水 60～90kg 喷雾。

防治辣椒炭疽病、灰霉病、疫病、白粉病等。发病初期每亩用 25％悬浮剂 32～48mL，对水 45～60kg 叶面喷雾，3～7d 一次，连喷 3 次。

防治茄子疫病、白粉病、炭疽病、褐斑病、黄萎病等。发病初期每亩用 25％悬浮剂 32～48mL 叶面喷雾，3～7d 一次，连喷 3 次。

防治黄瓜霜霉病、疫病、白粉病、炭疽病、灰霜病、黑星病

等。从初见病斑时开始喷药，每亩用25%悬浮剂或250g/L悬浮剂40～70mL，或50%水分散粒剂20～35g，对水45～60kg叶面喷雾，3～7d一次，连喷3次。

防治西瓜（甜）炭疽病、疫病、猝倒病、叶斑病、枯萎病等。发病初期用25%悬浮剂800～1600倍液叶面喷雾，3～7d一次，连喷3次。

防治冬瓜霜霉病、炭疽病，丝瓜霜霉病。发病初期开始施药，每亩用25%悬浮剂48～90mL对水喷雾，每隔7～10d施用1次。

防治菜豆锈病。每亩用25%悬浮剂40～60mL喷雾。

防治花椰菜霜霉病。每亩用25%悬浮剂40～72mL喷雾。

防治马铃薯黑痣病，于播种时在播种沟内喷药，下种后向种薯两侧沟面喷药，最好覆土一半后再喷施一次然后再覆土，每亩用250g/L悬浮剂36～60mL，或50%水分散粒剂20～30g，对水45～60kg喷雾。每季作物使用1次。

防治马铃薯晚疫病，从初见病斑时开始喷药，每次每亩用250g/L悬浮剂40～50mL，或50%水分散粒剂20～25g，对水45～60kg喷雾。10d左右一次，连喷2～3次，与不同类型药剂交替使用。

防治马铃薯早疫病，发病初期开始施药，每次每亩用250g/L悬浮剂40～80mL对水喷雾，每隔7～10d施用1次，连续使用2～3次。

（2）果树　防治香蕉叶斑病、黑星病。用250g/L悬浮剂1000～1250倍液喷雾。于病害发生前或初见零星病斑时叶面喷雾1～2次，视天气变化和病情发展，间隔7～10d。

防治柑橘疮痂病、炭疽病。用250g/L悬浮剂833～1250倍液喷雾。于病害发生前或初见零星病斑时叶面喷雾1～2次，视天气变化和病情发展，间隔7～10d。

防治葡萄霜霉病、黑痘病、白腐病、炭疽病、白粉病，以防治霜霉病为主，兼防其他病害。用250g/L悬浮剂1000～2000倍液喷雾。于病害发生前或初见零星病斑时叶面喷雾1～2次，视天气变化和病情发展，间隔7～10d。

防治葡萄白腐病、黑痘病。用250g/L悬浮剂833～1250倍液喷雾。于病害发生前或初见零星病斑时叶面喷雾1～2次，视天气变化和病情发展，间隔7～10d。

防治芒果炭疽病。用250g/L悬浮剂1250～1667倍液喷雾。于病害发生前或初见零星病斑时叶面喷雾1～2次，视天气变化和病情发展，间隔7～10d。

防治荔枝霜疫霉病。用250g/L悬浮剂1250～1667倍液喷雾。于病害发生前或初见零星病斑时叶面喷雾1～2次，视天气变化和病情发展，间隔7～10d。

防治枣炭疽病、轮纹病、锈病。用20%水分散粒剂1200～2000倍液，或25%悬浮剂或250g/L悬浮剂或25%水分散粒剂1500～2500倍液喷雾，从落花后半月左右或初见锈病时开始喷药，15d左右1次，连喷5～7次。

防治梨套袋果黑点病。用20%水分散粒剂1500～2000倍液，或25%悬浮剂或250g/L悬浮剂2500～3000倍液，在果实套袋前喷药1次即可，但必须单独喷洒，不能与其他药剂混合喷施。

(3) 其他作物　防治人参黑斑病。每亩用250g/L悬浮剂40～60mL，对水45～75kg喷雾。于病害发生前或初见零星病斑时叶面喷雾1～2次，视天气变化和病情发展，间隔7～10d。

防治菊科和蔷薇科观赏花卉白粉病。用250g/L悬浮剂1000～2500倍液喷雾。于病害发生前或初见零星病斑时叶面喷雾1～2次，视天气变化和病情发展，间隔7～10d。一季作物最多使用3次。

防治草坪褐斑病、枯萎病。病害初期或发病前，每亩用50%水分散粒剂27～53g，对水70～100kg喷雾。在发病季节开始时，进行保护性用药。病斑出现时，开始进行治疗性用药。喷雾时，使草坪表面被药液充分覆盖。间隔时间为7d以上。一季作物最多施用次数为4次。采用滴灌的草坪，施药后宜在24h后再灌水。

中毒急救　如吸入本品，应迅速将患者转移到空气清新流通处。如呼吸停止，应进行人工呼吸。如呼吸困难，给氧。如有症状及时就医。皮肤接触后，立即用水和肥皂清洗，并彻底将药剂冲洗干净。眼睛接触后，把眼睑打开用流水冲洗几分钟，如有持续症状，及时就医。误食，立即用大量清水漱口，催吐、洗胃，及时送医院对症治疗。如患者昏迷，禁食，就医。

注意事项

(1) 一定要在发病前或发病初期使用。嘧菌酯是一个具有预防兼治疗作用的杀菌剂，但它最强的优势是预防保护作用，而不是它的治疗作用。它的预防保护效果是普通保护性杀菌剂的十几倍到100多倍，而它的治疗作用和普通的内吸治疗性杀菌剂几乎没有多大差别。

(2) 要有足够的喷水量。一个50～60m长的温室在成株期（番茄、黄瓜、茄子、甜椒）至少要喷4喷雾器水（60kg）、80m长的棚要喷6～7喷雾器水。使用浓度1500倍液（每喷雾器水加1包阿米西达），每次喷药的间隔期10～15d，连喷2～3次。如果叶片被露水打湿而重新湿润，吸收将会增强，药后2h降雨并不影响药效。

(3) 不推荐与其他药剂混合使用。嘧菌酯化学性质是比较稳定的，在正常情况下与一般的农药现混现用都不会有问题，但不推荐嘧菌酯与其他药剂混合使用，特别是不要与一些低质量的药剂混用，以免降低药效或发生其他反应。需要混合时要提前做好试验，在确信不会发生反应后再正式混合使用。

(4) 最好与其他药剂轮换使用。本药剂使用次数不可过多，不可连续用药，为防止病菌产生抗药性，要根据病害种类与其他药剂交替使用（如百菌清、苯醚甲环唑、精甲霜·锰锌、嘧霉胺、氢氧化铜等）。如气候特别有利于病害发生时，使用过嘧菌酯的蔬菜也会轻度发病，可选用其他杀菌剂进行针对性的预防和治疗。

(5) 要掌握好使用时期。不同的使用时期对作物的增产效果和防病效果差异很大。有试验表明：对于果菜类蔬菜（黄瓜、番茄、辣椒、茄子、甜瓜、西瓜、草莓、菜豆等），嘧菌酯的最佳使用时期是在开花结果初期。在叶根菜类蔬菜上，最佳的使用时期是在蔬菜快速生长期。例如芹菜、韭菜是在封行之前，白菜、花椰菜、莴笋、萝卜等是在团棵期。因此，嘧菌酯的使用时期不能像其他杀菌剂一样在病害发生以后，而是按着蔬菜的生长期来确定的。这也是充分发挥嘧菌酯既能增产又能防病作用的关键技术。

（6）在番茄上用药时，在阴天禁止用药，应在晴天上午用药。

（7）苹果和樱桃的一些品种对本品敏感，切勿使用。在其附近草坪上施用本品时，应避免雾滴飘移到邻近苹果和樱桃树上。应避免与乳油类农药和有机硅类助剂混用，以免发生药害。施用本品后45d内，勿在施药地块种植食用植物。

（8）为了提高药效和延缓病菌对嘧菌酯的抗药性产生，常将嘧菌酯与其他种类药剂混配形成新的制剂。如：

32.5%阿米妙收悬浮剂：苯醚甲环唑与嘧菌酯的复合制剂。属高效、低毒、低残留的环境友好型杀菌剂。阿米妙收具有杀菌、保护双重功效，特别适用于不良气候条件下、病害发生期使用。其杀菌范围极广，对作物的真菌病害几乎都有预防和治疗效果，尤其是对作物的霜霉病、炭疽病、蔓枯病、白粉病、叶霉病、疫病、叶斑病防效更为优异。阿米妙收活性强大，可以迅速渗透叶、茎组织，阻止病菌细胞的呼吸而致病菌死亡。主要用于喷雾，施药浓度为750～1500倍液，一般在花蕾期、结果期、盛果期各喷施一次，整个生长期作物可以基本不发病或发病极轻微。该药剂特别适合在甜瓜和西瓜上使用，一次喷药可以同时防治蔓枯病、炭疽病和白粉病三种重要病害。

56%阿米多彩悬浮剂：嘧菌酯与百菌清的复合制剂。阿米多彩是广谱的保护性杀菌剂，在作物苗期和生长中后期未发病或发病轻微时使用，可有效防治瓜类的霜霉病、叶枯病、白粉病、炭疽病、褐斑病等，以及茄果类蔬菜的早疫、晚疫、叶霉、白粉、灰霉病等，使用浓度为700～1000倍液。

（9）施药时做好劳动保护，如穿戴工作服、手套、面罩等，避免人体直接接触药剂。工作后漱口、清洗裸露在外的身体部分并更换干净的衣服。施药期间不可吃东西、饮水等。

孕妇及哺乳期妇女避免接触本品。

（10）用过的容器妥善处理，不可做他用，不可随意丢弃。放置于阴凉、干燥、通风、防雨、远离火源处，勿与食品、饲料、种子、日用品等同贮同运。

置于儿童够不着的地方并上锁，不得重压、损坏包装容器。

(11) 在冬瓜、丝瓜上使用的安全间隔期为7d，一季最多使用2次；在番茄、辣椒上安全间隔期为5d，一季最多使用3次；在花椰菜上安全间隔期为14d，一季最多使用2次；在黄瓜上安全间隔期为1d，一季最多使用3次；在西瓜上安全间隔期为14d，一季最多使用3次；在香蕉上安全间隔期为42d，一季最多使用3次；在柑橘上安全间隔期为14d，一季最多使用3次；在葡萄上安全间隔期为14d，一季最多使用4次；在芒果上安全间隔期为14d，一季最多使用3次；在荔枝上安全间隔期为14d，一季最多使用3次；在马铃薯上安全间隔期为0d，一季最多使用3次；在大豆上安全间隔期为14d，一季最多使用3次；在人参上安全间隔期为0d，一季最多使用4次。

恶唑菌酮（famoxadone）

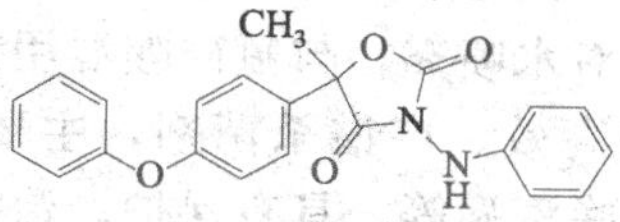

$C_{22}H_{18}N_2O_4$, 374.4, 131807-57-3

化学名称 3-苯氨基-5-甲基-5-(4-苯氧基苯基)-1,3-唑啉-2,4-二酮

主要剂型 98%原药，78.50%母药，52.5%水分散粒剂（有效成分为恶唑菌酮与霜脲氰的混剂），206.7g/L恶酮·氟硅唑乳油。

理化性质 恶唑菌酮纯品为无色结晶状固体，熔点141.3～142.3℃，蒸气压6.4×10^{-4}mPa（20℃），相对密度1.31（22℃）。溶解度：水中为52（μg/L，20℃，下同）（pH=7.8～8.9），243（pH=5），111（pH=7），38（pH=9）；丙酮274（g/L，25℃，下同），甲苯13.3，二氯甲烷239，己烷0.048，甲醇10，乙酸乙

酯 125.0，正辛醇 1.78，乙腈 125。固体原药在 25℃或 54℃避光条件下 14d 稳定。低毒。属于内吸性杀菌剂，具有保护和治疗作用。

产品特点 恶唑菌酮为线粒体电子传递抑制剂，对复合体Ⅲ中细胞色素 C 氧化还原酶有抑制作用。同甲氧基丙烯酸酯类杀菌剂有交互抗性，与苯基酰胺类杀菌剂无交互抗性。

应用

(1) 使用范围 禾谷类作物、葡萄、马铃薯、番茄、瓜类、辣椒、油菜。推荐剂量下对作物和环境安全。

(2) 防治对象 可有效防治子囊菌亚门、担子菌亚门、卵菌纲中的重要病害，如白粉病、锈病、颖枯病、网斑病、霜霉病、晚疫病等。

使用方法

防治马铃薯、番茄晚疫病，发病初期，每亩用有效成分 6.7～13.3g，对水喷雾。

防治葡萄霜霉病，发病初期，每亩用有效成分 3.3～6.7g，对水喷雾。

防治小麦颖枯病、网斑病、白粉病、锈病，发病初期，每亩用有效成分 10～15.3g 对水喷雾，与氟硅唑混用效果更好。

恶唑菌酮是新型高效、广谱杀菌剂，主要用于防治蔬菜白粉病、锈病、霜霉病、晚疫病等。具有保护、治疗、铲除、渗透、内吸活性。喷施在作物叶片上后，易黏附，不被雨水冲刷。恶唑菌酮常和其他药剂混配形成新的制剂，更能达到有效防病的目的。

68.75%恶酮·锰锌（易保）水分散粒剂 恶酮·锰锌为恶唑菌酮与代森锰锌按科学比例混配，美国杜邦公司研制生产，广谱、耐雨水冲刷的保护性杀菌剂。代森锰锌是一种硫代氨基甲酸酯类广谱保护性低毒杀菌成分，主要通过金属离子杀菌，其杀菌机理是抑制病菌代谢过程中丙酮酸的氧化，而导致病菌死亡，该抑制过程具有六个作用位点，故病菌极难产生抗药性。恶酮·锰锌适于防治黄瓜、番茄、马铃薯等蔬菜的炭疽病、黑星病、黑斑病、叶斑病、霜霉病、早疫病、晚疫病、灰霉病、白粉病、茎枯病、疮痂病等。

(1) 产品特性 有极强的耐雨水冲刷和雨后药膜再分布能力，

保护更持久，主要成分恶唑菌酮具有很强的亲脂性，喷药后有效成分进入叶表皮的角蜡层和角质深层，不怕雨水淋溶，药效更持久。

在降雨情况下，药膜在水中还能够进行多次再分布，药膜变得更均匀致密，这使得恶酮·锰锌尤其适宜在湿度大的棚室内和多雨季节的大田里用药，发挥强力保护作用，不会因高湿和露水而缩短用药间隔期、降低药效，持效期比保护期常规保护剂长3～5d。

杀菌速度快，药后15秒对病原菌就开始发挥抑菌作用，更快地将病原菌杀死。

稳定性好，能与多种农药包括铜制剂混配使用，持效期长达15～20d。

含有锰锌等多种微量元素，可以刺激作物生长，对作物安全、低残留，适合无公害产品生产需要。

剂型先进，水分散粒剂分散性好，用量低，活性高，不留药迹在果皮，能有效提高果品价值。

(2) 应用　防治黄瓜霜霉病、炭疽病、黑星病、叶斑病、白粉病、靶斑病，以防治霜霉病为主，兼防炭疽病、黑星病、叶斑病、白粉病、靶斑病即可。多从黄瓜定植缓苗后开始喷药，一般每亩次使用68.75%水分散粒剂80～100g，对水60～75kg喷雾，或使用68.75%水分散粒剂800～1000倍液喷雾。10d左右一次，与相应治疗性药剂交替使用，连续喷药，直到生长后期，喷药时应均匀周到，特别是叶片背面一定喷到。

防治豇豆煤霉病、锈病、炭疽病等，发病初期用68.75%水分散粒剂1200～1500倍液喷雾，既延长了豇豆的采收期，又提高了豇豆的品质。

防治菜心、白菜等十字花科蔬菜白斑病、霜霉病、黑斑病。在下雨前喷施68.75%水分散粒剂1000～1500倍液一次，可预防雨后发生的病害。

防治韭菜疫病、枯萎病，发病初期用68.75%恶酮·锰锌水分散粒剂1000～1200倍液喷雾，或与72%霜脲·锰锌可湿性粉剂600～750倍液、52.5%恶酮·霜脲氰水分散粒剂2000倍液、40%氟硅唑乳油8000倍液等药交替应用，每隔7～10d一次，连喷2～

3次。也可用上述药灌根，每墩灌药250g。

防治马铃薯晚疫病、早疫病等真菌性病害，发病初期用68.75%水分散粒剂1000～1500倍液喷雾，可兼治叶斑病、疮痂病等部分细菌性病害。

防治番茄晚疫病、早疫病、叶霉病、灰叶斑病、炭疽病，从病害发生初期开始喷药，一般每亩使用68.75%水分散粒剂80～100g，对水60～75kg均匀喷雾。10d左右一次，连喷2～4次。

防治西瓜炭疽病、叶斑病、茎枯病等，用68.75%水分散粒剂1000～1500倍液喷雾。

防治草莓、辣椒、甜椒等疫病、炭疽病、白粉病，发病初期，用68.75%水分散粒剂1000～1500倍液喷雾。

防治芹菜叶斑病，发病初期，用68.75%水分散粒剂800～1000倍液均匀喷雾。10d左右一次，连喷2～4次。

防治芦笋茎枯病，发病初期，用68.75%水分散粒剂800～1000倍液喷雾，重点喷洒植株中下部。10d左右一次，与不同类型药剂交替使用，连续喷施到生长中后期。

防治苹果轮纹病、炭疽病、斑点落叶病、褐腐病。用68.75%水分散粒剂800～1000倍液喷雾，从苹果落花后7～10d开始喷药，10d左右1次，连喷3次药后套袋。套袋后继续喷药防治斑点落叶病及不套袋苹果的轮纹病，10～15d一次，连喷4～6次。注意与相应治疗性药剂交替使用。

防治梨树炭疽病、轮纹病、黑斑病，用68.75%水分散粒剂1000～1200倍液喷雾，从梨树落花后10d左右开始喷药，10d左右1次，连喷2～3次药后套袋。不套袋果，幼果期喷2～3次药后仍需继续喷药4～6次，间隔期10～15d，注意与相应治疗性药剂交替使用。

防治葡萄霜霉病、黑痘病、炭疽病，用68.75%水分散粒剂800～1000倍液喷雾，首先在开花前、落花后及落花后10～15d各喷药1次，然后从叶片上初显霜霉病斑时立即开始喷药，10d左右1次，直到生长后期。注意与不同类型药剂或相应治疗性药剂交替使用。

防治枣树轮纹病、炭疽病，用68.75%水分散粒剂1000～1200倍液喷雾，从枣果坐住后半月左右开始喷药，10～15d一次，连喷5～7次。与不同类型药剂交替使用。

防治石榴炭疽病、褐斑病，用68.75%水分散粒剂1000～1200倍液喷雾，在开花前、落花后、幼果期、套袋前及套袋后各喷药1次，与不同类型药剂交替使用。

防治柑橘疮痂病、炭疽病、黑星病、黑点病，用68.75%水分散粒剂1000～1200倍液喷雾，萌芽期、谢花2/3及幼果期主防疮痂病、炭疽病，果实膨大期至转色期喷药防治黑星病、黑点病，转色期防治急性炭疽病，10～15d喷药1次，与不同类型药剂交替使用。

防治香蕉叶斑病、黑星病，用68.75%水分散粒剂800～1000倍液喷雾，从病害发生初期或初见病斑时开始喷药，半月左右1次，连喷3～4次，与不同类型药剂交替使用。

(3) 注意事项　宜在病害发生初期使用，若病害发生后，与氟硅唑、霜脲·锰锌、腐霉利等药剂混用，效果更佳。不能与碱性农药及含铜制剂混用。喷药时，对药种类不能太多。在病害病斑出现前开始用药，叶片正反面及全株均要喷到，每隔7～10d施药一次，共计3～4次，可取得良好的防治效果。对鱼类等水生生物有毒，严禁将剩余药液及洗涤药械的废液倒入河流、湖泊、池塘等水域。安全间隔期为7～14d。

20.67%恶酮·氟硅唑（杜邦万兴）乳油　美国杜邦公司生产，是由恶唑菌酮和氟硅唑两种杀菌剂组成，这两种杀菌剂具有不同的作用机制，可以延缓抗性菌株的产生。氟硅唑是一种三唑类内吸性广谱低毒杀菌成分，具有内吸治疗和保护双重作用，对多种高等真菌性病害均具有较好的防治效果，其杀菌机理是破坏和阻止病菌细胞膜上重要成分麦角甾醇的生物合成，使细胞膜不能形成，而导致病菌死亡。

(1) 产品特性　快速内吸治疗，长时间保护，产品耐雨水冲刷的性能较强，特别适合雨季作物病害发生时使用。

恶酮·氟硅唑含有的两种活性成分具有互补的作用机制，增效作用明显，抗性风险降低。

杀菌谱广，能防治多种作物的大多数病害，对作物及环境安全。

使用恶酮·氟硅唑以后，能刺激作物生长，并使其保持绿色更长久。

杀菌速度迅速，施药后 15 秒即开始对病原菌产生作用，能达到快速治疗的目的。

产品对作物和环境都较安全，用于多种作物的各个生长期均未发现药害，喷药后对有益生物也无不良影响。

（2）应用　防治西瓜枯萎病，发病初期用 20.67％恶酮·氟硅唑乳油 2000 倍灌根，或 20.67％乳油 2500 倍液叶面喷雾，连喷带灌效果更佳。

防治葱类灰霉病、霜霉病，发病初期用 20.67％乳油 2000～3000 倍液喷雾。

防治芹菜斑枯病，发病初期用 20.67％乳油 2000～3000 倍液喷雾。

防治甜玉米大、小斑病，病斑初现时用 20.67％乳油 1500 倍液喷雾，每隔 7～10d 施药一次，全期施用 2～3 次。

防治黄瓜蔓枯病，发病严重时可喷施 20.67％乳油 1500 倍液加 64％可湿性粉剂 600 倍液。

预防大蒜白腐病，播前用 20.67％乳油 1500 倍液浸种 10～15min，晾干后播种。

防治荸荠秆枯病，发病初期用 20.67％乳油 1500 倍液喷雾。阴雨天时 7～10d 施药一次（药液干后遇雨不需重喷），若天气状况为持续晴天，可在 15d 左右施药一次。对荸荠很安全，且能刺激植株生长，具有一定的增产作用，值得大力推广应用。

此外，还可防治番茄晚疫病、早疫病、叶霉病、灰叶斑病，黄瓜霜霉病、黑星病、炭疽病，草莓白粉病，芹菜晚疫病，辣椒斑枯病，芦笋锈病，西葫芦锈病、白粉病，马铃薯晚疫病、早疫病等。一般用 20.67％乳油 2000～3000 倍液在病症初期对全株细喷雾，以后视不利天气和病害发展情况每隔 15d 再喷 1 次。

防治苹果轮纹病、炭疽病，用 206.7g/L 乳油 2000～3000 倍液均匀喷雾，连续喷药时，注意与不同类型药剂交替使用。从苹果落花后 7～10d 开始喷药，10d 左右 1 次，连喷 3 次药后套袋；不套袋苹果继续喷药 4～6 次，间隔期 10～15d。

防治香蕉叶斑病、黑星病，用 206.7g/L 乳油 2000～2500 倍液均匀喷雾，连续喷药时，注意与不同类型药剂交替使用。从病害发生初期或初见病斑时开始喷药，半月左右 1 次，连喷 3～4 次。

防治枣树锈病、轮纹病、炭疽病，用 206.7g/L 乳油 2000～2500 倍液均匀喷雾，连续喷药时，注意与不同类型药剂交替使用。从枣果坐住后半月左右开始喷药，10～15d 一次，连喷 5～7 次。

(3) 注意事项　本品宜在病害发生初期使用，可降低用药成本。不能与强酸和强碱的农药混用。对未登记的作物，要先小面积试验，确定没有药害但有好的防治效果后，再扩大应用面积。恶酮·氟硅唑的制剂为油基载体，黏附性强，因此稀释时要采用“二次稀释法”，即先在水杯内加水将恶酮·氟硅唑稀释一次，再倒入喷雾器中加水稀释（第二次），根据白粉病的发生程度和作物的生长期，适当调整稀释浓度在 1500～2500 倍之间，即按每喷雾器容量 15kg 水计算，加入恶酮·氟硅唑 6～10mL。为避免抗性的产生，恶酮·氟硅唑仍需与其他具有不同作用机制的杀菌剂交替或混合使用，每一生长季节最多使用 4 次。苹果树上的安全间隔期为 21d，每季最多使用 3 次；枣树上的安全间隔期为 28d，每季最多使用 3 次；香蕉上的安全间隔期为 42d，每季最多使用 3 次。

52.5%恶酮·霜脲氰（抑快净）水分散粒剂，为恶唑菌酮和霜脲氰的复配剂，是美国杜邦公司生产的具有保护与治疗作用的广谱杀菌剂。

(1) 作用机理　恶唑菌酮是一种广谱保护性低毒杀菌成分，具有一定的渗透和细胞吸收活性，属线粒体电子传递抑制剂，其杀菌机理主要是通过抑制细胞复合物Ⅲ中的线粒体电子传递，使病菌细胞丧失能量来源（ATP）而死亡。该成分亲脂性很强，能与植物叶表蜡质层大量结合，耐雨水冲刷，持效期较长；喷药后几小时遇雨，不需要重喷。霜脲氰是一种酰胺脲类低毒内吸治疗性杀菌成分，专用于防治低等真菌性病害，具有接触和局部很强的内吸作用，既可阻止病菌孢子萌发，又对侵入植物体内的病菌具有很好的杀灭效果，但该成分持效期短，且易诱使病菌产生抗药性，所以多与保护性药剂混配使用。

（2）产品特点　杀菌谱广，预防长久，治疗快速，药剂能深入渗透叶片表层，附着力强，保护期长，用量低，果实上不留痕迹，保叶又保果，低毒，对人类、作物和环境安全。

对蔬菜、瓜果作物的病害均有优异的防治效果，并能刺激作物生长。用于防治番茄晚疫病、早疫病、灰叶斑病和叶霉病，黄瓜霜霉病、黑星病、疫病、叶斑病，辣椒、茄子疫病，莴苣霜霉病，葱、韭疫病，芹菜晚疫病，马铃薯晚疫病和早疫病等病害，尤其适用于湿度大的环境种植的蔬菜使用。

在果树上用于防治葡萄霜霉病，荔枝和龙眼的霜疫霉病，柑橘褐腐病（疫腐病），苹果和梨的疫腐病等。

（3）应用　防治黄瓜、甜瓜等瓜类的霜霉病，霜霉病病斑尚未出现时，每隔 7～9d 喷一次 52.5%恶酮·霜脲氰水分散粒剂 2500～3000 倍液，直到控制霜霉病发生。叶面出现病斑后，每隔 5～7d 喷一次 52.5%水分散粒剂 1800～2500 倍液，连续 3～4 次可控制病斑发展。病情较严重时，用 52.5%水分散粒剂 1800 倍液，每隔 5d 用药一次，连续 3 次以上，可达到预防和治疗的目的。

防治辣椒疫病，用 52.5%水分散粒剂 1500～2000 倍液，病症初现时开始用药，每隔 7～10d 使用一次，每生长季 2～3 次，必须使用足够喷液量，覆盖作物全株。

防治辣椒霜霉病，从病害发生初期开始喷药，一般每亩用 52.5%水分散粒剂 35～45g，对水 45～75kg 喷雾，重点喷洒叶片背面。植株较小时适当降低用量。每隔 7～10d 一次，与不同类型药剂交替使用，连喷 3～5 次。

防治黄瓜黑星病，用 52.5%水分散粒剂 2000 倍液喷雾，特别注意喷幼嫩部分，每隔 7～10d 喷一次，连喷 2～3 次。

防治茄子绵疫病，发病初期用 52.2%水分散粒剂 2000 倍液喷雾，每隔 5～7d 喷一次，连喷 2～3 次。与“天达 2116”混配使用，效果更佳。

防治豇豆菌核病，用52.2%水分散粒剂1500倍液喷雾，每隔7～10d一次，连喷3～4次。

防治番茄晚疫病，发现中心病株立即喷52.5%水分散粒剂1500倍液。防治番茄早疫病，可用百菌清（每喷雾器14g）和恶酮·霜脲氰（每喷雾器20g）混喷，或甲霜·锰锌（每喷雾器18g）和恶酮·霜脲氰（每喷雾器20g）混喷。

防治菠菜霜霉病，可用52.2%水分散粒剂1500倍液喷洒。

防治马铃薯晚疫病，从病害发生初期或株高25～30cm时开始喷药，一般每亩用52.5%水分散粒剂34～40g，对水60～75kg均匀喷雾。10d左右一次，与不同类型药剂交替使用，连喷5～7次。

用52.5%恶酮·霜脲氰水分散粒剂2000倍液＋“天达2116”600倍液，防治黄瓜霜霉病，辣椒疫病，叶菜霜霉病、白锈病，葱蒜紫斑病效果极佳。同时对防治炭疽病、白粉病、早疫病、晚疫病、灰叶斑病、叶霉病和芦笋锈病等效果显著。

防治葡萄霜霉病，用52.5%水分散粒剂1500～2000倍液喷雾，首先在开花前、落花后各喷药1次，预防幼果穗受害；然后从叶片上初见病斑时或病害发生初期开始连续喷药，10d左右1次，与不同类型药剂交替使用，直到生长后期或雨露雾高湿环境病害不再出现。

防治荔枝、龙眼的霜疫霉病，用52.5%水分散粒剂1500～2000倍液喷雾，花蕾期、幼果期、果实近成熟期各喷药1次。

防治柑橘褐腐病，用52.5%水分散粒剂1500～2000倍液喷雾，在果实膨大后期至转色期，从田间初见病果时立即开始喷药，10d左右1次，连喷1～2次，重点喷洒中下部果实及地面。

防治苹果和梨的疫腐病，用52.5%水分散粒剂1500～2000倍液喷雾，适用于不套袋的苹果或梨，在果实膨大后期的多雨季节，从果园内初见病果时立即开始喷药，10d左右1次，喷1～2次，重点喷洒植株中下部果实及地面。

(4) 注意事项　不可与强碱性农药混合使用。在水中分散性极好，贮存稳定。施药时要穿戴防护用具，避免与药剂直接接触。药剂应原包装贮存于阴凉、干燥且远离儿童、食品、饲料及火源的地方。在辣椒上安全间隔期为3d，一季最多使用3次；在黄瓜上安全间隔期为3d，一季最多使用4次。

丙森锌（propineb）

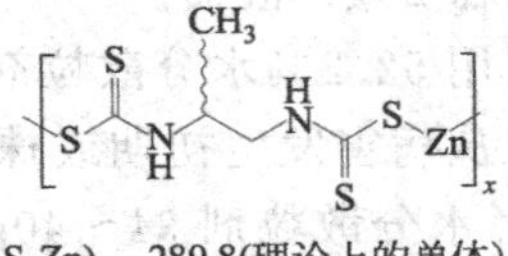

$(C_5H_8N_2S_4Zn)_x$，289.8(理论上的单体)，12071-83-9

化学名称 聚合1,2-亚丙基（双二硫代氨基甲酸）锌

主要剂型 89%、85%原药，80%母粉，60%、70%、80%可湿性粉剂，70%、80%水分散粒剂。

理化性质 白色或微黄色粉末。在150℃以上分解，在300℃左右仅有少量残渣留下。蒸气压<1.6×10^{-7}mPa（20℃）。相对密度1.813g/mL（23℃）。溶解度（20℃）：水<0.01g/L，甲苯、己烷、二氯甲烷<0.1g/L。在冷、干燥条件下贮存时稳定，在潮湿、强酸、强碱介质中分解。水解（22℃）半衰期（估算值）：1d（pH=4），约1d（pH=7），大于2d（pH=9）。属二硫代氨基甲酸盐类、广谱、低毒、保护性杀菌剂。低毒。对蜜蜂无毒。

产品特点 作用机理主要是作用于真菌细胞壁和影响蛋白质的合成，并抑制病原菌体内丙酮酸的氧化，从而抑制病菌孢子的侵染和萌发，同时能抑制菌丝体的生长，导致其变形、死亡。主要有以下特点。

（1）高效补锌 锌在作物中能够促进光合作用，促进愈伤组织形成，促进花芽分化、花粉管伸长、授粉受精和增加单果重，锌还能够提高作物抗旱、抗病与抗寒能力，增强作物抗病毒病的能力。丙森锌含锌量为15.8%，比代森锰锌类杀菌剂的含锌量高8倍，而且丙森锌提供的有机锌极易被作物通过叶面吸收而利用，锌元素渗入植株的效率比无机锌（如硫酸锌）高10倍，可快速消除缺锌症状（在土壤偏碱性、磷肥充足的情况下，作物会出现缺锌症状，造成叶片黄化），防病和治疗效果兼备。

（2）安全性好　我国果蔬出口常遇代森锰锌含量超标的情况，主要原因是其中的锰离子含量超标。锰离子在人体中不易分解，含量过高会发生累积中毒；而且锰离子对作物的安全性也不高，在花期使用可能容易产生药害。而丙森锌不含锰，对许多作物更安全，因此，针对富含锰离子的农药以及相关的复配药剂，可选用丙森锌替换。此外，丙森锌毒性低，无不良异味，对使用者安全；对蜜蜂也无害，可在花期用药；田间观察表明，多次使用可抑制螨类、蚧壳虫的发生危害。按推荐浓度使用对作物无残留污染。

（3）剂型优异　独特的白色粉末所具备的超微磨细度、特殊助剂及加工工艺，使其湿润迅速、悬浮率高、黏着性强、耐雨水冲刷、持效期长、药效稳定。

（4）可与苯醚甲环唑、戊唑醇、多抗霉素、嘧菌酯、缬霉威、霜脲氰、烯酰吗啉、咪鲜胺锰盐、醚菌酯、己唑醇、腈菌唑、甲霜灵、多菌灵、三乙膦酸铝等进行混配。

应用

（1）使用范围　适用作物非常广泛，如番茄、白菜、黄瓜、马铃薯、水稻、苹果、芒果、葡萄、梨、桃、柑橘、茶、烟草和啤酒花等。推荐剂量下对作物安全。

（2）防治对象　丙森锌对蔬菜、烟草、葡萄等作物的霜霉病以及马铃薯和番茄的早、晚疫病均有良好作用，对白粉病、葡萄孢属的病害和锈病有一定的抑制作用，如白菜霜霉病、苹果斑点落叶病、葡萄霜霉病、黄瓜霜霉病、烟草赤星病等。

使用方法　丙森锌是保护性杀菌剂，须在发病前或初期用药，且不能与碱性药剂和铜制剂混合使用，若喷了碱性药剂或铜制剂，应 1 周后再使用丙森锌。主要用作茎叶处理。

（1）蔬菜病害　防治黄瓜霜霉病，在黄瓜定植后，平均气温升到 15℃，相对湿度达 80%以上，早晚大量结雾时准备用药，特别是在雨后要喷药一次，用 70%可湿性粉剂 500～700 倍液，发现病叶后摘除病叶并喷药，以后间隔 5～7d 再喷药，连续 2～3 次，高峰期和黄瓜采收期建议每亩使用68.75%氟菌·霜霉威悬浮剂 50～75mL 均匀喷雾。田间应用表明，对辣椒、番茄、圆葱等霜霉病，发病初期用 70%丙森锌可湿性粉剂 500～700 倍液效果更佳。

防治番茄早疫病，结果初期用 70%可湿性粉剂 400～600 倍液喷雾，间隔 5～7d 喷药 1 次，连续 2～3 次。

防治番茄晚疫病，发现中心病株时立即用药，在施药前先摘除病株，再用 70%可湿性粉剂 500～700 倍液喷雾，间隔 5～7d 施药 1 次，连续 2～3 次。

防治大白菜等十字花科蔬菜霜霉病、黑斑病，发病初期或发现中心病株时喷药保护，特别在北方大白菜霜霉病流行阶段的两个高峰前，即 9 月中旬和 10 月上旬必须喷药防治，每亩用 70%可湿性粉剂 130～214g，对水 45～60kg 喷雾，间隔 5～7d 喷药 1 次，连续 3 次。

防治西瓜蔓枯病，保护叶片和蔓部的喷药在西瓜分叉后就应开始，用 70%丙森锌可湿性粉剂 600 倍液喷雾，对已发病的瓜棚，可加入 43%戊唑醇悬浮剂 7500 倍液或 10%苯醚甲环唑水分散粒剂 3000 倍液或 40%氟硅唑乳油 16000 倍液（注：戊唑醇、苯醚甲环唑、氟硅唑均为三唑类药剂，在西瓜苗期应比正常用药稀一倍的浓度使用，以免造成西瓜缩头）。

防治西瓜疫病，发病前或发病初期用药，每次每亩用 70%可湿性粉剂 150～200g 对水喷雾，每隔 7～10d 喷 1 次，连喷 2～3 次。

防治马铃薯环腐病，种薯收藏时用 72%硫酸链霉素可溶性粉剂 800 倍液＋70%可湿性粉剂 500 倍液喷湿表皮，晒干后放入消毒窖中储藏。

防治马铃薯早疫病、晚疫病，从初见病斑时开始喷药，可用 70%可湿性粉剂 600～800 倍液喷雾。

防治大葱紫斑病，用 70%可湿性粉剂 600 倍液喷雾或灌根，隔 7d 一次，连续 3～4 次。

防治菜豆炭疽病，用 70%可湿性粉剂 500 倍液喷雾。

防治辣椒、芋疫病，发病初期用 70%可湿性粉剂 400～600 倍液喷雾预防。

(2) 果树病害　防治苹果斑点落叶病，应在苹果春梢或秋梢开始发病时，用70%可湿性粉剂600～700倍液整株喷雾，每隔7～10d喷1次，连喷3～4次。

防治苹果烂果病，在发病前或初期，用70%可湿性粉剂800倍液喷雾。

防治芒果炭疽病，芒果开花期，雨水较多易发病时开始用70%可湿性粉剂500倍液喷雾，间隔10d喷药1次，共喷4次。

防治葡萄霜霉病，在发病前或发病初期，用70%可湿性粉剂500～700倍液整株喷雾，每隔7～10d喷1次，连喷3～4次。

防治柑橘炭疽病，在发病前或初期，用70%可湿性粉剂600～800倍液整株喷雾，嫩梢期、幼果期各施药2～3次，每隔10～15d施用1次。

(3) 烟草病害　防治烟草赤星病，应在病害初期，用70%可湿性粉剂500～700倍液喷雾，每隔7～10d喷1次，连喷3次。

中毒急救　如果不慎接触皮肤或眼睛，应用大量清水冲洗；不慎误服，应立即送医院诊治。

注意事项

(1) 丙森锌主要起预防保护作用，必须在病害发生前或始发期喷施，且喷药应均匀周到，使叶片正面、背面、果实表面都要着药。

(2) 不能和含铜制剂或碱性农药混用。若先喷了这两类农药，须过7d后，才能喷施丙森锌。如与其他杀菌剂混用，必须先进行少量混用试验，以避免药害和混合后药物发生分解作用。

(3) 注意与其他杀菌剂交替使用。

(4) 在施药过程中，注意个人安全防护，若使用不当引起不适，要立即离开施药现场，脱去被污染的衣服，用药皂和清水洗手、脸和暴露的皮肤，并根据症状就医治疗。

(5) 应在通风干燥、安全处贮存。

(6) 在番茄上安全间隔期为3d，每季最多使用3次；在黄瓜上安全间隔期为3d，每季最多使用3次；在大白菜上安全间隔期为 21d，每季最多使用 3 次；在马铃薯上安全间隔期限为 7d，每季最多使用 3 次；在西瓜上安全间隔期为 7d，每季最多使用 3 次；在柑橘上安全间隔期为 21d，每季最多使用 3 次；在苹果上安全间隔期为 14d，每季最多使用 4 次；在葡萄上安全间隔期为 14d，每季最多使用 4 次。

代森联（metiram）

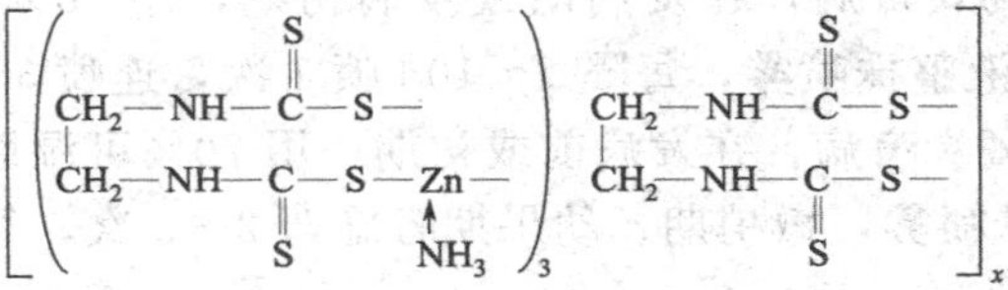

$(C_{16}H_{33}N_{11}S_{16}Zn_3)_x$，$(1088.7)_x$，9006-42-2

化学名称 亚乙基双二硫代氨基甲酸锌

主要剂型 85%原药，70%可湿性粉剂，60%、70%水分散粒剂，70%干悬浮剂。

理化性质 原药为黄色粉末，156℃下分解，蒸气压<0.10mPa（20℃），相对密度 1.860（20℃）。不溶于水和大多数有机溶剂（例如乙醇、丙酮、苯），溶于吡啶中并分解。在 30℃以下稳定。属广谱保护性低毒杀菌剂。

产品特点 作用机理为预防真菌孢子萌发，干扰芽管的发育伸长。产品具有以下特点。

（1）杀菌谱广，是一种多效络合的触杀性杀菌剂，可以有效地防治多种病害；种子处理可以防治猝倒病、根部腐烂等种子和根部病害。

（2）有营养作用，含 18%的锌，有利于叶绿素的合成，增加光合作用效率，可改善果蔬的色泽，使果蔬色泽更鲜亮，叶菜更嫩绿。

（3）提高作物产量，改善品质；与各类代森锰锌相比，对瓜类霜霉病的防效突出，并可减少对有益捕食性螨的杀灭作用。

(4) 该药为多酶抑制剂，干扰病菌细胞的多个酶作用点，因而不易产生抗性。由于其对高等真菌性病害的防控效果明显优于其他同类产品，所以是目前发展较快的主要保护性杀菌剂之一。

(5) 安全性好，适用范围广，适用于大部分作物的各个时期，许多作物花期也可使用。

(6) 剂型先进，干悬剂型在水中颗粒更细微、悬浮率更高、溶液更稳定，从而表现出更好的安全性和效果，利用率也更高。

(7) 对作物的主要病害如霜霉病、早疫病、晚疫病、疮痂病、炭疽病、锈病、叶斑病等具有预防作用。

(8) 代森联常与吡唑醚菌酯、霜脲氰、醚菌酯、戊唑醇、苯醚甲环唑、烯酰吗啉、恶唑菌酮、肟菌酯、嘧菌酯、啶氧菌酯等杀菌药剂进行复配，用于生产复配杀菌剂。

应用

(1) 使用范围　可应用于黄瓜、番茄、马铃薯、棉花、梨、葡萄、桃树、柑橘、荔枝、烟草、菊等作物。

(2) 防治对象　可以防治棉花苗期炭疽病、立枯病、黄萎病，黄瓜霜霉病，梨黑星病、轮纹病、炭疽病、黑斑病，苹果斑点落叶病、褐斑病、轮纹病、炭疽病、黑星病，葡萄霜霉病、炭疽病、褐斑病，桃黑星病、炭疽病、真菌性穿孔病，柑橘疮痂病、溃疡病、黑星病、炭疽病，荔枝霜疫霉病，烟草黑胫病，菊黑锈病、白锈病等；也可用作马铃薯、番茄的叶用杀菌剂。

使用方法

防治黄瓜、香瓜霜霉病，每亩用70%干悬浮剂133～167g，或70%代森联干悬浮剂100g+69%烯酰·锰锌可湿性粉剂20g，每亩喷液量50～80L，每季使用3～4次，间隔期7～10d。最好是在发病前施药保护，在发病高峰期，特别是大棚黄瓜后期使用时，代森联应与烯酰·锰锌混用，代森联在与其他药剂混用时应现混现用，另外，应喷雾均匀，药剂应覆盖全部叶片的正反面。

防治马铃薯早疫病、晚疫病，用70%干悬浮剂600～800倍液，早夏初显症时开始用药，间隔7～14d，快速增长期加大用药浓度及用水量以覆盖整个叶片，雨后不久、叶面干燥后即喷药。

防治番茄、辣椒、叶菜等多种蔬菜的霜霉病、炭疽病、黑星病、叶斑病等，用 70%干悬浮剂 600～800 倍液，喷透全部叶片。如果病菌侵染是在 24h 以内，代森联还有一定的治疗作用。

防治芹菜叶斑病、斑枯病、锈病，用 70%干悬浮剂 600～800 倍液，病害出现时用药，每 7～14d 重复一次。

防治草莓叶斑病、炭疽病、叶枯病，用 70%干悬浮剂 600～800 倍液，病害出现时用药，每隔 10～14d 重复用药一次，病害严重时用 70%干悬浮剂 400～500 倍液。

防治苹果斑点落叶病、褐斑病、黑星病、轮纹病、炭疽病，用 70%可湿性粉剂（水分散粒剂）600～800 倍液均匀喷雾。从苹果落花后 10d 开始喷药，10～15d 一次，连喷 3 次药后套袋；套袋后（或不套袋苹果）继续喷药，15d 左右 1 次，连喷 3～4 次。与治疗性杀菌剂交替使用或混合使用效果更好。

防治梨树黑星病、轮纹病、炭疽病、黑斑病，用 70%可湿性粉剂（水分散粒剂）600～800 倍液均匀喷雾。从梨树落花后开始喷药，10～15d 一次，连喷 3 次药后套袋；套袋后（或不套袋梨）继续喷药，15d 左右 1 次，连喷 5～7 次。与治疗性杀菌剂交替使用或混合使用效果较好。

防治葡萄霜霉病、炭疽病、褐斑病，用 70%可湿性粉剂（水分散粒剂）600～800 倍液均匀喷雾。以防治霜霉病为主，兼防褐斑病、炭疽病，多从幼果期开始喷施，10d 左右 1 次，连续喷药，并建议与治疗性杀菌剂交替使用或混合使用，注意喷洒叶片背面。

防治桃树黑星病、炭疽病、真菌性穿孔病。用 70%可湿性粉剂（水分散粒剂）600～800 倍液均匀喷雾。从桃树落花后 20～30d 开始喷药，10～15d 一次，连喷 2～4 次，注意与相应治疗性药剂交替使用或混合使用。

防治柑橘疮痂病、溃疡病、黑星病、炭疽病。用 70%可湿性粉剂（水分散粒剂）600～800 倍液均匀喷雾。首先在柑橘春梢萌动期、嫩梢转绿期、开花前及谢花 2/3 时各喷药 1 次，然后在幼果期、果实膨大期及果实转色期再各喷药 1 次。

防治荔枝霜疫霉病，用 70%可湿性粉剂（水分散粒剂）600～

800 倍液均匀喷雾。幼果期、果实膨大期及果实转色期各喷药 1 次。

注意事项

（1）代森联遇碱性物质或铜制剂时易分解放出二硫化碳而减效，在与其他农药混配使用过程中，不能与碱性农药、肥料及含铜的药剂混用。可与其他作用机制不同的杀菌剂轮换使用。

（2）于作物发病前预防处理，施药最晚不可超过作物病状初现期。

（3）施药全面周到是保证药效的关键，每亩对水量为 50～80kg。随作物生长状况增加用药量及喷液量，确保药剂覆盖整个作物表面。

（4）防治霜霉病、疫病时，建议与烯酰·锰锌混用。

（5）本剂对光、热、潮湿不稳定，贮藏时应注意避免高温环境，并保持干燥。

（6）对鱼类有毒，剩余药液及洗涤药械的废液严禁污染水源。

（7）用药时做好安全防护，避免药液接触皮肤和眼睛，用药后用清水及肥皂彻底清洗脸及其他裸露部位。

（8）在黄瓜上安全间隔期为 3d，一季最多使用 4 次。

咪鲜胺（prochloraz）

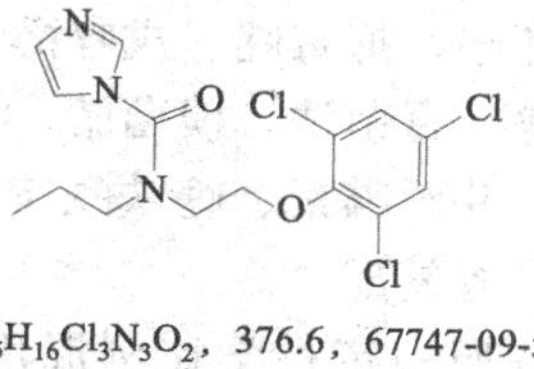

$C_{15}H_{16}Cl_3N_3O_2$，376.6，67747-09-5

化学名称 *N*-丙基-*N*-[2-(2,4,6-三氯苯氧基)乙基]-1*H*-咪唑-1-甲酰胺

主要剂型 85%、97%、98%原药，25%、41.5%、45%、250g/L 乳油，10%、24%、45%、450g/L 水乳剂，15%、20%、45%微乳剂，0.50%悬浮种衣剂，45%水剂，50%可湿性粉剂；咪

鲜胺锰盐：98%、97%原药，50%、60%可湿性粉剂；咪鲜胺铜盐：98%原药。

理化性质 咪鲜胺为白色结晶，熔点46.3～50.3℃（>99%），沸点208～210℃（0.2mmHg分解），蒸气压0.09mPa（20℃），0.436μPa（30℃），相对密度1.42（20℃）。溶解度（25℃）：丙酮3500g/L，氯仿2500g/L，甲苯2500g/L，乙醚2500g/L，二甲苯2500g/L，水34.4mg/L。在20℃，pH值为7的水中稳定，对浓酸、碱和阳光不稳定。属咪唑类广谱低毒杀菌剂。制剂对鱼类毒性中等；对水生生物毒性中等；对蜜蜂、鸟类毒性低；对蚯蚓以及多种节肢动物安全；对瓢虫等天敌安全。

产品特点 作用机理为通过抑制麦角甾醇的生物合成，从而破坏菌体细胞膜功能，在植物体内有一定的内吸传导作用。产品具有以下特点。

（1）咪鲜胺对病害具有内吸性传导、预防、治疗、铲除等杀菌作用。内吸性强，速效性好，持效期长。对蔬菜上多种病害具有治疗和铲除作用。常用于防治瓜果蔬菜炭疽病、叶斑病。

（2）咪鲜胺在土壤中主要降解为易挥发的代谢产物，易被土壤颗粒吸附，不易被雨水冲刷，对土壤生物低毒，对某些土壤真菌有抑制作用。对人、畜、鸟类低毒，对鱼类中等毒性。

（3）也可以与大多数杀菌剂、杀虫剂、除草剂混用，均有较好的防治效果。咪鲜胺常与甲霜灵、异菌脲、三唑酮、三环唑、丙环唑、腈菌唑、苯醚甲环唑、抑霉唑、戊唑醇、稻瘟灵、嘧菌酯、恶霉灵、福美双、丙森锌、百菌清、溴菌腈、烯酰吗啉、己唑醇、甲基硫菌灵、几丁聚糖、井冈霉素、噻呋酰胺、杀螟丹、吡虫啉、腈菌唑、氟硅唑、多菌灵等复配。

咪鲜胺与氟喹唑按照一定科学比例混用，如20%的硅唑·咪鲜胺，可用于防治多种果树、蔬菜等作物的黑星病、白粉病、叶斑病、锈病、炭疽病、黑斑病、黑痘病、蔓枯病、斑枯病、赤星病等多种病害。

咪鲜胺与多菌灵混用有显著的增效作用，可避免人工接种的小麦颖斑枯病的发生，而这两种药剂单施则无效。另外该混剂对防治禾谷类作物眼点病和白粉病也有增效作用。

（4）质量鉴别：制剂为黄棕色，有芳香味，可与水直接混合成乳白色液体，乳液稳定。

生物鉴别：摘取轻度感染炭疽病的柑橘、芒果病果，用800mg/L浓度的咪鲜胺溶液浸果1min，捞起晾干，放置1d后与没有浸药的病果对照，如有明显抑制炭疽病的效果则表明该药剂质量合格，否则质量不合格。也可利用咪鲜胺制剂防治甜菜褐斑病来判断其质量优劣。

应用

（1）使用范围　适用作物为水稻、小麦、油菜、大豆、向日葵、甜菜、大蒜、黄瓜、西瓜、辣椒、苹果、柑橘、葡萄、香蕉、荔枝、龙眼、芒果、烟草、观赏玫瑰等。

（2）防治对象　咪鲜胺适用作物非常广泛，对许多真菌性病害特别是水果采后病害（防腐保鲜）均具有很好的防治效果，如稻瘟病、纹枯病、稻曲病、立枯病、白粉病、恶苗病、灰霉病、叶斑病、冠腐病、炭疽病、枯萎病、叶枯病、菌核病、黑豆病、赤星病、褐斑病、蒂腐病、绿霉病、青霉病等。

使用方法

（1）蔬菜病害　防治辣椒、西瓜、甜瓜、菜豆等蔬菜炭疽病，从病害发生初期开始喷药，每亩用45%乳油或450g/L水乳剂40～50mL，或25%乳油或250g/L乳油60～80mL，对水45～60kg叶面喷雾，使植物充分着药又不滴液为宜，间隔10～15d，连喷3次可获最佳防效。

防治黄瓜褐斑病，用25%乳油750倍液喷雾。

防治莴苣菌核病、灰霉病，用25%乳油800～1000倍液喷雾。

防治茄子黑枯病，用25%乳油1500倍液喷雾。

防治辣椒白粉病，发病初期，每亩用25%乳油50～70mL，对水40～50kg喷雾。

防治甜菜褐斑病，每亩用25%乳油80mL，对水25L喷1次，隔10d再喷1次，共喷2～3次。

防治油菜菌核病，从病害发生初期开始喷药，每亩用45%乳油或450g/L水乳剂30～35mL，或25%乳油或250g/L乳油50～60mL，对水30～45kg喷雾。10d左右一次，连喷2次左右。

防治大蒜叶枯病，在蒜头迅速膨大期喷药1次即可，每亩用45%乳油或450g/L水乳剂30～35mL，或25%乳油或250g/L乳油50～60mL，对水30～45kg喷雾。

防治葱、洋葱紫斑病，从病害发生初期开始喷药，每亩用45%乳油或450g/L水乳剂30～35mL，或25%乳油或250g/L乳油50～60mL，对水30～45kg喷雾。10～15d一次，连喷1～2次。

每亩用20%硅唑·咪鲜胺水乳剂55～65mL，对水50kg，在露地黄瓜株高1.5m时喷雾，防治炭疽病，兼治白粉病。

防治西瓜枯萎病，在瓜苗定植期、缓苗后和坐果初期或发病初期开始用药，用25%乳油750～1000倍液对水喷雾，每隔7～14d喷1次，连续使用2～3次。

防治蘑菇褐腐病、白腐病，每平方米用50%可湿性粉剂0.4～0.6g拌于覆盖土或喷淋菇床。

(2) 果树病害　防治柑橘绿霉病、炭疽病、蒂腐病、青霉病，用250g/L乳油500～1000倍液或45%微乳剂1500～2000倍液浸果。柑橘采后保鲜，常温药液浸果1min后捞起晾干，处理时加适量2,4-滴，以保持蒂部新鲜。

防治芒果炭疽病，采前喷雾处理：在芒果花蕾期和始花期，用25%乳油500～1000倍液或45%微乳剂750～1000倍液各喷雾施药1次，以后每隔7～10d喷1次，根据发病情况，连续施用3～4次。采后浸果处理：挑选当天采收无病无伤口的好果，清水洗去果面上的灰尘和药迹，用250g/L乳油250～500倍液浸果或25%乳油500～1000倍液喷雾，常温药液浸果1min后捞起晾干，当天采收的果实，需当天用药处理完毕，对薄皮品种等慎用，以免出现药斑。

防治香蕉果实的轴腐病、炭疽病、冠腐病，采收后用45%水乳剂450～900倍液浸果2min后贮藏。

防治荔枝贮藏期黑腐病，采收后用45%水乳剂1500～2000倍液浸果1min后贮藏。

用25%乳油1000倍液浸采收后的苹果、梨、桃果实1～2min，可防治青霉病、绿霉病、褐腐病，延长果品保鲜期。

对霉心病较重的苹果，可在采收后使用25%乳油1500倍液0.521mL注射萼心，防治霉心病菌所致的果腐效果非常明显。

防治苹果炭疽病，发病前或发病初期开始施药，用25%乳油800～1000倍液整株喷雾，每隔7～10d用1次，连续使用3～4次。。

防治葡萄黑痘病，病害初期或发病前，每亩用25%乳油60～80mL，对水45～60kg常规喷雾，间隔7d施药1次，可连续施用2次。

防治葡萄炭疽病，发病初期，用25%乳油800～1200倍液喷雾。

防治龙眼炭疽病，在龙眼第一次生理落果时用25%乳油1200倍液喷雾，间隔7d喷施1次，连喷4次。

（3）粮油作物病害　防治水稻恶苗病、胡麻斑病等，采用种子处理方法，用250g/L乳油2000～4000倍液浸种。长江流域及以南地区，用2000～3000倍液浸种1～2d，然后催芽；黄河流域及以北地区，用3000～4000倍药液浸种，黄河流域3～5d，东北地区5～7d，然后催芽。或45%水乳剂浸种，然后取出稻种催芽播种，长江流域及以南地区使用4000～6000倍液，浸种1～2d；黄河流域及以北地区使用6000～8000倍液，浸种3～5d。

防治水稻稻瘟病，在水稻“破肚”出穗前和扬花前后，每亩用25%乳油60～100mL，对水45～60kg常规喷雾，收获后用250～1000mg/L的药液喷洒于稻株可有效地防治严重的水稻稻瘟病。

防治水稻稻曲病，水稻破口前7d左右开始，每亩用25%乳油12.5～15g，对水60kg喷雾，如病情发生严重，可于破口期再施药1次。

防治小麦白粉病、赤霉病，病害初期或发病前，每亩用25%乳油53～67mL，对水45～60kg常规喷雾。同时可兼治穗部和叶部的根腐病及叶部多种叶枯性病害。

防治大麦散黑穗病，播种前用25%乳油3000倍液浸种48h，随浸随播。

块根作物播前用25%乳油800～1000倍液浸种，在块根膨大期亩用150mL对水喷1次，可增产增收。

防治花生褐斑病，发病初期，每亩用25%乳油30～50g，对水40～50kg喷雾，间隔8d喷1次，连喷3次。

防治油菜菌核病，发病初期，每次每亩用25%乳油40～60mL对水喷雾，间隔7d左右喷1次，连续使用2～3次。

（4）其他作物病害　防治烟草赤星病，发病初期，用50%可湿性粉剂2000倍液喷雾，间隔7d喷1次，连喷2～3次。

防治甜菜褐斑病，7月下旬甜菜出现第一批褐斑时，用25%乳油1000倍液喷雾，间隔10d喷1次，连喷2～3次。

防治茶炭疽病，茶树夏梢始盛期，用50%可湿性粉剂1000～2000倍液喷雾，间隔7d喷1次，连喷3次。

防治人参炭疽病、黑斑病，发病初期，用25%乳油2500倍液喷雾，间隔7～10d喷1次，连喷10次。

中毒急救　如吸入本品，应迅速将患者转移到空气清新流通处。如呼吸停止，应进行人工呼吸。如呼吸困难，给氧。如有症状及时就医。皮肤接触后，立即用水和肥皂清洗，并彻底冲洗干净。眼睛接触后，把眼睑打开用流水冲洗几分钟，如有持续症状，及时就医。误食，立即用大量清水漱口，洗胃，不要催吐，及时送医院对症治疗。如患者昏迷，禁食，就医。

注意事项

（1）可与多种农药混用，但不宜与强酸、强碱性农药混用。建议将本品与其他作用机制不同的杀菌剂轮换使用，以延缓抗性产生。

（2）瓜类苗期减半用药量，若喷施咪鲜胺产生了药害，解救的措施是：叶片喷施芸薹素内酯（云大120或硕丰481）10mL，对水15kg，最好加上细胞分裂素25g。也可以用3mL复硝酚钠（爱多收）+甲壳素20g，对水15kg喷雾。

本品对于一些薄皮芒果品种，如象牙芒和马切苏芒等应禁用，以免出现药斑。

（3）本品对鱼类及其他水生生物有毒，远离水产养殖区施药，施药过程要注意安全防护，施药时不可污染鱼塘、河道、水沟。禁止在河塘等水体中清洗施药器具。

（4）操作时做好劳动保护，如穿戴工作服、手套、面罩等，避免人体直接接触药剂。工作后漱口、清洗裸露在外的身体部分并更换干净的衣服。施药期间不可吃东西、饮水等。

孕妇及哺乳期妇女避免接触本品。

（5）用过的容器妥善处理，不可做他用，不可随意丢弃。药物应置于通风、干燥、阴凉、防雨、远离火源处，勿与食品、饲料、种子、日用品等同贮同运。

置于儿童够不着的地方并上锁，不得重压、损坏包装容器。

（6）用本品浸果处理后的柑橘距上市时间为14d，芒果距上市时间为20d。每季最多施用次数：浸果处理1次，喷雾处理不超过3次。50%可湿性粉剂在辣椒上安全间隔期为12d，一季最多使用2次。25%乳油在柑橘上的安全间隔期为7d，最多使用1次；在香蕉上的安全间隔期为7d，最多使用1次；在荔枝上的安全间隔期为21d，每季最多使用3次；在苹果上的安全间隔期为14d，每季最多使用5次；在大蒜上的安全间隔期为25d，每季最多使用3次。

苯醚甲环唑（difenoconazole）

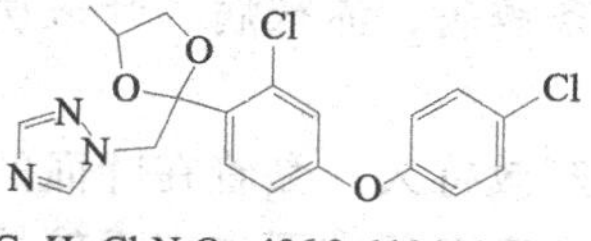

$C_{19}H_{17}Cl_2N_3O_3$, 406.3, 119446-68-3

化学名称　顺，反-3-氯-4-[4-甲基-2-(1*H*-1,2,4-三唑-1-基甲基)-1,3-二恶戊烷-2-基] 苯基-4-氯苯基醚（顺、反比约45：55）

主要剂型　92%、95%、97%原药，10%、15%、20%、30%、37%、60%水分散粒剂，10%、20%、25%、30%微乳剂，5%、10%、20%、25%水乳剂，3%、30g/L悬浮种衣剂，25%、250g/L、30%乳油，3%、10%、25%、30%、40%悬浮剂，

10%、12%、30%可湿性粉剂。

理化性质 苯醚甲环唑为顺反异构体混合物，顺反异构体比例在0.7～1.5之间，纯品为白色至米色结晶，熔点82.0～83.0℃，沸点100.8℃，蒸气压3.3×10^{-5} mPa（25℃），相对密度1.40（20℃）。溶解度（g/kg，25℃）：水0.015，丙酮610，乙醇330，甲苯490，正辛醇95。稳定性：温度达到150℃稳定，不易水解。属有机杂环类内吸治疗性广谱低毒杀菌剂。制剂对鱼毒性中等，对鸟类毒性低，对蜜蜂、蚯蚓无害。

产品特点 苯醚甲环唑对植物病原菌的孢子形成具有强烈抑制作用，并能抑制分生孢子成熟，从而控制病情进一步发展。苯醚甲环唑的作用方式是通过干扰病原菌细胞的C14脱甲基化作用，抑制麦角甾醇的生物合成，从而使甾醇滞留于细胞膜内，损坏了膜的生理作用，导致真菌死亡。产品具有以下特点。

（1）内吸传导，杀菌谱广 苯醚甲环唑属三唑类杀菌剂，是一种高效、安全、低毒、广谱性杀菌剂，可被植物内吸，渗透作用强，施药后2h内，即被作物吸收，并有向上传导的特性，可使新生的幼叶、花、果免受病菌为害。能一药多治，对子囊菌纲、担子菌纲和包括链格孢属、壳二孢属、尾孢霉属、刺盘孢属、球座菌属、茎点霉属、柱隔孢属、壳针孢属、黑星菌属在内的半知菌、白粉菌科、锈菌目及某些种传病原菌有持久的保护和治疗作用。广泛用用于果树、蔬菜等作物，能有效防治黑星病、黑痘病、斑点落叶病、褐斑病、锈病、条锈病、赤霉病、叶斑病、白粉病，兼具预防和治疗作用。

（2）耐雨冲刷、药效持久 黏着在叶面的药剂耐雨水冲刷，从叶片挥发极少，即使在高温条件下也表现较持久的杀菌活性，比一般杀菌剂持效期长3～4d。

（3）剂型先进，作物安全 水分散粒剂由有效成分、分散剂、湿润剂、崩解剂、消泡剂、黏合剂、防结块剂等助剂，通过微细化、喷雾干燥等工艺造粒。投入水中可迅速崩解分散，形成高悬浮分散体系，无粉尘影响，对使用者及环境安全。不含有机溶剂，对推荐作物安全。

(4) 苯醚甲环唑可与丙环唑、嘧菌酯、多菌灵、甲基硫菌灵、咯菌腈、醚菌酯、咪鲜胺、氟环唑、精甲霜灵、己唑醇、代森锰锌、抑霉唑、霜霉威盐酸盐、丙森锌、吡唑醚菌酯、多抗霉素、中生菌素、井冈霉素、噻霉酮、噻呋酰胺、戊唑醇、嘧啶核苷类抗生素、福美双、吡虫啉、溴菌腈、噻虫嗪等复配。

应用

(1) 使用范围　适用作物为黄瓜、番茄、大蒜、芹菜、大白菜、辣椒、西瓜、洋葱、芦笋等蔬菜，葡萄、香蕉、苹果、梨、柑橘、石榴、荔枝等水果，以及水稻、小麦、大豆、花生、茶树、人参、橡胶树、蔷薇科观赏花卉、草坪等。

(2) 防治对象　主要用于防治蔬菜病害如番茄早疫病、西瓜蔓枯病、辣椒炭疽病、草莓白粉病；果树病害如香蕉叶斑病、黑星病，梨黑星病、黑斑病、锈病、白粉病、炭疽病，苹果斑点落叶病、黑星病，柑橘疮痂病、炭疽病、黑星病、黄斑病，葡萄炭疽病、黑痘病、白粉病和黑痘病；花生病害如叶斑病、花生网斑病等；小麦病害如散黑穗病、腥黑穗病、全蚀病、白粉病、根腐病、纹枯病、颖枯病、叶枯病、锈病等。

使用方法

(1) 喷雾　防治马铃薯早疫病，每亩用10%水分散粒剂50～80g，对水60～75kg喷雾，持效期7～14d。

防治菜豆、豇豆等豆类蔬菜叶斑病、锈病、炭疽病、白粉病，每亩用10%水分散粒剂50～80g，对水60～75kg喷雾，持效期7～14d，防治炭疽病最好和代森锰锌或百菌清混用。

防治辣椒炭疽病、番茄叶霉病、叶斑病、白粉病、早疫病，从初见病斑时开始喷药，一般用10%水分散粒剂60～80g，或37%水分散粒剂18～22g，或250g/L乳油或25%乳油25～30mL，对水60～75kg喷雾。10d左右1次，连喷2～4次。

防治茄子褐纹病、叶斑病、白粉病，从初见病斑时开始喷药，一般用10%水分散粒剂60～80g，或37%水分散粒剂18～22g，或250g/L乳油或25%乳油25～30mL，对水60～75kg喷雾。10d左右1次，连喷2～3次。

防治黄瓜等瓜类蔬菜白粉病、炭疽病、蔓割病，用10%水分散粒剂1000～1500倍液，发病前或初期叶面喷雾，持效期7～14d。

防治西瓜蔓枯病，每亩用10%水分散粒剂50～80g，对水60～75kg喷雾。

防治西瓜炭疽病，每亩用30%悬浮剂16.7～20g，间隔7～10d，共施药3次，或者用10%水分散粒剂50～83g，间隔7～10d，连施2～3次。

防治芹菜叶斑病，病害发生初期，用10%水分散粒剂67～83.3g，或37%水分散粒剂10～13g，或250g/L乳油或25%乳油15～20mL，对水60～75kg喷雾。7～10d一次，连喷2～4次。

防治大白菜等十字花科蔬菜黑斑病，病害发生初期，用10%水分散粒剂35～50g，或37%水分散粒剂10～13g，或250g/L乳油或25%乳油15～20mL，对水60～75kg喷雾。10d左右喷1次，连喷2次左右。

防治大蒜、洋葱早疫病、锈病、紫斑病、黑斑病，每亩用10%水分散粒剂80g，对水60～75kg喷雾，持效期7～14d。

防治大蒜叶枯病，在病害发生初期喷药1次即可。用10%水分散粒剂40～50g，或37%水分散粒剂10～13g，或250g/L乳油或25%乳油15～20mL，对水60～75kg喷雾。

防治葱、洋葱的紫斑病，病害发生初期，用10%水分散粒剂40～50g，或37%水分散粒剂10～13g，或250g/L乳油或25%乳油15～20mL，对水60～75kg喷雾。10～15d一次，连喷2次左右。

防治草莓白粉病、轮纹病、叶斑病和黑斑病，兼治其他病害时，用10%水分散粒剂2000～2500倍液喷雾；防治草莓炭疽病、褐斑病，兼治其他病害时，用10%水分散粒剂1500～2000倍液喷雾；防治草莓灰霉病，兼治其他病害时，用10%水分散粒剂1000～1500倍液喷雾。药液用量，根据草莓植株大小而异，一般每亩用药液40～66L。用药适期和间隔天数：育苗期于6～9月，喷药2次，间隔10～14d；大田期在覆膜前，喷药1次，间隔期10d；花果期在大棚内喷药1～2次，间隔期10～14d。

防治芦笋茎枯病，病害发生初期，用37%水分散粒剂4000～5000倍液，或250g/L乳油或25%乳油2500～3000倍液，或10%水分散粒剂1000～1500倍液喷雾。10d左右一次，连喷2～4次，重点喷洒植株基部。

防治玉米大、小叶斑病，每亩用10%水分散粒剂80g，对水60～75kg喷雾，持效期14d。

防治香蕉叶斑病、黑星病，叶片发病初期，用25%乳油2000～3000倍液喷雾，用足够的稀释药液全株叶部喷雾，每隔10d再喷1次。

防治梨黑星病，发病初期，用10%水分散颗粒剂6000～7000倍液喷雾。发病严重时可提高浓度，建议用10%水分散颗粒剂3000～5000倍液喷雾，间隔7～14d，连续喷药2～3次。

防治梨果实轮纹病，用25%乳油2000～3000倍液，效果显著。

防治苹果斑点落叶病，发病初期，用10%水分散颗粒剂2500～3000倍液或10%水分散粒剂33～40g/100L水喷雾。发病严重时可提高浓度，建议用10%水分散颗粒剂1500～2000倍液喷雾，间隔7～14d，连续喷药2～3次。

防治苹果轮纹病，用10%水分散粒剂2000～2500倍液喷雾。

防治苹果黑星病，发病前或发病初期，每次用10%可湿性粉剂1500～2500倍液整株喷雾，每隔10d左右喷1次。

防治葡萄炭疽病，发病前或发病初期，用10%水分散颗粒剂600～800倍液整株喷雾，每隔7～10d喷1次。

防治葡萄黑痘病，发病初期，用10%水分散粒剂667～2000倍液或40%水乳剂4000倍液整株喷雾，每隔7～10施药2次，防治效果显著。

防治葡萄白腐病，用10%水分散粒剂1500～2000倍液喷雾。

防治柑橘炭疽病，发病初期，用10%水分散粒剂4000～5000倍液，或20%水乳剂4000倍液喷雾，间隔7～10d，施药次数3～4次。

防治柑橘疮痂病，发病前或发病初期，用10%水分散粒剂

667～2000 倍液整株喷雾，每隔 10d 左右喷 1 次。

防治荔枝炭疽病，发病前或发病初期，用 10%水分散粒剂 667～1000 倍液整株喷雾，每隔 7～10d 使用 1 次。

防治青梅黑星病，用 10%水分散粒剂 3000 倍液喷雾。

防治龙眼炭疽病，用 10%水分散粒剂 800～1000 倍液喷雾。

防治石榴麻皮病，发病前或发病初期开始施药，用 10%水分散粒剂 1000～2000 倍液整株喷雾，每隔 10d 左右喷 1 次。

防治太子参叶斑病，用 10%水分散粒剂 6000 倍液喷雾，效果明显。

防治三七黑斑病，发病前或发病初期开始施药，每次每亩用 10%水分散粒剂 30～45g 对水喷雾，每隔 10d 左右喷 1 次。

防治茶树炭疽病，发病前或发病初期施药，用 10%水分散粒剂 1000～1500 倍液叶面喷雾，每隔 10d 左右喷 1 次。

防治水稻纹枯病、稻曲病，病害发生初期开始施药，每次每亩用 25%乳油 50mL，对水 40～50kg 喷雾，视发病情况连续使用2～3 次。

(2) 拌种　主要用于防治小麦矮腥黑穗病、腥黑穗病、散黑穗病、颖枯病、根腐病、纹枯病、全蚀病、早期锈病、白粉病，大麦坚黑穗病、散黑穗病、条纹病、网斑病、全蚀病，大豆、棉花立枯病、根腐病。

防治小麦散黑穗病，每 100kg 种子用 3%悬浮种衣剂 200～400mL。

防治小麦腥黑穗病，每 100kg 种子用 3%悬浮种衣剂 67～100mL。

防治小麦矮腥黑穗病，每 100kg 种子用 3%悬浮种衣剂 133～400mL。

防治小麦根腐病、纹枯病、颖枯病，每 100kg 种子用 3%悬浮种衣剂 200mL。

防治小麦全蚀病、白粉病，每 100kg 种子用 3%悬浮种衣剂 1000mL。

防治大麦病害，每 100kg 种子用 3%悬浮种衣剂 100～200mL。

防治棉花立枯病，每100kg种子用3%悬浮种衣剂800mL。

防治大豆根腐病，每100kg种子用3%悬浮种衣剂200～400mL。

中毒急救 无典型中毒症状。一旦发生中毒，请对症治疗。用药时如果感觉不适，立即停止工作，采取急救措施，并送医就诊。皮肤接触，立即脱掉被污染的衣物，用大量清水彻底清洗受污染的皮肤，如皮肤刺激感持续，请医生诊治。眼睛溅药，立即将眼睑翻开，用清水冲洗至少15min，请医生诊治。发生吸入，立即将吸入者转移到空气新鲜处，如果吸入者停止呼吸，需进行人工呼吸。注意保暖和休息，请医生诊治。如误服，请勿引吐，送医就诊。紧急医疗措施：使用医用活性炭洗胃，注意防止胃容物进入呼吸道。注意：对昏迷病人，切勿经口喂入任何东西或引吐。无专用解毒剂，对症治疗。

注意事项

（1）对刚刚侵染的病菌防治效果特别好。因此，在降雨后及时喷施苯醚甲环唑，能够铲除初发菌源，最大限度地发挥苯醚甲环唑的杀菌特点。这对生长后期病害的发展将起到很好的控制作用。

（2）不能与含铜药剂混用，如果确需混用，则苯醚甲环唑使用量要增加10%。可以和大多数杀虫剂、杀菌剂等混合施用，但必须在施用前做混配试验，以免出现负面反应或发生药害。与“天达2116”混用，可提高药效，减少药害发生。

（3）苯醚甲环唑虽有保护和治疗双重效果，但为了尽量减轻病害造成的损失，仍应在发病初期进行施药。

（4）大风或预计1h内降雨，请勿施药。

（5）为防止病菌对苯醚甲环唑产生抗药性，建议每个生长季节喷施苯醚甲环唑的次数不应超过4次。应与其他农药交替使用。

（6）发病初期，用低剂量，间隔期长；病重时，用高剂量，间隔期短。植株生长茂盛、温度适宜、湿度高、雨水多的流行期，可用高剂量，缩短间隔期，增加用药次数，保证防病增产效果。对蔬菜没有抑制生长作用。

（7）西瓜、草莓、辣椒喷液量为每亩人工50kg。果树可根据果树大小确定喷液量。施药应选早晚气温低、无风时进行。晴天空气相对湿度低于65%、气温高于28℃、风速大于5m/s时应停止施药。

(8) 农户拌种：用塑料袋或桶盛好要处理的种子，将3%悬浮种衣剂用水稀释（一般稀释至1～1.6L/100kg种子），充分混匀后倒在种子上，快速搅拌或摇晃，直至药液均匀分布于每粒种子上（根据颜色判断）。机械拌种：根据所采用的包衣机性能及作物种子使用剂量，按不同加水比例将3%苯醚甲环唑悬浮种衣剂稀释成浆状，即可开机。

(9) 对水生生物有危害，剩余药液及洗涤废水不能污染鱼塘、水池及水源。禁止在河塘等水体中清洗施药工具。

做好劳动保护，如穿戴工作服、手套、面罩等，避免人体直接接触药剂。工作后漱口、清洗裸露在外的身体部分并更换干净的衣服。施药期间不可吃东西、饮水等。

孕妇与哺乳期妇女禁止接触本品。

(10) 用过的容器妥善处理，不可做他用，不可随意丢弃。放置于阴凉、干燥、通风、防雨、远离火源处，避免在低于10℃和高于30℃条件下贮存。勿与食品、饲料、种子、日用品等同贮同运。置于儿童够不着的地方并上锁，不得重压、损坏包装容器。

(11) 在西瓜上安全间隔期为14d，一季最多使用次数3次；在番茄上安全间隔期为7d，一季最多使用2次；在辣椒上安全间隔期为3d，一季最多使用3次；在菜豆上安全间隔期为7d，一季最多使用3次；在大白菜上安全间隔期为28d，一季最多使用3次；在黄瓜上安全间隔期为3d，一季最多使用3次；在芹菜上安全间隔期为14d，一季最多使用3次；在洋葱上安全间隔期为10d，一季最多使用3次；在芦笋上安全间隔期为10d，一季最多使用2次；在茶树上安全间隔期14d，一季最多使用3次；在荔枝上安全间隔期3d，一季最多使用3次；在梨上安全间隔期为14d，一季最多使用3次；在葡萄上安全间隔期为21d，一季最多使用3次；在香蕉上安全间隔期为42d，一季最多使用3次；在柑橘上安全间隔期为28d，一季最多使用3次；在苹果上安全间隔期为7d，一季最多使用3次。在石榴上安全间隔期为14d，一季最多使用3次；在三七上安全间隔期为60d，一季最多使用3次。

丙环唑（propiconazol）

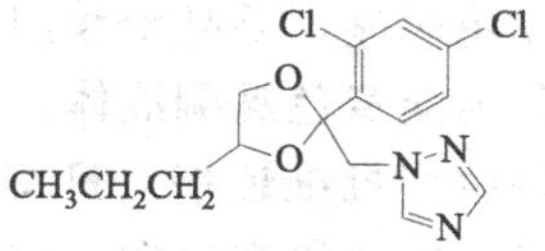

$C_{15}H_{17}Cl_2N_3O_2$，342.2，60207-90-1

化学名称 1-[2-(2,4-二氯苯基)-4-丙基-1,3-二氧戊环-2-甲基]-1-*H*-1,2,4-三唑

主要剂型 90%、93%、95%原药，25%、250g/L、50%、70%乳油，25%可湿性粉剂，20%、40%、45%、50%、55%微乳剂，25%、40%水乳剂，30%悬浮剂。

理化性质 淡黄色黏稠液体，有臭味。沸点：99.9℃（0.32Pa），120℃（1.9Pa），>250℃（101kPa），蒸气压：2.7×10^{-2}mPa（25℃），相对密度1.29（20℃）。溶解性：水100mg/L（20℃），正庚烷47g/L（25℃），完全溶于丙酮、甲苯、正辛醇和乙醇。稳定性：温度达到320℃时稳定，不易光解和水解。对光、热、酸、碱稳定，对金属无腐蚀。属三唑类广谱内吸性低毒杀菌剂。制剂对鱼毒性中等，制剂对鸟类毒性低，制剂对蜜蜂无毒。

产品特性 杀菌机理是影响甾醇的生物合成，麦角甾醇在真菌细胞膜的构成中起重要作用，丙环唑通过干扰C14去甲基化而妨碍真菌体内麦角甾醇的生物合成，从而破坏真菌的生长繁殖，使病原菌的细胞膜功能受到破坏，最终导致细胞死亡，从而起到杀菌、防病和治病的功效。产品具有以下特点。

（1）杀菌活性高，对多种作物上由高等真菌引发的病害疗效好，可以防治蔬菜白粉病、炭疽病、锈病、根腐病等，对西瓜蔓枯病、草莓白粉病有特效。但对霜霉病、疫病无效。

（2）内吸性强，具有双向传导性能，施药2h后即可将入侵的病原体杀死，1～2d控制病情扩展，阻止病害的流行发生，渗透力及附着力极强，特别适合在雨季使用。

(3) 持效期长达15～35d，比常规药剂节省2～3次用药。

(4) 独有的"汽相活性"，即使喷药不均匀，药液也会在作物的叶片组织中均匀分布，起到理想的防治效果。

(5) 采收后，保鲜作用明显，果品卖相靓、货价期长。

(6) 鉴别要点：原药为淡黄色黏稠液体，易溶于有机溶剂。丙环唑乳油产品应取得农药生产批准证书（HNP），选购时应注意识别该产品的农药登记证号、农药生产批准证书号、执行标准号。

(7) 可与苯醚甲环唑、三环唑、苯锈啶、稻瘟酰胺、福美双、咪鲜胺、嘧菌酯、戊唑醇、多菌灵、井冈霉素等复配。

应用

(1) 使用范围　适用作物为蔬菜、水稻、小麦、大麦、玉米、人参、香蕉、咖啡、花生、葡萄等。

(2) 防治对象　可用于防治子囊菌、担子菌和半知菌所引起的病害，如茄子茎基腐病、茄科蔬菜白粉病，番茄早疫病、白粉病，甜（辣）椒白粉病、辣椒褐斑病、叶枯病，水稻纹枯病、恶苗病，小麦白粉病、根腐病、颖枯病、纹枯病、锈病、叶枯病，大麦网斑病，葡萄白粉病，苹果白粉病，香蕉叶斑病、根腐病、大斑病、小斑病、黑星病等。但对卵菌病害无效。

使用方法

(1) 蔬菜病害　防治草莓、番茄、洋葱、莴笋、芫荽、苦瓜白粉病，大葱、洋葱、韭菜、大蒜、黄花菜、扁豆、蚕豆、豇豆、茭白等的锈病，大蒜紫斑病，发病初期，用25%乳油3000倍液喷雾，连喷2～3次。

防治番茄炭疽病、辣椒叶斑病，发病初期，用25%乳油2500倍液喷雾。

防治番茄早疫病，发病初期，用25%乳油2000～3000倍液喷雾。

防治辣椒褐斑病、叶枯病，田间初见病斑时应立即施药，每亩用25%乳油40mL，对水45～60kg喷雾，15～20d后再喷一次。

防治茄子茎基腐病，用25%乳油2500倍液灌根，每株次灌250mL药液，连灌2～3次。

防治南瓜枯萎病，发病初期，用25%乳油1500倍液喷雾。

防治黄瓜炭疽病、白粉病，辣椒叶斑病、白粉病，发病初期，用25%乳油4000倍液喷雾。

防治苦瓜、甜瓜炭疽病，发病初期，用25%乳油1000倍液喷雾。

防治西瓜蔓枯病，在西瓜膨大期，用25%乳油5000倍喷雾，或用25%乳油2500倍液灌根，每株灌250mL药液，连灌2～3次。

防治玉米褐斑病，发病初期，用25%乳油1500倍液喷雾。

防治大棚甜瓜蔓枯病，每亩用25%乳油80～130mL，对水2350mL和面粉1250g调成稀糊状涂抹茎基部，间隔7～10d涂1次，连涂2～3次，涂茎施药至采收的安全间隔期为20d。

防治草莓白粉病、褐斑病，发病初期，用25%乳油4000倍液喷雾，间隔14d，连续喷药2～3次。

防治莲藕（假尾孢）褐斑病，用25%乳油1份，与1000份土拌匀，制成药土，用手捏紧药土，塞到莲藕处，从发病初期开始，每隔7d塞一次，连塞3次。

(2) 果树病害　防治葡萄白粉病、炭疽病，如果用于保护性防治，在发病初期，用25%乳油250倍液喷雾。如果用于治疗性防治，在发病中期，用25%乳油3000倍液喷雾，间隔期可达14～18d。

防治香蕉叶斑病、黑星病，从病害发生初期或初见病斑时开始喷药，20d左右1次，连喷2～4次。用25%微乳剂500～600倍液，或25%乳油或250g/L乳油600～800倍液喷雾。

防治荔枝炭疽病，用20%微乳剂600～800倍液，或25%乳油或250/L乳油800～1000倍液喷雾，落花后、幼果期和果实转色期各喷药1次。

防治苹果褐斑病，用20%微乳剂800～1000倍液，或25%乳油或250g/L乳油1000～1500倍液喷雾，从苹果落花后1～1.5个月或田间初见病斑时开始喷药，半月左右1次，连喷3～5次。

(3) 粮油作物病害　防治花生叶斑病，用25%乳油2500倍液在发病初期进行喷雾，间隔14d，连续喷药2～3次。

防治水稻纹枯病，发病前或发病初期，每亩用25%乳油20～

40mL，对水 45～60kg 喷雾。

防治小麦白粉病、锈病、根腐病、叶枯病、叶锈病、网斑病、燕麦冠锈病、眼斑病、颖枯病（在小麦孕穗期），大麦叶锈病、网斑病，发病前或发病初期，每亩用 25%乳油 30～40mL，对水45～60kg 喷雾。

防治小麦纹枯病，初发病时，用 25%乳油 1500 倍液喷雾；发病中期，用 25%乳油 1000 倍液喷雾。每亩喷水量人工不少于60kg，拖拉机不少于 10kg，飞机不少于 1～2kg。在小麦茎基节间均匀喷药。

（4）其他作物病害 防治草坪褐斑病，发病初期，每亩用15.6%乳油 80～100g，对水 40～50kg 喷雾。

中毒急救 中毒症状：一般只对皮肤和眼有刺激作用，经口毒性低，误服，可引起恶心、呕吐等。一旦接触到皮肤，应立即脱去污染的衣物，用大量肥皂水或流动清水彻底冲洗接触区。眼睛接触，立即提取眼睑，用流动清水或生理盐水彻底冲洗至少 15min，就医。吸入，应迅速脱离现场至空气新鲜处，保持呼吸道通畅。如呼吸困难，给予输氧治疗。如呼吸停止，立即进行人工呼吸，就医。如误食，立即催吐、洗胃，并及时送医院。

注意事项

（1）由于丙环唑具有很明显的抑制生长作用，因此，在使用中必须严格注意。丙环唑易在农作物的花期、苗期、幼果期、嫩梢期产生药害，使用时应注意不能随意加大使用浓度，并在植保技术人员的指导下使用。丙环唑叶面喷雾常见的药害症状是幼嫩组织硬化、发脆、易折，叶片变厚，叶色变深，植株生长滞缓（一般不会造成生长停止）、矮化、组织坏死、褪绿、穿孔等，心叶、嫩叶出现坏死斑。种子处理会延缓种子萌发。在苗期使用易使幼苗僵化，抑制生长，花期和幼果期影响最大，会灼伤幼果，应尽量在蔬菜生长中后期使用。要注意选择喷药时期，不要在果实膨大期喷施。

（2）在农作物的花期、苗期、幼果期、嫩梢期，稀释倍数要求达到 3000～4000 倍，并在植保技术人员的指导下使用。

（3）丙环唑残效期在 1 个月左右，注意不要连续施用。丙环唑高温下不稳定，使用温度最好不要超过 28℃。

（4）大风或预计 1h 内降雨，请勿施药。

连续喷药时，注意与不同类型药剂交替使用。有些作物可能对该药敏感，高浓度下抑制植株生长，用药时应严格控制好用药量。

（5）能与多种杀菌剂、杀虫剂、杀螨剂混用，可在病害不同时期使用。

（6）本品对鱼及水生生物有毒，清洗喷雾器的废水须妥善处理，切勿污染河水、井水或水源；使用后的空包装必须妥善处理，切勿污染环境。

做好劳动保护，如穿戴工作服、手套、面罩等，避免人体直接接触药剂。工作后漱口、清洗裸露在外的身体部分并更换干净的衣服。施药期间不可吃东西、饮水等。

孕妇与哺乳期妇女禁止接触本品。

（7）用过的容器妥善处理，不可做他用，不可随意丢弃。放置于阴凉、通风、干燥、防雨、远离火源处，防止潮湿、日晒，不得与食物、种子、饲料混放。贮存温度不得超过 35℃。

宜置于儿童够不着的地方并上锁，不得重压、损坏包装容器。

（8）本品在蔬菜上使用的安全间隔期为 10d，每季作物最多施药 3～4 次；在水稻上安全间隔期为 45d，一季最多使用 2 次；在小麦上安全间隔期为 28d，一季最多使用 2 次；在香蕉上安全间隔期为 42d，一季最多使用 2 次。

三唑酮（triadimefon）

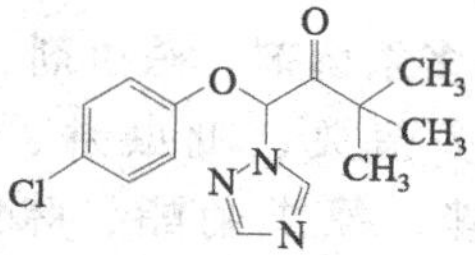

$C_{14}H_{16}ClN_3O_2$，293.8，43121-43-3

化学名称 1-(4-氯苯氧基)-1-(1*H*-1,2,4-三唑-1-基)-3,3-二甲基丁-2-酮

主要剂型 95%原药，5%、10%、15%、25%可湿性粉剂，10%、15%、20%、25%、250g/L乳油，8%、10%、12%高渗乳油，8%高渗可湿性粉剂，12%增效乳油，20%糊剂，25%胶悬剂，0.5%、1%、10%粉剂，15%烟雾剂。

理化性质 纯品三唑酮为无色结晶固体，具有轻微臭味，熔点82.3℃，蒸气压0.02mPa（20℃），0.06mPa（25℃），相对密度1.283（21.5℃）。溶解度（20℃，g/kg）：水0.064，二氯甲烷、甲苯>200，异丙醇99，己烷6.3。属三唑类内吸治疗性低毒杀菌剂。对鱼类毒性低，对蜜蜂、鸟类、蜘蛛无毒害，对害虫天敌无影响。

产品特点 三唑酮的杀菌机理极为复杂，主要是抑制菌体麦角甾醇的生物合成，因而抑制或干扰菌体附着孢及吸器的发育，菌丝的生长和孢子的形成。产品具有以下特点。

(1) 三唑酮属三唑类内吸治疗性杀菌剂。对人、畜低毒。对病害具有内吸、预防、铲除、治疗、熏蒸等杀菌作用。被植物的各部分吸收后，能在植物体内传导。对锈病和白粉病有较好防效。对多种作物的病害如玉米圆斑病、麦类云纹病、小麦叶枯病、凤梨黑腐病、玉米丝黑穗病等均有效。在低剂量下就能达到明显的药效，且持效期较长。可用作喷雾、拌种和土壤处理。

(2) 鉴别要点：纯品为白色结晶体，原药为白色至淡黄色固体。难溶于水，易溶于大多数有机溶剂。一般应送样品至法定质检机构进行鉴别，采用红外、质谱、气相色谱等方法均可以。有效成分含量采用气相色谱法测定。三唑酮可湿性粉剂为白色至浅黄色粉末；乳油为黄棕色油状液体。

(3) 三唑酮可以与许多杀菌剂、杀虫剂、除草剂等现混现用。

三唑酮常与硫黄、多菌灵、吡虫啉、代森锰锌、噻嗪酮、腈菌唑、辛硫磷、三环唑、氰戊菊酯、咪鲜胺、福美双、烯唑醇、乐果、戊唑醇、百菌清、乙蒜素、井冈霉素等杀菌成分混配，生产复配杀菌剂，也常与一些内吸性杀虫剂混配，生产复合拌种剂。

应用

(1) 使用范围　适用作物为水稻、小麦、玉米、油菜、棉花、高粱、葡萄、梨树、桑树、烟草、花卉等。

(2) 防治对象　可防治子囊菌纲、担子菌纲、半知菌类等的病原菌，卵菌除外。如水稻稻瘟病、稻曲病、叶黑粉病、云形病、粒黑粉病、叶尖枯病、紫秆病、纹枯病、恶苗病等，小麦条锈病、白粉病、全蚀病、白秆病、纹枯病、叶枯病、根腐病、散黑穗病、坚黑穗病、丝黑穗病、光腥黑穗病等，大豆、梨、苹果、葡萄、山楂、黄瓜等的白粉病。用于冬小麦拌种处理时药效可持续到小麦生长后期。对于春大麦的黑粉病、小麦叶枯病、玉米丝黑穗病、高粱丝黑穗病、玉米圆斑病、桑树的白粉病和赤锈病也有较好的防治效果。在蔬菜上主要用于防治白菜类白粉病、茄子白粉病、马铃薯癌肿病、番茄白粉病、甜椒炭疽病。

使用方法

(1) 蔬菜病害　防治胡萝卜白绢病，用15%可湿性粉剂1000倍液喷雾。

防治黄瓜、南瓜、扁豆等的白绢病，用15%可湿性粉剂1份，与细土100～200份混匀，制成药土，将药土撒于病株根茎部。

防治番茄白绢病，用25%可湿性粉剂2000倍液浇灌根部，每隔10～15d灌1次，连灌2次。

防治甜椒炭疽病，在盛花期用32%唑酮·乙蒜素乳油700倍液，每亩每次喷药液80kg。

防治茄子绒菌斑病，菜豆等的锈病，用25%可湿性粉剂2000倍液喷雾。

防治黄瓜菌核病，用25%可湿性粉剂3000倍液喷雾。

防治菜豆炭疽病、豌豆白粉病、蚕豆锈病，用15%可湿性粉剂1000倍液，或25%可湿性粉剂2000～3000倍液喷雾，每隔15～20d喷1次，连喷2～3次。

防治西葫芦、冬瓜、甜（辣）椒、茄子、菜豆等的白粉病，用20%乳油2000倍液喷雾。

防治黄瓜白粉病、炭疽病，茄子白粉病，菜豆锈病，用15%

可湿性粉剂 1000～1500 倍液喷雾。

防治莴苣和莴笋白粉病，用 15％可湿性粉剂 800～1000 倍液喷雾。

防治黄瓜、南瓜、番茄、洋葱等的白粉病，菜豆、洋葱等的锈病，马铃薯癌肿病，用 15％可湿性粉剂 1500 倍液喷雾。

防治白菜类白粉病，洋葱锈病，用 15％可湿性粉剂 2000～2500 倍液喷雾。

防治草莓白粉病，用 25％可湿性粉剂或 250g/L 乳油 1800～2000 倍液喷雾，在花蕾期、盛花期、末花期、幼果期各喷药 1 次。

防治温室蔬菜白粉病，每平方米土壤用 15％可湿性粉剂 12g 拌和。

防治黄瓜霜霉病和白粉病，用 15％三唑酮可湿性粉剂 2000 倍液与 40％三乙膦酸铝可湿性粉剂 200 倍液混配后喷雾。

防治胡萝卜斑枯病，用 15％可湿性粉剂拌种，用药量为种子质量的 0.3％。

防治大蒜白腐病，用 15％可湿性粉剂拌种，用药量为种蒜重量的 0.2％。

防治豌豆根腐病，蚕豆根腐病，用 20％乳油拌种，用药量为种子重量的 0.25％。

(2) 果树病害　防治苹果、山楂、梨、葡萄、桃、板栗、核桃、枣树的白粉病、锈病、黑星病，用 25％可湿性粉剂或 250g/L 乳油 2000～2500 倍液，或 20％乳油 1500～2000 倍液喷雾。防治苹果、山楂的白粉病、锈病时，在开花前、后各喷药 1 次；防治苹果、山楂的黑星病时，从病害发生初期开始喷药，10～15d 一次，连喷 2～3 次；防治梨树锈病、黑星病时，从落花后或初见病梢或病叶时开始喷药，10～15d 一次，连喷 5～7 次；防治梨、葡萄、桃、板栗、核桃的白粉病时，从初见病斑时开始喷药，10～15d 一次，连喷 2～3 次；防治枣树锈病，从初见病叶时或 6 月下旬至 7 月初开始喷药，10～15d 一次，连喷 4～6 次。

(3) 小麦病害　防治小麦白粉病，发病初期，每亩用 20％乳油 40～42.5g 或 15％可湿性粉剂 60～80g，对水 50～100kg 喷雾。

对常发病田或易发病田，在拔节前期和中期全田喷雾，一般田发病前全田喷雾。在病害严重时隔7～10d喷第2次药。

防治小麦锈病，发病初期，每亩用20%乳油40～42.5g或15%可湿性粉剂60～80g，对水50～100kg喷雾。对常发病田或易发病田，在拔节前期和中期全田喷雾，一般田发病前全田喷雾。在病害严重时隔7～10d喷第2次药。

防治麦类黑穗病，每100kg种子用15%可湿性粉剂200g，对适量的水再搅拌均匀，拌种后立即晾干，以免产生药害。

防治小麦根腐病，每100kg种子用25%可湿性粉剂300～500g。

(4) 玉米病害　防治玉米丝黑穗病，每100kg种子用15%可湿性粉剂533g，对适量的水再搅拌均匀，拌种后立即晾干，以免产生药害。

(5) 高粱病害　防治高粱丝黑穗病、散黑穗病和坚黑穗病，每100kg种子可用有效成分40～60g拌种。

(6) 水稻病害　防治水稻稻瘟病、叶黑粉病等，每亩用三唑酮7～9g（有效成分）或8%悬浮剂60～80mL，对水60kg，均匀喷雾。防治稻叶尖枯病、稻叶黑肿病等水稻穗期病害，于水稻孕穗期和齐穗期各施药1次，每次每亩用20%乳油35～45mL，对水40～50kg喷雾。

(7) 其他作物病害　防治橡胶等高大树木的白粉病，橡胶树抽叶30%以后，叶片盛期或淡绿盛期发病率为20%～30%时开始喷药防治，喷施时要顺风、退行施药，一般每亩用15%烟雾剂40～53g，用3YD-8型或改装的3MT-3型烟雾机喷施，根据病情喷施2～3次，无风天效果好，安全间隔期为20d。

中毒急救　中毒症状为恶心、昏晕、呕吐等。如吸入本品，应迅速将患者转移到空气清新流通处。如呼吸停止，应进行人工呼吸。如呼吸困难，给氧。如有症状及时就医。皮肤接触后，立即用水和肥皂清洗，并彻底冲洗干净。眼睛接触后，把眼睑打开用流水冲洗几分钟，如有持续症状，及时就医。误食，立即用大量清水漱口，洗胃，不要催吐。洗胃时注意保护气管和食管，及时送医院对症治疗。如患者昏迷，禁食，就医。

注意事项

（1）可与许多非碱性的杀菌剂、杀虫剂、除草剂混用。

（2）对作物有抑制或促进作用。要按规定用药量使用，否则作物易受药害。用于拌种时，应严格掌握用量和充分拌匀，以防药害。持效期长，叶菜类应在收获前10～15d停止使用。

（3）不宜长期单一使用本剂，应注意与不同类型杀菌剂混合或交替使用，以避免产生抗药性。若用于种子处理，有时会延迟出苗1～2d，但不影响出苗率及后期生长。

（4）该药已使用多年，一些地区抗药性较重，用药时不要随意加大药量，以避免药害。出现药害后植株常表现出生长缓慢、叶片变小、颜色深绿或生长停滞等，遇到药害要停止用药，并加强肥水管理。

连续阴雨或湿度较大的环境中，或者当病情较重的情况下，建议使用较高剂量。避免在极端温度和湿度下，或作物长势较弱的情况下使用本品。

（5）不要在水产养殖区施用本品，禁止在河塘等水体中清洗施药器具。药液及废液不得污染各类水域、土壤等环境。本品对家蚕有风险，蚕室及桑园附近禁止使用。

（6）操作时做好劳动保护，如穿戴工作服、手套、面罩等，避免人体直接接触药剂。工作后漱口、清洗裸露在外的身体部分并更换干净衣服。施药期间不可吃东西、饮水等。

孕妇及哺乳期妇女避免接触本品。

（7）用过的容器妥善处理，不可做他用，不可随意丢弃。放置于阴凉、干燥、通风、防雨、远离火源处，勿与食品、饲料、种子、日用品等同贮同运。

置于儿童够不着的地方并上锁，不得重压、损坏包装容器。

（8）15%可湿性粉剂用于黄瓜安全间隔期为5d，一季最多使用2次；在甜瓜上安全间隔期不少于5d，一季最多使用2次；在小麦上安全间隔期为20d，一季最多使用2次。

木霉菌（*trichoderma* sp ）

主要剂型 300亿活孢子/g、25亿活孢子/g母药，1.5亿活孢子/g、2亿活孢子/g可湿性粉剂，1亿活孢子/g、2亿活孢子/g、3亿活孢子/g水分散粒剂。

理化性质 为半知菌亚门、丛梗孢目，丛梗孢科木霉菌属真菌，真菌活孢子不少于1.5亿/g，淡黄色至黄褐色粉末，pH值6～7。对高等动物毒性低，对蜜蜂、鸟类、家蚕等毒性低。

产品特点 作用机理为绿色木霉菌通过重复寄生、营养竞争和裂解酶的作用杀灭病原真菌。木霉菌可迅速消耗侵染位点附近的营养物质，立即使致病菌停止生长和侵染，再通过几丁质酶和葡聚糖酶消融病原菌的细胞壁，从而使菌丝体消失，植株恢复绿色。木霉菌与病原菌有协同作用，即越有利于病菌发病的环境条件，木霉菌作用效果越强。

木霉菌属真菌门、半知菌亚门、丝孢纲、丝孢目、丛梗孢科、木霉属，广泛存在于不同环境条件下的土壤中。木霉菌通过营养竞争、微寄生、细胞壁分解酵素，以及诱导植物产生抗性等机制，对于多种植物病原菌具有拮抗作用，具有保护和治疗双重功效，可有效防治土传性真菌病害。在苗床使用木霉菌剂，可提高育苗与移植的成活率，保持秧苗健壮生长。具有持效期长、作用位点多、不产生抗药性、突破常规杀菌剂受限条件、不怕高湿且湿度越大防治效果越好、杀菌谱广、无残留毒性、对作物没有任何不良影响等特点。

木霉菌在植物根围生长并形成“保护罩”，以防止根部病原真菌的侵染；能分泌酶及抗生素类物质，分解病原真菌的细胞壁；能够刺激植物根的生长，从而使植物的根系更加健康；用药后安全收获间隔期为0d，可作有机生产资料；可以与肥料、杀虫剂、杀螨剂、除草剂、消毒剂、生长调节剂及大部分杀菌剂兼容；适宜生长条件：pH4～8，土壤温度8.9～36.1℃，与植物根系共生后可以改变土壤的微结构，使其更适宜于根系的生长。

木霉菌系列产品在防治灰霉病上，主要有以下几个防治特点。一是拮抗作用。木霉菌通过产生小分子的抗生素和大分子的抗菌蛋白或胞壁降解酶类来抑制病原菌的生长、繁殖和侵染。木霉菌在抗生和菌寄生中，可产生几丁质酶、纤维素酶和蛋白酶等来分解植物病原真菌的细胞壁或分泌葡萄糖苷酶等胞外酶来降解病原菌产生的抗生毒素。同时，木霉菌还分泌抗菌蛋白或裂解酶来抑制植物病原真菌的侵染。二是竞争作用。木霉菌可以通过快速生长和繁殖而夺取水分和养分、占有空间、消耗氧气等，以至削弱和排除同一生境中的灰霉病病原物。三是重寄生作用。研究发现木霉菌会在特定环境里形成腐霉，对灰霉病菌具有重寄生作用，它进入寄主菌丝后形成大量的分枝和有性结构，因而能抑制葡萄灰霉病症状的出现。四是诱导抗性。木霉菌可以诱导寄主植物产生防御反应，不仅能直接抑制灰葡萄孢的生长和繁殖，而且能诱导作物产生自我防御系统获得抗病性。五是促生作用。经实验人员发现，木霉菌在使用过程中，不仅能控制灰霉病的发生，而且能免增加种子的萌发率、根和苗的长度以及植株的活力。

应用

（1）使用范围　适用作物为黄瓜、番茄、辣椒、油菜、白菜、菜豆、小麦、葡萄等。

（2）防治对象　木霉菌对霜霉菌、疫霉菌、丝核菌、小核菌、轮枝孢菌等真菌有拮抗作用，对白粉菌、炭疽菌也表现出活性。可直接杀死作物根部和土壤中的根结线虫和地下害虫，能消灭耕层病菌及害虫，并改良土壤，破除板结，提高土壤通透性及根系供氧量，可抑制多种植物真菌病，如根腐病、立枯病、猝倒病、枯萎病等土传病害，以及灰霉病、腐霉病、丝核菌、炭疽菌、镰刀菌、菌核病。

防治效果接近化学农药三乙膦酸铝、甲霜灵，且显著优于多菌灵，低毒，对作物安全，不污染环境，可作为防治霜霉病的替代农药。

在蔬菜上可用于防治瓜类、十字花科蔬菜霜霉病，瓜类、番茄、马铃薯、菜豆、豇豆等多种蔬菜白绢病，茄科、豆科蔬菜立枯病，茄子黄萎病，瓜苗猝倒病，瓜类炭疽病等，以及小麦纹枯病等。

使用方法

使用方法有拌种、灌根和喷雾。

（1）喷雾　防治黄瓜、大白菜等蔬菜的霜霉病，发病初期，每亩用1.5亿活孢子/g可湿性粉剂200～300g，对水50～60kg，均匀喷雾，每隔5～7d喷一次，连续防治2～3次。

防治瓜类白粉病、炭疽病，发病初期，用1.5亿活孢子/g可湿性粉剂300倍液喷雾，每隔5～7d一次，连续防治3～4次。

防治黄瓜、番茄灰霉病、霜霉病等，发病初期，用1亿活孢子/g水分散粒剂600～800倍液喷雾，每隔7～10d喷一次，连喷2～3次，加入一定量的麸皮可作稀释营养剂。

防治油菜霜霉病和菌核病，每亩用1.5亿个活孢子/g可湿性粉剂200～300g，对水15kg喷雾，每隔7d喷1次，连续防治3～4次。霜霉病于始花期初发病时开始喷药，菌核病于盛花期喷药。

（2）拌种　在蔬菜上使用木霉素拌种，可防治根腐病、猝倒病、立枯病、白绢病、疫病等，通过拌种将药剂带入土中，在种子周围形成保护屏障，预防病害的发生。一般用药量为种子量的5%～10%，先将种子喷适量水或黏着剂搅拌均匀，然后倒入干药粉，均匀搅拌，使种子表面都附着药粉，然后播种。

防治小麦纹枯病，用1亿活孢子/g水分散粒剂2500～5000g拌种，按规定用药量称取药剂溶于适量水中，拌100kg种子，注意拌种要均匀。

（3）拌土　拌土主要用于防治蔬菜苗期病害。土壤处理操作简单，且能促进木霉菌迅速定殖，是目前普遍使用的田间施药方法，适用于预防及早期发病的防治处理。用2亿活孢子/g可湿性粉剂100g拌苗床土200kg，可防治多种土传病害。

（4）蘸根　在辣椒定植前，用1亿活孢子/g水分散粒剂稀释200倍进行蘸根处理，然后定植，可以防治辣椒疫病的发生。

（5）穴施　定植时穴施可以防治土传病害。在移栽时每穴施2亿活孢子/g可湿性粉剂2g，木霉菌制剂上覆一层细土后将幼苗移入穴内，覆土浇水，可以控制由腐霉菌、疫霉菌和镰刀菌引起的枯萎病、根腐病的发生。

（6）撒施　防治黄瓜、苦瓜、南瓜、扁豆等蔬菜的白绢病，可在发病初期，每亩用1.5亿活孢子/g可湿性粉剂400～450g，和细土50kg拌匀，制成菌土，撒在病株茎基部，每隔5～7d撒一次，连续2～3次。

（7）灌根　使用木霉素灌根，可防治根腐病、白绢病等茎基部病害，一般用1亿活孢子/g水分散粒剂1500～2000倍液，每株灌250mL药液，灌后及时覆土。

在辣椒枯萎病初发病时，用1.5亿活孢子/g可湿性粉剂600倍液灌根，每株灌250mL药液，灌后及时覆土。

防治菜豆根腐病、白绢病，发病初期用2亿活孢子/g可湿性粉剂1500～2000倍液灌根，每株灌250mL药液，为防止阳光直射造成菌体活力降低，使药液与根部接触、吸附土壤，可先在病株周围挖穴，药液渗入后及时覆土。

防治小麦纹枯病，每亩用1亿活孢子/g水分散粒剂50～100g顺垄灌根。于小麦苗期进行，隔7～10d再灌根一次。

中毒急救　中毒症状表现为恶心、呕吐等。不慎接触皮肤或溅入眼睛，用大量清水冲洗至少15min，仍不适时，就医。误服，立即携该产品标签将病人送医院诊治。洗胃时，应注意保护气管和食管，对症治疗。无特效解毒剂。

注意事项

（1）木霉菌为真菌制剂，不能与酸性、碱性农药混用，也不能与杀菌农药混用，否则会降低菌体活力，影响药效正常发挥。在发病严重地区应与其他类型杀菌剂交替使用，以延缓抗性产生。

（2）不可用于食用菌病害的防治。赤眼蜂等害虫天敌放飞区域禁用本品。

（3）一定要于发病初期开始喷药，喷雾时需均匀、周到，不可漏喷，如喷后8h内遇雨，需及时补喷。使用本品，连续阴雨或湿度较大的环境中，或者当病情较重的情况下，建议使用较高剂量。避免在极端温度和湿度下，或作物长势较弱的情况下使用本品。

（4）露天使用时，最好于阴天或下午4时作业。

（5）操作时做好劳动保护，如穿戴工作服、手套、面罩等，避免人体直接接触药剂。工作后漱口、清洗裸露在外的身体部分并更换干净的衣服。施药期间不可吃东西、饮水等。

孕妇及哺乳期妇女避免接触本品。

（6）用过的容器妥善处理，不可做他用，不可随意丢弃。须保存于阴凉、干燥、通风、防雨、远离火源处，忌阳光直射或受潮。勿与食品、饲料、种子、日用品等同贮同运。

置于儿童够不着的地方并上锁，不得重压、损坏包装容器。

氟啶胺（fluazinam）

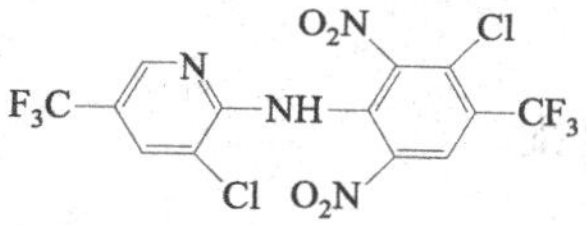

$$F_3C\text{-(吡啶环: N, Cl)-NH-(苯环: }O_2N\text{, Cl, }CF_3\text{, }O_2N)$$

$C_{13}H_4Cl_2F_6N_4O_4$，465.1，79622-59-6

化学名称 *N*-(3-氯-5-三氟甲基-2-吡啶基)-3-氯-4-三氟甲基-2,6-二硝基苯胺

主要剂型 50%、500g/L悬浮剂，0.5%可湿性粉剂。

理化性质 纯品氟啶胺为黄色结晶粉末，熔点115～117℃；溶解度（20℃，g/L）：水0.0017，丙酮470，甲苯410，二氯甲烷330，乙醚320，乙醇150。属新型取代吡啶类广谱保护性低毒杀菌剂。

产品特点 作用机理是氟啶胺在较低的浓度下，通过阻断病菌能量（ATP）的形成，从而使病菌死亡，作用于植物病原菌从孢子萌发到孢子形成的各个生长阶段，阻止孢子萌发及侵入器官的形成。产品具有以下特点。

（1）氟啶胺是广谱性杀菌剂，其效果优于常规保护性杀菌剂，同苯并咪唑类、二羧酰亚胺类及目前市场上已有的杀菌剂无交互抗性，对交链孢属、葡萄孢属、疫霉属、单轴霉属、核盘菌属和黑星菌属菌非常有效，对抗苯并咪唑类和二羧酰亚胺类杀菌剂的灰葡萄孢也有良好效果。对辣椒、马铃薯疫病和块茎腐烂有特效，并对多种蔬菜的根肿病、霜霉病、炭疽病、疮痂病、灰霉病、黑星病、轮纹病、菌核病等具有较好防治效果。

(2) 对各种病害的各个生育阶段都能发挥很好的抑制作用，对作物实行全面保护，不易产生抗性，提前预防能确保蔬菜品质好。

(3) 作用机理独特，与其他药剂无交互抗性，对产生抗药性的病菌有良好的防除效果。

(4) 活性高，速效性好，低剂量下有优良和稳定的防效，持效期长达 10～14d，可减少用药次数，省时、省力。

(5) 耐雨水冲刷，兼有优良的控制红蜘蛛等植食性螨类的作用，对十字花科植物根肿病也有卓越的防效，对由根霉菌引起的水稻猝倒病也有很好的防效。

(6) 对天敌风险低，受气候影响小，对人、畜、天敌和环境安全，为环保型药剂。

(7) 可与异菌脲复配。

应用

(1) 使用范围　适用作物为辣椒、黄瓜、油菜、马铃薯、大白菜、苹果树、大豆、小麦、柑橘、水稻、梨、茶、葡萄、草坪等。

(2) 防治对象　氟啶胺杀菌谱广，对黑斑病、疫霉病、黑星病和其他的病原体病害有良好的防治效果，如苹果黑星病、叶斑病，梨黑斑病、锈病，水稻稻瘟病、纹枯病，草坪斑点病，燕麦冠锈病，葡萄灰霉病、霜霉病，柑橘疮痂病、灰霉病等，在蔬菜上主要用于防治马铃薯早疫病、晚疫病，黄瓜灰霉病、腐烂病、霜霉病、炭疽病、白粉病、茎部腐烂病，辣椒疫病、炭疽病，番茄晚疫病以及大白菜根肿病等。另外，氟啶胺还显示出杀螨活性，对如柑橘红蜘蛛、石柱锈螨、神泽叶螨等有良好防效。

使用方法

防治辣椒疫病，发病初期用 50%悬浮剂 1500 倍液喷雾，7～10d 喷 1 次，连续喷 2～3 次，病害大流行时，5～7d 喷 1 次。

防治辣椒晚疫病，发病初期，每亩用 50%悬浮剂 25～35mL，对水 50～70kg 喷雾，间隔 10d 一次，连喷 3 次。或与氰霜唑连续轮换用药，节约防治成本。

防治辣椒炭疽病，病害发生前或发生初期，每亩用500g/L悬浮剂25～33mL，对水50kg均匀喷雾。

防治马铃薯晚疫病，发病初期用50%悬浮剂2000倍液喷雾，每隔7d喷1次，连喷3～4次，在晚疫病流行年份，发病严重地块可提前割除地上部分植株，及时运出田外，减少薯块感染率。

防治马铃薯早疫病，病害发生前或发生初期，每亩用500g/L悬浮剂27～33mL，对水50kg喷雾。

防治白菜等十字花科蔬菜根肿病。氟啶胺是目前蔬菜大田防治根肿病的首选药剂之一，氟啶胺不宜作灌根等集中式施药，也不宜在苗期使用，适宜在移栽大田采取对土壤喷雾后混土处理。其方法是：先对大田翻耕整地（深度15～20cm），把土粒整碎，每亩用50%悬浮剂300mL左右，对水50～70kg，喷雾土壤表面，或对种植穴内的土壤进行喷雾，待土壤风干后用专用工具或人工把土壤上下混匀（深度15cm左右），使药剂在上下15cm的土壤中均匀分布，使土壤中的根肿病菌与药剂接触，同时让药剂与长出的蔬菜根系接触，混土愈均匀土粒愈细防治效果愈好，然后用经过氰霜唑悬浮剂处理过的菜苗移栽定植，基本能控制移栽大田中的菜苗在生育期内不会受到根肿病的危害。每季大白菜仅施药1次。

防治番茄灰霉病，用50%悬浮剂2500倍液喷雾，每隔7d左右1次，连续2～3次，注意以上药剂交替使用，叶片正反两面都要喷到。

防治柿炭疽病，用50%悬浮剂1500倍液，在柿树谢花后10～30d喷药，间隔7～10d喷1次，连喷2～3次，在6月下旬初再喷施1次。

中毒急救 接触该药剂后，请更换衣服，如果药剂进入眼睛，用大量水冲洗至少15min。如果接触皮肤，用水和肥皂冲洗。如误服，用水充分漱口，并立即携该产品标签到医院就诊。

注意事项

（1）使用前要充分摇匀。为了保证药效，必须在发病前或发病初期使用。喷药时要将药液均匀地喷雾到植株全部叶片的正反面，以保证药效。

（2）对瓜类易产生药害，使用时注意勿使药液飞散到邻近瓜地。在大白菜土壤上喷施本品时应将大块土壤打碎以保证药效，并且不要施药于大白菜苗床上。本品不可与肥料、其他农药等混用。不宜在温室使用。建议将本品与其他不同作用机制杀菌剂轮换使用，以延缓产生抗药性。

（3）本品对水生生物和家蚕有毒，施药期间在蚕室和桑园附近禁用。远离水产养殖区施药，禁止在河塘等水体中清洗施药器具；赤眼蜂等害虫天敌放飞区域禁用。

本品药液及其废液不得污染各类水域、土壤等环境。

（4）皮肤过敏者有可能对其敏感，具有过敏体质的人员不要进行施药作业；下雨时，不进行施药工作；剪枝、施肥、套袋等工作尽量在施药前完成；高温、高湿时避免长时间作业。

（5）操作时做好劳动保护，如穿戴工作服、手套、面罩等，避免人体直接接触药剂。工作后漱口、清洗裸露在外的身体部分并更换干净的衣服。施药期间不可吃东西、饮水等。

孕妇和哺乳期妇女禁止接触本品。

（6）用过的容器妥善处理，不可做他用，不可随意丢弃。放置于阴凉、干燥、通风、防雨、远离火源处，勿与食品、饲料、种子、日用品等同贮同运。

置于儿童够不着的地方并上锁，不得重压、损坏包装容器。

（7）本品在马铃薯上使用的安全间隔期为 14d，一季最多使用 4 次；在大白菜上使用的安全间隔期为 15d，一季最多使用 1 次；在辣椒上使用的安全间隔期为 15d，一季最多使用 3 次。

嘧霉胺（pyrimethanil）

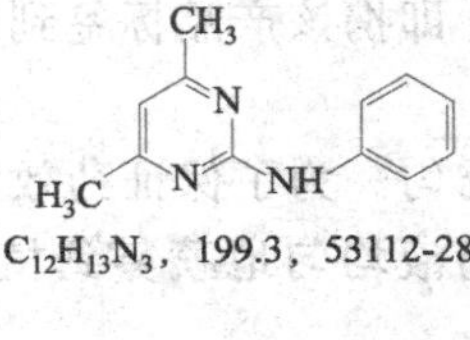

CH_3 N N NH H_3C

$C_{12}H_{13}N_3$，199.3，53112-28-0

化学名称 *N*-(4,6-二甲基嘧啶-2-基)苯胺

主要剂型 95%、96%、98%原药，20%、30%、37%、40%、400g/L悬浮剂，20%、25%、40%可湿性粉剂，12.5%乳油，40%、70%、80%水分散粒剂。

理化性质 纯品嘧霉胺为无色结晶状固体，熔点96.3℃，蒸气压2.2mPa（25℃），相对密度1.15（20℃）。溶解性（20℃，g/L）：水0.121，丙酮389，正己烷23.7，甲醇176，乙酸乙酯617，二氯甲烷1000，甲苯412。稳定性：适当的pH范围内在水中稳定，54℃可以保存14d。属苯胺基嘧啶类新型灰霉病低毒杀菌剂。

产品特点 嘧霉胺能抑制病原菌蛋白质的分泌，使某些水解酶水平下降，这些酶可能与病原菌进入寄生植物并引起寄生组织坏死有关。产品具有以下特点。

（1）嘧霉胺悬浮剂为灰棕色液体。嘧霉胺同三唑类、二硫代氨基甲酸酯类、苯并咪唑类及乙霉威等无交互抗性，可有效防治已产生抗药性的灰霉病菌。

（2）能迅速被植物吸收，内吸性好治疗和保护效果好，还可外用熏蒸。施药后能迅速达到植株的花、幼果等不易喷到的部位，杀死已侵染的病菌，具有铲除、治疗及保护三重作用。

（3）嘧霉胺专门用于防治各种蔬菜、草莓等的灰霉病，也可用于防治菌核病、褐腐病、黑星病、叶斑病等多种病害，有时与多菌灵、福美双等药剂混用，安全性好、黏着性好、持效期长、低毒、低残留、药效快，对温度不敏感，低温时用药效果也好。

（4）嘧霉胺常与多菌灵、福美双、百菌清、异菌脲、乙霉威、中生菌素、氨基寡糖素等杀菌剂成分混配，用于生产复配杀菌剂。

应用

（1）使用范围 适用于豆类作物、番茄、黄瓜、韭菜、葡萄、草莓、梨、苹果等。

（2）防治对象 对灰霉病有特效，可防治番茄灰霉病、番茄早疫病、葡萄灰霉病、黄瓜灰霉病、豌豆灰霉病、韭菜灰霉病等，还可以防治苹果斑点落叶病、苹果黑星病、烟草赤星病、番茄叶霉病、黄瓜黑星病等。

使用方法

(1) 蔬菜病害　苗棚或生产棚在种植前，棚室应进行消毒灭菌，施用40%悬浮剂1000～1500倍稀释液全方位喷洒。

防治番茄灰霉病，用40%悬浮剂1000～1500倍液，在发病前或发病初期叶面喷雾，每隔7～10d用药1次，用药次数以每季不超过2～3次为宜。

防治大棚番茄灰霉病，可用30%烟剂，每亩大棚每次用量为4～6枚，每隔7～10d防治1次，如果病害严重可酌情增量。

防治黄瓜灰霉病，用40%悬浮剂800～1200倍液，首次每亩用药25～37.5mL，对水30kg；第二次亩用药37～50mL，对水45kg；第三次亩用药50～70mL，对水60kg。如果套种苦瓜慎用。黄瓜蘸花时加0.3%悬浮剂，预防灰霉效果好。

防治黄瓜菌核病，可用40%悬浮剂800倍液喷雾，7～10d一次，连续3～4次。

防治黄瓜褐斑病，用40%悬浮剂500倍液喷雾。

防治茄子灰霉病，病害发生高峰期，可用40%嘧霉胺悬浮剂1000～1500倍液（或50%乙烯菌核利1000～1500倍液），加68.72%恶酮·锰锌1500倍液，连续喷雾2～3次，可较好地控制病情。

防治辣椒灰霉病和菌核病，发病初期，用40%悬浮剂1200倍液喷雾，每隔7～10d喷1次，连喷1～2次。

防治洋葱灰霜病，用40%嘧霉胺悬浮剂800倍液加43%戊唑醇悬浮剂3000倍液喷雾，间隔7d再叶面喷一次。

防治西葫芦灰霉病，发病初期，用40%悬浮剂1000倍液喷雾，每隔7～10d喷1次，连喷2～3次。

防治大葱灰霉病，发病初期，喷淋40%悬浮剂1000倍液。

防治菜豆菌核病，发病初期，用40%悬浮剂800倍液喷雾，每隔5～7d一次，连续用2～3次。

防治甜瓜灰霉病，发病初期，用40%悬浮剂1000倍液喷雾，每隔7～10d喷一次，连续用2～3次。

防治莴苣菌核病，用30%悬浮剂1000～1500倍液喷雾，每隔5～7d喷1次，连续喷3～4次。

防治荸荠灰霉病，9月中下旬荸荠从营养生长转生殖生长时期，是灰霉病主发期，可用40%悬浮剂1000倍液喷雾，每隔7～10d喷一次，连喷2～3次。

防治草莓灰霉病，初花期、盛花期、末花期各喷药一次即可。每亩用40%悬浮剂或400g/L悬浮剂40～60mL，或20%可湿性粉剂80～120g，或70%水分散粒剂25～35g，对水30～45kg均匀喷雾。

（2）果树病害　防治葡萄、桃、李、樱桃灰霉病，苹果花腐病、黑星病，梨树黑星病，用20%悬浮剂（可湿性粉剂）500～700倍液，或30%悬浮剂800～1000倍液喷雾，重点喷洒果穗。葡萄灰霉病在开花前、落花后各喷药1次，果穗套袋前喷药1次，不套袋葡萄果粒转色期或采收前1个月喷药1～2次，间隔10d左右。桃、李、樱桃灰霉病，从病害发生初期开始喷药，7d左右1次，连喷1～2次。苹果花腐病、黑星病，在苹果开花前、落花后各喷药1次，有效防治花腐病，兼防黑星病，然后从黑星病发生初期开始喷药，10～15d一次，连喷2～3次。梨树黑星病，从病害发生初期，或田间初见黑星病病梢或病叶或病果时开始喷药，10～15d一次，与不同类型药剂交替使用，连喷5～7次。

（3）其他作物　防治烟草赤星病，发病初期，每亩用25%可湿性粉剂120～150g，对水40～50kg喷雾。

防治花卉灰霉病，发病初期，用40%悬浮剂1000倍液喷雾，每隔7～10d喷1次，连喷2～3次。

中毒急救　如发生意外中毒，应立即携带产品标签送医院治疗。

注意事项

（1）不能与强酸性药剂或碱性药剂及肥料混用。连续喷药时，注意与不同类型药剂交替使用，避免病菌产生耐药性。

（2）嘧霉胺在推荐量下对黄瓜、辣椒、番茄等作物各生育期都很安全。露地黄瓜、番茄等蔬菜，施药一般应选早晚风小、气温低时进行，晴天上午8时至下午5时、空气相对湿度低于65%、气温高于28℃时停止施药。

（3）在保护地内施药后，应通风，而且药量不能过高，否则，部分作物叶片上会出现褐色斑块。若嘧霉胺使用不当，在茄子上易出现药害，叶片上会出现很多的黑褐色斑点，形状不规则或者是叶片发黄脱落。当出现药害斑点时，很多菜农还以为茄子发生“斑点落叶病”，结果再次用药而加重药害，因此，一定要分清嘧霉胺药害斑点和侵染性病害斑点的危害症状。

嘧霉胺在豆类上的药害（菜豆、豇豆等）主要是造成叶片变黄、干枯、生成褐斑，甚至叶片脱落，造成花果脱落。豆类和茄子对嘧霉胺敏感并不意味着不能用这种药，而是尽量不要用或者严格控制使用浓度。例如40%的嘧霉胺·异菌脲悬浮剂（其中含嘧霉胺15%），在豆类和茄子上每亩地最多只能用40g。如果出现嘧霉胺药害，可喷施2～3g 0.136%赤·吲乙·芸薹可湿性粉剂＋叶面锌肥对水15kg，赤霉素可有效补充受药害作物体内的赤霉素含量，锌可促进生长素的合成，有助于进行光合作用，两者可有效缓解药害，同时还可以增强植物的抗逆性。

（4）在植株矮小时，用低药量和低水量，当植株高大时，用高药量和高水量。一个生长季节防治灰霉病需施药4次以上时，应与其他杀菌剂轮换使用，避免产生抗性。

（5）嘧霉胺对鱼类等水生生物有毒，严禁在水产养殖区施药，并禁止残余液及洗涤药械的废液污染河流、池塘、湖泊等水域。

（6）注意安全储存、使用和放置本药剂，储存时不得与食物、种子、饲料、饮料等混放。

（7）40%悬浮剂在番茄、黄瓜灰霉病时，安全间隔期为3d，一季最多使用2次；在草莓上安全间隔期为3d；在葡萄上安全间隔期为7d，一季最多使用3次。

异菌脲（iprodione）

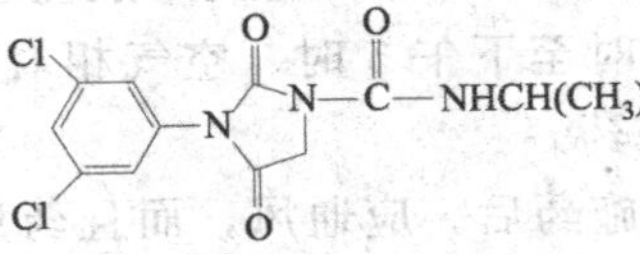

$C_{13}H_{13}Cl_2N_3O_3$，330.2，36734-19-7

化学名称 3-(3,5-二氯苯基)-1-异丙基氨基甲酰基乙内酰脲

主要剂型 95%、96%原药，50%可湿性粉剂，23.5%、25%、25.5%、255g/L、45%、50%、500g/L悬浮剂，3%、5%粉尘剂，5%、25%油悬浮剂，10%乳油。

理化性质 纯品异菌脲为白色、无味、无吸湿性结晶，熔点134℃，工业品熔点126～130℃，蒸气压5×10^{-4}mPa（25℃），相对密度1.00（20℃）。溶解度：水中为13mg/L（20℃）；正辛醇10（g/L，20℃，下同），乙腈168，甲苯150，乙酸乙酯225，丙酮342，二氯甲烷450，己烷0.59。在酸性及中性介质中稳定，遇强碱分解。属二羧酰亚胺类触杀型广谱保护性低毒杀菌剂。制剂对鸟类、蜜蜂毒性低。

产品特点 作用机制是异菌脲通过抑制蛋白激酶，控制多种细胞功能的细胞内信号，干扰碳水化合物进入真菌细胞而致敏。产品具有以下特点。

(1) 为广谱、触杀型、保护性杀菌剂，高效低毒，对环境无污染，对人畜安全，对蜜蜂无毒，尤其适合在蔬菜作物上应用。

(2) 主要用于预防发病，药效期较长，一般10～15d。因此，它既可抑制真菌孢子的萌发及产生，也可抑制菌丝生长，对病原菌生活史中的各个发育阶段均有影响。可以防治对苯并咪唑类内吸杀菌剂（如多菌灵、噻菌灵）有抗性的菌种，也可防治一些通常难以控制的菌种。

(3) 异菌脲常与百菌清、腐霉利、戊唑醇、嘧霉胺、嘧菌环胺、氟啶胺、福美双、代森锰锌、烯酰吗啉、甲基硫菌灵、丙森锌、肟菌酯、咪鲜胺、多菌灵等杀菌剂成分混配，用于生产复配杀菌剂。

应用

(1) 使用范围 适用作物为大豆、豌豆、茄子、番茄、辣椒、甜瓜、黄瓜、香瓜、西瓜、马铃薯、萝卜、块根芹菜、芹菜、野莴苣、草莓、大蒜、葱、油菜、玉米、小麦、大麦、水稻、柑橘、苹果、梨、杏、樱桃、李、葡萄、香蕉、观赏百合、园林花卉、草坪等。也可用于柑橘、香蕉、苹果、梨、桃等水果储存期的防腐

保鲜。

（2）防治对象　对葡萄孢属、链孢霉属、核盘菌属、小菌核属等具有较好的杀菌效果，对链格孢属、蠕孢霉属、丝核菌属、镰刀菌属、伏革菌属等真菌也有杀菌效果。异菌脲对多种作物的病原真菌均有效，可以在多种作物上防治多种病害。

在蔬菜生产上主要用于防治油菜褐腐病、褐斑病，青花菜褐斑病、灰霉病，紫甘蓝褐斑病、灰霉病，乌塌菜菌核病，白菜类黑斑病、菌核病、霜霉病、灰霉病，甘蓝类黑斑病、霜霉病，芥菜类菌核病、霜霉病、黑斑病，萝卜霜霉病、黑斑病，茄子灰霉病，番茄早疫病、晚疫病、黑斑病、斑枯病、灰霉病、菌核病、茎枯病，茄子果腐病、灰霉病、菌核病，甜（辣）椒灰霉病、菌核病等。

在果树上主要用于防治柑橘蒂腐病、青霉病、绿霉病、灰霉病，香蕉冠腐病、轴腐病，苹果褐斑病、斑点落叶病、轮纹病、褐腐病、花腐病、青霉病、绿霉病，葡萄穗轴褐枯病、灰霉病，桃、杏、李、樱桃花腐病、褐腐病、灰霉病、根霉病，草莓灰霉病等。

使用方法

（1）拌种　防治大蒜白腐病，用药量为蒜种重量的0.2%的50%可湿性粉剂，用水量为蒜种重量的0.6%，将药剂溶于水中，再用药液拌种。

防治白菜类的黑斑病、白斑病，用药量为重子重量的0.2%～0.3%。

防治乌塌菜菌核病，用药量为种子重量的0.2%～0.5%。

防治瓜类蔓枯病、大葱和洋葱的白腐病，胡萝卜的斑点病、黑斑病、黑腐病，菜心黑斑病、落葵蛇眼病，用药量为种子重量0.3%。

防治甜（辣）椒菌核病，用药量为种子重量的0.4%～0.5%。

防治花生冠腐病，每100kg种子用500g/L悬浮剂100～300mL拌种。

（2）浸种　将50%可湿性粉剂对水稀释后，用药液浸种，然后捞出洗净后催芽播种或晾干后播种，药液浓度和浸种时间长短，因病害而异。

防治番茄的早疫病、斑枯病、黑斑病，用50%可湿性粉剂500倍液，浸种50min。

防治西瓜叶枯病，用50%可湿性粉剂1000倍液，浸种2h。

防治大葱紫斑病和霜霉病，用50%异菌脲可湿性粉剂1000倍液与25%甲霜灵可湿性粉剂1000倍液混配后，浸种50min。

(3) 苗床消毒　防治十字花科蔬菜黑根病，播前每亩用50%可湿性粉剂3kg，拌细土40～50kg均匀撒于苗床表面，留少量药土盖种。

防治油菜褐斑病，每平方米苗床面积上用50%可湿性粉剂8g，与0.8～1.6kg过筛干细土混匀，制成药土，油菜籽播种后，将药土覆盖在种子上。

(4) 涂茎　瓜类蔓枯病较重时，可用50%可湿性粉剂500～600倍液涂抹病茎。

防治黄瓜、西葫芦、冬瓜、节瓜等的菌核病，西瓜蔓枯病，用50%可湿性粉剂50倍液，涂抹茎蔓上发病处。

防治番茄早疫病，用50%可湿性粉剂180～200倍液，涂抹茎、叶上发病处。

防治番茄和茄子的灰霉病，在配好的植物生长调节剂药液中(如2,4-滴、对氯苯氧乙酸钠)，加入0.1%的50%可湿性粉剂，然后处理花朵。

(5) 灌根　防治黄瓜枯萎病，用50%可湿性粉剂400倍液灌根。

(6) 喷粉尘剂　每亩保护地每次用粉尘剂1kg，在傍晚密闭棚膜喷施。用3%粉尘剂，防治西芹的斑枯病、叶斑病，番茄早疫病；用5%粉尘剂，防治番茄、黄瓜、韭菜、草莓等的灰霉病、叶霉病、炭疽病，番茄的早疫病、晚疫病，黄瓜菌核病。

(7) 喷雾防治　防治草莓灰霉病、叶斑病，番茄灰霉病、早疫病、菌核病，黄瓜灰霉病、菌核病，瓜类、茄子灰霉病、早疫病等，在发病前或发病初期开始喷药，每亩用50%可湿性粉剂或50%悬浮剂50～100mL，对水50kg均匀喷雾，每隔7～10d一次，连用2～3次。

防治番茄早疫病和灰霉病，番茄移植后约10d或发病初期开始喷药，每次每亩用50%可湿性粉剂100～200g对水喷雾，每隔14d喷1次，共喷3～4次。

防治大蒜、大白菜、豌豆、菜豆、芦笋等蔬菜的灰霉病、菌核病、黑斑病、斑点病、茎枯病等，在发病初期开始用药，防治叶部病害，每隔7～10d一次；防治根茎部病害，每隔10～15d一次。视病情连用2～3次，每次每亩用50%可湿性粉剂66～100mL，对水50kg喷雾。

防治黄瓜灰霉病，在发病初期，每亩用50%可湿性粉剂75～100g，对水50kg喷雾。每隔7～10d喷1次，共喷1～3次。

防治黄瓜菌核病，在发病初期，每亩用50%可湿性粉剂75～100g，对水80～100kg喷雾，每隔7～10d喷1次，共喷2次。

防治莴苣灰霉病，每亩用50%可湿性粉剂25g，对水50kg喷雾，于发病初期，每隔10～15d喷1次，共喷2～3次。

防治甘蓝类黑胫病，用50%可湿性粉剂1500倍液喷雾，每隔7d喷1次，连喷2～3次。药要喷到下部老叶、茎基部和畦面。

防治水生蔬菜病害，如莲藕褐斑病，茭白瘟病，胡麻斑病、纹枯病，荸荠灰霉病，茭白纹枯病，芋污斑病等，于发病初期开始，用50%可湿性粉剂700～1000倍液喷雾，每隔7～10d喷1次，连喷2～3次。在药液中加0.2%中性洗衣粉后防病效果更好。

防治石刁柏茎枯病，在春、夏季采茎期或割除老株留母茎后的重病田，用50%可湿性粉剂1500倍液喷雾，保护幼茎出土时免受病害侵染。在幼茎期，若出现病株及时用50%可湿性粉剂1500倍液喷雾，每隔7～10d喷1次，连喷3～4次。

防治蚕豆赤斑病、韭菜灰霉病，每亩用50%可湿性粉剂50g，对水50～75kg喷雾，每隔7～10d喷1次，连喷2～3次。

防治温室葫芦科蔬菜、胡椒、茄子等的灰霉病、早疫病、斑点病，发病初期开始施药，每亩用500g/L悬浮剂50～100mL，对水50kg喷雾，每隔7d喷1次，连续施2～3次。

防治油菜菌核病，在始花期花蕾率达20%～30%或病害初发时（茎病率小于0.1%）和盛花期各施1次，每次每亩用50%可湿性粉剂 66～100mL，对水 50kg 喷雾。

防治玉米小斑病，在发病初期，每亩用 50%可湿性粉剂或悬浮剂 200～400g，对水 60kg 喷雾，隔 15d 再喷药 1 次。

防治苹果树斑点落叶病，苹果树春梢生长期初发病时开始施药，用 50%可湿性粉剂 1000～1500 倍液整株喷雾，10～15d 后及秋梢生长期再各喷 1 次，每季最多使用 3 次。

防治苹果轮斑病、褐斑病及落叶病，春梢生长期初发病时，用 500g/L 悬浮剂 1000～1500 倍液喷雾，以后每隔 10～15d 喷 1 次。

防治葡萄灰霉病，发病初期，用 500g/L 悬浮剂 750～1000 倍液喷雾，间隔 7～14d 再喷 1 次，共喷 3～4 次。

防治杏、樱桃、李等花腐病、灰星病、灰霉病，果树始花期和盛花期，每亩用 50%可湿性粉剂 65～100mL，对水 75～100kg 喷雾，各喷施药 1 次。

防治人参、西洋参、三七黑斑病，用 50%可湿性粉剂 800～1000 倍液喷雾，可使叶片浓绿，有明显刺激增产作用，对人参、西洋参、三七安全无药害。

防治观赏作物叶斑病、灰霉病、菌核病、根腐病，可于发病初期开始喷药，每亩用 500g/L 悬浮剂 75～100mL，对水 50～60kg 喷雾，施药间隔 7～14d。也可采用浸泡插条的方法，即在 500g/L 悬浮剂 125～500 倍液中浸泡 15min。

防治烟草赤星病，发病初期，每亩用 50%可湿性粉剂药 50～75g，对水 40～50kg，均匀喷雾植株正反面，根据病情指数确定用药次数，一般为 2～3 次，施药间隔期为 7～10d。

防治水稻胡麻斑病、纹枯病、菌核病，发病初期，每亩用 50%可湿性粉剂 30～60g，对水 40～60kg 喷雾，连续 2～3 次。

(8) 浸果保鲜　防治柑橘贮藏期病害，柑橘采收后，用清水将果实洗干净，选取没有破损的柑橘，用 50%可湿性粉剂 1000mg/L 药液浸果 1min，晾干后，室温下保存，可以控制柑橘青、绿霉菌的危害，有条件的放在冷库内保存，可以延长保存时间。

用于香蕉的保鲜，对采收后的香蕉果实及时进行去轴分梳，洗去香蕉表面的尘土和抹掉果指上残留的花器，及时用 255g/L 悬浮剂 1500～2000mg/L，浸果 1min 捞起晾干，然后进行包装、运输。

中毒急救 如吸入本品，应迅速将患者转移到空气清新流通处。如呼吸停止，应进行人工呼吸。如呼吸困难，给氧。如有症状及时就医。皮肤接触后，立即用水和肥皂清洗，并彻底冲洗干净。眼睛接触后，把眼睑打开用流水冲洗几分钟，如有持续症状，及时就医。误食，立即用大量清水漱口、洗胃。洗胃时注意保护气管和食管，及时送医院对症治疗。一旦药液溅入眼睛和黏附皮肤，应立即用水冲洗至少 15min。因疏忽或误服而发生中毒现象时，禁止引吐，请速就医，并依据中毒情况对症治疗。

注意事项

（1）须按照规定的稀释倍数进行使用，不可任意提高浓度。配制药液时，先灌入半喷雾器水，然后加入异菌脲制剂并搅拌均匀，最后将水灌满并混匀；叶面喷雾应力求均匀、周到，使植株充分着液又不滴液为宜。悬浮剂可能会有一些沉淀，摇匀后使用不影响药效。

（2）异菌脲是一种以保护性为主的触杀型杀菌剂，应在病害发生初期施药，使植株均匀着药。

（3）随配随用，不能与碱性物质和强酸性药剂混用。避免在暑天中午高温烈日下操作，避免高温期采用高浓度。避免在阴湿天气或露水未干前施药，以免发生药害，喷药 24h 内遇大雨补喷。

（4）不宜长期连续使用，以免产生抗药性，应与其他类型的药剂交替使用或混用，但不要与本药剂作用机制相同的农药如腐霉利、乙烯菌核利等混用或轮用。

为预防抗性菌株的产生，作物全生育期异菌脲的使用次数控制在 3 次以内，在病害发生初期和高峰使用，可获得最佳效果。一般叶部病害两次喷药间隔 7～10d，根茎部病害间隔 10～15d，都在发病初期用药。

（5）本品对鱼类等水生生物有毒，远离水产养殖区施药。

（6）操作时做好劳动保护，如穿戴工作服、手套、面罩等，避免人体直接接触药剂。工作后漱口、清洗裸露在外的身体部分并更换干净的衣服。施药期间不可吃东西、饮水等。

孕妇及哺乳期妇女避免接触本品。

(7) 用过的容器妥善处理，不可做他用，不可随意丢弃。放置于阴凉、干燥、通风、防雨、远离火源处，勿与食品、饲料、种子、日用品等同贮同运。

置于儿童够不着的地方并上锁，不得重压、损坏包装容器。

(8) 本品在番茄上安全间隔期为2d，一季最多使用3次；在苹果树上使用的安全间隔期为7d，一季最多使用3次；在葡萄上使用的安全间隔期为14d，一季最多使用3次。

腐霉利(procymidone)

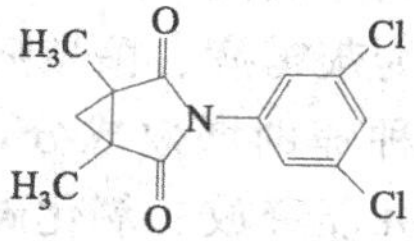

$C_{13}H_{11}Cl_2NO_2$，284.1，32809-16-8

化学名称 *N*-(3,5-二氯苯基)-1,2-二甲基环丙烷-1,2-二甲酰基亚胺

主要剂型 98.5%原药，50%、80%可湿性粉剂，10%、15%烟剂，20%、25%、35%胶悬剂，80%水分散粒剂，20%、35%悬浮剂，30%颗粒熏蒸剂。

理化性质 纯品腐霉利为白色或棕色结晶，熔点166～166.5℃，蒸气压18mPa（25℃）、10.5mPa（20℃），相对密度1.452（25℃）。溶解度：水中为4.5mg/L（25℃）；微溶于乙醇；丙酮180（g/L，25℃，下同），二甲苯43，三氯甲烷210，二甲基甲酰胺230，甲醇16。在日光和高湿度条件下仍稳定。属有机杂环类低毒杀菌剂。

产品特点 腐霉利具有保护和治疗双重作用，对孢子萌发的抑制力强于对菌丝生长的抑制力，表现为使孢子的芽管和菌丝膨大，甚至胀破，原生质流出，使菌丝畸形，从而阻止早期病斑形成和病斑扩大。产品具以下特点。

（1）腐霉利可湿性粉剂外观为浅棕色粉末，对人、畜、鸟类低毒，对眼、皮肤有刺激作用，对蜜蜂、鱼类有毒。

（2）腐霉利具有一定内吸性，能向新叶传导。对病害具有接触型保护和治疗等杀菌作用，持效期 7d 以上，能阻止病斑的发展。故发病前或发病早期使用有很好的效果。腐霉利在植物体内具有传导性，因此没有直接喷洒到药剂部分的病害也能得到较好的控制。对灰霉病、菌核病有特效。另外，腐霉利和多菌灵、苯菌灵等苯并咪唑类农药的作用机理不同，因此，苯并咪唑类药剂的防治效果不理想的情况下产生抗药性的病菌，用腐霉利防治有很好的效果。

（3）连年单一使用腐霉利，易使灰霉病菌产生抗药性。

（4）腐霉利常与福美双、多菌灵、百菌清、异菌脲、己唑醇、嘧菌酯、乙霉威等杀菌剂成分混配，用于生产复配杀菌剂。

（5）15％腐霉利烟剂为灰霉病、菌核病、疫病杀菌剂，采用纳米分散杀灭技术，融合多种辅助增效成分，内吸性强，持效期长，防效是常规烟剂的二倍，并能释放二氧化碳等多种气体肥料，利于作物生长，改善品质。发烟不产生明火，烟浓、有冲力、成烟率高，药效好，超微杀菌分子充分发挥作用无损失，并且不增加棚内湿度，改善棚内作物生长环境，设计合理，使用方便，省工省时，可降低生产成本，是农业专家推荐的大棚无公害蔬菜首选用药。可防治保护地韭菜灰霉病，对黄瓜、番茄、辣椒、菜豆、草莓、葱类等蔬菜灰霉病、菌核病、早疫病、茎腐病等有特效。

（6）鉴别要点：纯品为白色片状结晶体，原药为白色或浅棕色结晶。溶于大多数有机溶剂，几乎不溶于水。腐霉利产品应取得农药生产批准证书，选购时应注意识别该产品的农药登记证号、农药生产批准证书号、执行标准号。

应用

（1）使用范围　适用于番茄、油菜、黄瓜、葱类、玉米、葡萄、桃、草莓和樱桃等。

（2）防治对象　腐霉利能有效地防治核盘菌、葡萄孢菌和旋孢腔菌引起的病害，在蔬菜上主要用于防治大白菜黑斑病，萝卜黑斑病，白菜类菌核病，芥菜类菌核病，乌塌菜菌核病，甘蓝类菌核病、灰霉病、黑斑病，青花菜灰霉病、褐斑病，紫甘蓝灰霉病、褐斑病，茄子灰霉病，洋葱灰霉病，草莓灰霉病，黄瓜灰霉病，莴苣灰霉病，番茄苗期白绢病、灰霉病、菌核病、早疫病、叶霉病，甜（辣）椒灰霉病、茎腐病、菌核病等。

在果树上用于防治葡萄、桃、杏、樱桃等保护地果树的灰霉病，葡萄白腐病，桃、杏、李的花腐病、褐腐病，樱桃褐腐病，苹果花腐病、褐腐病、斑点落叶病，梨褐腐病，柑橘灰霉病，枇杷花腐病等。

对水稻胡麻斑病、大麦条纹病等也有较好的防效。

使用方法

（1）喷雾　防治茄子灰霉病，用 50%可湿性粉剂 750～1000 倍液喷雾。

防治番茄的苗期白绢病（喷淋苗床，7d 后再喷一次）、灰叶斑病，甜（辣）椒的菌核病、叶枯病，大白菜黑斑病，用 50%可湿性粉剂 1000 倍液喷雾。

防治保护地莴笋菌核病、灰霉病，芹菜菌核病、灰霉病，莴苣、莴笋等的菌核病，用 50%可湿性粉剂 1000～1500 倍液喷雾。

防治黄瓜、西葫芦、冬瓜等的菌核病，番茄灰霉病（幼苗也可带药定植），洋葱褐斑病，莴苣和莴笋的（小核盘菌）软腐病，萝卜黑斑病，菠菜灰霉病，用 50%可湿性粉剂 1500 倍液喷雾。

防治黄瓜灰霉病，在幼果残留花瓣初发病时开始施药，用 50%可湿性粉剂 1000～1500 倍液喷雾，每隔 7d 喷一次，连喷 3～4 次。

防治茄子、菜豆等的菌核病、灰霉病、茎腐病，番茄的菌核病、早疫病，白菜类灰霉病，用 50%可湿性粉剂 1500～2000 倍液喷雾。

防治番茄早疫病，建议 50%腐霉利可湿性粉剂与 70%代森锰锌可湿性粉剂轮换使用，腐霉利的使用浓度为 1000～1500 倍液，在发病初期施药，早疫病发生严重的情况下，间隔 10～14d 再喷药 1 次。具体喷药次数根据病害发生严重程度而定。

防治韭菜灰霉病，发病初期，每亩用 50%可湿性粉剂 40～

60g，使用后药效迅速，药剂持效期长，可根据病情发展，增加施药次数1～2次。

防治白菜类、芥菜类、乌塌菜等的菌核病，甘蓝类的菌核病、灰霉病、黑斑病，青花菜和紫甘蓝的灰霉病、褐斑病，黄瓜、西葫芦、甜（辣）椒、莴苣、莴笋、胡萝卜等的灰霉病，洋葱颈腐病，用50%可湿性粉剂2000倍液喷雾。果菜类灰霉病重点喷幼果，菌核病重点喷茎基部和基部叶片，防治番茄灰霉病注意抓住苗期、花期、第一穗果膨大期三个关键时期。

防治油菜菌核病，发病初期开始施药，每次每亩用50%可湿性粉剂40～80g对水喷雾，轻病田在始花期喷药1次，重病田于初花期和盛花期各喷药1次。

防治草莓灰霉病，用50%可湿性粉剂800～1000倍液，或80%可湿性粉剂（水分散粒剂）1200～1500倍液喷雾，在初花期、盛花期、末花期各喷药1次。

防治葡萄、桃、杏、樱桃、草莓等保护地果树的灰霉病，既可喷雾预防，又可密闭熏烟防治。用50%可湿性粉剂1000～1500倍液或80%可湿性粉剂1800～2500倍液喷雾；或每亩棚室每次使用15%烟剂300～400g，或10%烟剂500～600g，从内向外均匀分多点依次点燃，而后密闭一夜，第二天通风后才能进入进行农事活动。

防治葡萄灰霉病、白腐病，苹果花腐病、褐腐病、斑点落叶病，梨褐腐病，枇杷花腐病，用50%可湿性粉剂1000～1500倍液或80%可湿性粉剂（水分散粒剂）1500～2000倍液喷雾，重点喷洒果穗即可。葡萄在开花前、落花后各喷药1次，防止幼穗受灰霉病为害；以后从果粒基本长成大小时或增糖转色期开始继续喷药，7～10d一次，直到采收前一周。苹果在开花前、落花后各喷药1次，春梢生长期、秋梢生长期各喷药1～2次。梨从病害发生初期开始喷药，7～10d一次，连喷2～3次。枇杷在开花前、落花后各喷药1次即可。

（2）熏蒸　防治保护地黄瓜的灰霉病、菌核病，番茄的早疫病、灰霉病、菌核病、叶霉病，茄子灰霉病，甜（辣）椒的灰霉病、菌核病，芹菜菌核病。在发病初期，每亩每次用10%烟剂200～300g，在傍晚密闭棚室进行熏蒸12～24h，每隔7～10d熏一次，酌情连熏2～3次。或每亩用5%粉尘剂1kg喷粉效果更好，每隔7d左右防治1次，视病情决定防治次数。还可每亩用20%百·腐烟剂200～250g，在病害初期使用可有效减轻病害的危害，在番茄灰霉病侵染初期连续使用3～4次，每次间隔7d左右。

防治日光温室蔬菜菌核病，可用15%烟熏剂，傍晚进行密闭烟熏，每亩每次用250g，隔7d熏1次，连熏3～4次。

(3) 涂抹　防治黄瓜、西葫芦、冬瓜等的菌核病，用50%可湿性粉剂50倍液，在茎蔓上病斑处涂抹药液。在配好的植物生长调节剂药液中（如对氯苯氧乙酸钠、2,4-滴），加入0.1%～0.3%的50%可湿性粉剂，然后处理花朵，可防治番茄、茄子等的灰霉病。

(4) 拌种　用50%可湿性粉剂拌种，用药量因病害而异。防治乌塌菜菌核病，用药量为种子质量的0.2%～0.5%；防治大白菜黑斑病，用药量为种子质量的0.2%～0.3%。

(5) 设施灭菌　用50%可湿性粉剂600倍液，喷洒保护地内墙壁、立柱、薄膜、土地表面（在翻地前），能降低莴苣灰霉病和菌核病的发病率。

中毒急救　严格按照农药安全规定使用此药，避免药液或药粉直接接触身体，如果药液不小心溅入眼睛，应立即用清水冲洗干净并携带此药标签去医院就医。如果误服，立即洗胃，并送医院对症治疗。

注意事项

(1) 不能与强碱性药物如波尔多液、石硫合剂混用，也不要与有机磷农药混配。为确保药效及其经济性，要按规定的浓度范围喷药，不应超量使用。

(2) 药液应随配随用，不宜久存。防治病害应尽早用药，最好在发病前，最迟也要在发病初期使用。

(3) 在白菜、萝卜上慎用。

(4) 在幼苗期、弱苗或高温下，使用浓度不宜过高（即稀释倍数不宜偏低），避免产生药害。

(5) 不宜长期单一使用，在无明显抗药性地区应与其他杀菌剂轮换使用，但不能与结构相似的异菌脲、乙烯菌核利轮换，已产生抗性地区应暂停腐霉利使用，用硫菌·霉威或多·霉威代替。

(6) 施药后各种工具应认真清洗，污水和剩余药液要妥善处理保存，不得任意倾倒，以免污染鱼塘、水源及土壤。

(7) 本品应储存在阴凉和儿童接触不到的地方。搬运时应注意轻拿轻放，以免破损污染环境，运输和储存时应有专门的车皮和仓库，不得与食物和日用品一起运输，应储藏在干燥和通风良好的仓库中。

(8) 在黄瓜上安全间隔期为1d，一季最多使用3次；在番茄上安全间隔期为5d，一季最多使用3次；在油菜上安全间隔期为25d，一季最多使用2次；在葡萄上的安全间隔期为14d，一季最多使用2次。

乙烯菌核利（vinclozolin）

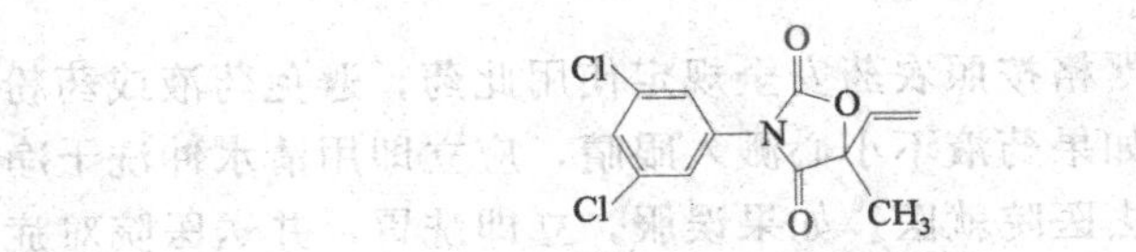

$C_{12}H_9Cl_2NO_3$, 286.1, 50471-44-8

类型

化学名称 3-(3,5-二氯苯基)-5-甲基-5-乙烯基-1,3-噁唑烷-2,4-二酮

主要剂型 96%原药，50%可湿性粉剂，50%水分散粒剂，50%干悬浮剂。

理化性质 本品对人畜低毒。纯品乙烯菌核利为无色结晶，熔点108℃（原药），略带芳香气味，沸点131℃（0.05mmHg），蒸气压 0.13mPa (20℃)，相对密度 1.51。溶解度：水中为 2.6mg/L (20℃)；甲醇 1.54 (g/100mL，20℃，下同)，丙酮 33.4，乙酸乙酯 23.3，庚烷 0.45，甲苯 10.9，二氯甲烷 47.5。在室温水中以及在 0.1mol/L 的盐酸中稳定，但在碱性溶液中缓慢水解。属二羧酰亚胺（有机杂环）类广谱保护性和触杀性低毒杀菌剂。对蜜蜂无毒，对蚯蚓无毒。

产品特点 对病害具有触杀作用，主要干扰病菌细胞核功能，改变细胞膜的渗透性，使细胞破裂，并能有效地阻止病菌孢子萌发后的芽管生长。产品具以下特点。

(1) 乙烯菌核利是一种广谱的触杀性保护剂。

(2) 对人、畜、蜜蜂、鸟类、鱼类等低毒，对皮肤有中等刺激作用。

(3) 适宜防治灰霉病、菌核病、褐斑病等。在作物初花期就应立即喷药，此举对防治灰霉病尤其重要，因为该病能轻易侵染作物的花朵，使番茄、黄瓜结实受到影响。

(4) 鉴别要点：纯品为白色结晶体，略带芳香味，微溶于水，易溶于大多数有机溶剂。可湿性粉剂外观为灰白色粉末。乙烯菌核利产品应取得农药生产批准证书（HNP)。选购时应注意识别该产品的农药登记证号、农药生产批准证书号、执行标准号。

应用

(1) 使用范围 适用于白菜、黄瓜、番茄、大豆、茄子、油菜、花卉等。

(2) 防治对象 对防治果树、蔬菜类作物的灰霉病、褐斑病、菌核病有较好的防治效果，还可以用在葡萄、果树和观赏植物上。在蔬菜上用于防治青花菜灰霉病、甘蓝类灰霉病、甘蓝类菌核病、大白菜黑斑病、油菜菌核病、白菜类菌核病、白菜类灰霉病、茄子灰霉病、茄子菌核病、番茄灰霉病等。

使用方法 乙烯菌核利主要通过喷雾防治病害，只有在病害发生前或发生初期用药才能获得较好的防治效果。

(1) 喷雾 防治青花菜和紫甘蓝的灰霉病，用 50%可湿性粉剂 600～800 倍液喷雾。

防治黄瓜灰霉病，发病初期开始喷药，每次每亩用 50%可湿性粉剂 75～100g，对水 60～75kg 喷雾，每隔 7～10d 一次，共喷 3～4 次。

防治西瓜灰霉病，每亩用 50%可湿性粉剂 50～100g，对水 40～50kg 喷雾，在西瓜团棵期、始花期、坐果期各喷 1 次。

防治番茄灰霉病，每亩用 50%干悬浮剂 50～100g，对水 50kg，在病害发生初期开始喷雾防治，连续喷雾 2 次，用药间隔期为 7d。

防治保护地莴笋的菌核病、灰霉病，芹菜、番茄、莴苣等的菌核病，辣椒苗期、菜豆、白菜类、甘蓝类等的灰霉病，用 50%可湿性粉剂 1000～1500 倍液喷雾。

防治莴苣和莴笋的（小核盘菌）软腐病，用 50%可湿性粉剂 1500 倍液喷雾。

防治大豆菌核病，在大豆 2～3 片复叶期，每亩用 50%可湿性粉剂 100g（有效成分 50g）加米醋 100mL 混合，对水 60～75kg 喷雾，隔 15～20d 后再喷 1 次。

防治油菜菌核病，在油菜抽薹期，每亩用 50%可湿性粉剂 100g（有效成分 50g）加米醋 100mL 混合，对水 60～75kg 喷雾，隔 15～20d 后再喷一次。

防治白菜黑斑病、茄子灰霉病，发病初期开始喷药，每亩用 50%可湿性粉剂 75～100g，对水 60～75kg 喷雾，每隔 7～10d 一次，共喷 3～4 次。

防治番茄灰霉病、早疫病，发病初期开始喷药，每次每亩用 50%可湿性粉剂 75～100g，对水 60～75kg 喷雾，每隔 7d 一次，共喷 3～4 次。

蔬菜种植前对灰霉病较重棚室，用 50%可湿性粉剂 400～500 倍液喷洒地面、墙壁、棚膜、立柱等进行表面消毒灭菌。

防治葡萄灰霉病，葡萄开花前 10d 至开花末期，用 50%干悬浮剂 750～1200 倍液对花穗喷施，共喷 3 次。

（2）蘸花　防治茄子、番茄灰霉病，在茄子和番茄蘸花时，在配好的植物生长调节剂药液中加入 0.1%的 50%可湿性粉剂。

(3) 涂抹　防治黄瓜、西葫芦等的菌核病，用 50%可湿性粉剂 50 倍液，涂抹瓜蔓上的发病部位。或用 50%乙烯菌核利可湿性粉剂 1.5kg 与 70%甲基硫菌灵可湿性粉剂 1kg 混匀后，再对水稀释为 50 倍液，涂抹瓜蔓上病斑处。

(4) 灌根　防治黄瓜枯萎病，用 50%可湿性粉剂 400 倍液灌根。

中毒急救　严格按照农药安全规定使用此药，避免药液或药粉直接接触身体。如果不慎将该药剂溅到皮肤上或眼睛内，应立即用大量清水冲洗。如误服中毒，应立即催吐，不要食用促进吸收该药剂的食物，如脂肪（牛奶、蓖麻油）或酒类等，并且应迅速服用医用活性炭。若患者昏迷不醒，应将患者放置于空气新鲜处，并侧卧，若停止呼吸，应进行人工呼吸。

注意事项

(1) 可与多种杀虫、杀菌剂混用。

(2) 施药植物宜在幼苗有 4～6 片叶后，或定植缓苗后，才能使用。低湿、干旱时要慎用。

(3) 应与其他杀菌剂轮换使用，但不能与结构相似的腐霉利、异菌脲轮换。

(4) 乙烯菌核利是一种触杀型杀菌剂，因此必须作预防性喷药用，或者在感染初期施用。施药时应从各方向彻底喷洒到受处理植株的各部位。

(5) 施药后各种工具要认真清洗，污水和剩余药液要妥善处理保存，不得任意倾倒，以免污染鱼塘、水源及土壤。

(6) 宜在通风干燥、阴凉处贮存。置于儿童接触不到的地方。搬运时应注意轻拿轻放，以免破损污染环境。运输和储存时应有专门的车皮和仓库，不得与食物和日用品一起运输。

(7) 50%可湿性粉剂在防治黄瓜灰霉病时，安全间隔期为 4d，每季作物最多施用 2 次；5%水分散粒剂防治番茄灰霉病时，安全间隔期为 7d，每季作物最多施用 3 次。

恶霉灵（hymexazol）

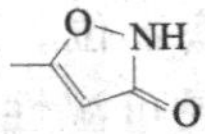

$C_4H_5NO_2$, 99.09, 10004-44-1

化学名称 3-羟基-5-甲基异噁唑

主要剂型 95%、99%原药，8%、15%、18%、30%水剂，15%、70%、95%、96%、99%可湿性粉剂，70%种子处理干粉剂，70%可溶粉剂。

理化性质 纯品恶霉灵为无色晶体，熔点86～87℃，沸点200～204℃，蒸气压182mPa（25℃），相对密度0.551。溶解性：水中65.1（纯水），58.2（pH＝3），67.8（pH＝9）；丙酮730（g/L，20℃，下同），二氯甲烷602，乙酸乙酯437，甲醇968，甲苯176，正己烷12.2。在碱性条件下稳定，酸性条件下相对稳定，对光和热稳定。属杂环类内吸性低毒杀菌剂。制剂对兔眼睛、兔皮肤有轻微刺激，对蜜蜂无毒。

产品特点 恶霉灵作为一种内吸性杀菌剂和土壤消毒剂，具有独特的作用机理。恶霉灵能被植物的根吸收及在根系内移动，在植株内代谢产生两种糖苷，对作物有提高生理活性的效果，从而能促进植株生长、根的分蘖、根毛的增加和根的活性提高。恶霉灵进入土壤后被土壤吸收并与土壤中的铁、铝等无机金属盐离子结合，有效抑制孢子的萌发和病原真菌菌丝体的正常生长或直接杀灭病菌，药效可达两周。因对土壤中病原菌以外的细菌、放线菌的影响很小，所以对土壤中微生物的生态不产生影响，在土壤中能分解成毒性很低的化合物，对环境安全。产品具以下特点。

（1）恶霉灵为内吸性有机杂环类杀菌剂，同时又是一种土壤消毒剂，而且也是一种植物生长调节剂。药效作用独特，高效、低毒、无公害，属于绿色环保高科技精品。主要用于灌根和土壤处理，对多种病原真菌引起的植物病害有较好的防治结果，对鞭毛菌、子囊菌、担子菌、半知菌亚门的腐霉菌、苗腐菌、镰刀菌、丝核菌、伏革菌、根壳菌、雪霉菌等都有很好的治疗效果。作为土壤消毒剂，对腐霉菌、镰刀菌等引起的土传病害如猝倒病、立枯病、枯萎病、菌核病等有较好的预防效果。是世界公认的无公害、无残留、低毒农药，符合绿色食品生产的要求。

(2) 具有内吸性和传导性，能直接被植物根部吸收，进入植物体内，移动极为迅速。在根系内仅 3h 便移动到茎部，24h 内移动至植株全身，其在植物体内的代谢产物为两种葡萄糖苷，有促进植物根系发育和生长的作用。

(3) 在土壤中能提高药效，大多数杀菌剂用作土壤消毒容易被土壤吸附，有降低药效的趋势，而恶霉灵两周内仍有杀菌活性，在土壤中能与无机金属盐的铁、铝离子结合，抑制病菌孢子的萌发，被土壤吸附的能力极强，在垂直和水平方向的移动性很小，对提高药效有重要作用。

(4) 对植物有促进生长作用，促进根部的分叉，增加根毛的数量，提高根的活力，使地下部分的干物重量增加 5%～15%。吸收水分、养分的能力很强，有防止根老化的作用，施用恶霉灵的根比未施恶霉灵的根颜色明显白嫩。可防止由于低温引起生理障碍的萎凋苗，有良好的抗旱、抗寒、减轻除草剂药害功能。提高秧苗的壮苗率，使总苗重增加，秧苗移入大田后的成活率提高，缩短移栽后的缓苗时间，移栽后转青快 1～2d。

(5) 安全低毒无残留，是环保型杀菌剂，是绿色食品的首选农药。

(6) 可与多种杀虫剂、杀菌剂、除草剂混合使用。恶霉灵常与甲霜灵、福美双、甲基硫菌灵、稻瘟灵、络氨铜、咪鲜胺等混配，用于生产复配杀菌剂。

(7) 鉴别要点：原药外观为无色结晶，溶于大多数有机溶剂。水剂为浅黄棕色透明液体。可湿性粉剂为白色细粉，带有轻微特殊刺激气味。恶霉灵单剂及复配制剂产品应取得农药生产批准证书(HNP)，选购时应注意识别该产品的农药登记证号、农药生产批准证书号、执行标准号。该产品的定性鉴定一般应送样品至法定质检机构。

应用

(1) 使用范围　适用作物为黄瓜（苗床）、西瓜、（饲料）甜菜、水稻、玉米、油菜、大豆、果树、人参、棉花、烟草、观赏作物、康乃馨以及苗圃等。在推荐剂量下使用对作物和环境安全。

(2) 防治对象　主要用于防治西瓜、黄瓜枯萎病、蔓枯病、疫病、菌核病、立枯病、白绢病、灰霉病；番茄灰霉病、早疫病、晚疫病、绵疫病、枯萎病；茄子褐纹病、枯萎病、绵疫病、菌核病；甜（辣）椒灰霉病、疫病；白菜、甘蓝黑根病、菌核病；豆类枯萎病、灰霉病、菌核病；葱、蒜类灰霉病、紫斑病，以及沤根、连作重茬障碍等。并具有促进作物根系生长发育、生根壮苗、提高成活率的作用。

使用方法

(1) 种子消毒　分干拌、湿拌。每千克种子用原药1g，或95%精品（绿亨一号）1～2g。干拌时，将药剂与少量过筛细土掺匀之后加入种子拌匀即可。湿拌时，将种子用少量水润湿之后，加入所需药量均匀混合拌种即可。也可以把原药用水稀释成2000倍液（1g原药加2kg水），用适量的稀释液与所要消毒的种子均匀拌好之后阴干播种。拌种最好用拌种桶，每次拌种量不要超过半桶，每分钟20～30转，正倒转各50～60次，使种子与药拌匀。拌种后随即播种，不要闷种。

防治甜菜立枯病，主要采用拌种处理，干拌法为每100kg甜菜种子，用70%恶霉灵可湿性粉剂400～700g与50%福美双可湿性粉剂400～800g混合均匀后再拌种；湿拌法为100kg种子，先用种子重量的30%的水把种子拌湿，然后用70%恶霉灵可湿性粉剂400～700g与50%福美双可湿性粉剂400～800g混合均匀后再拌种。

(2) 苗床消毒　预防蔬菜苗床立枯病、猝倒病、炭疽病、枯萎病等多种病害的发生，在播种前，用96%可湿性粉剂3000～6000倍液（或30%恶霉灵水剂1000倍液）细致喷洒苗床土壤，每平方米喷洒药液3g。或将1g 95%精品（绿亨一号）与15～20kg过筛细土掺匀后，将其1/3撒在床内，余下2/3用作播种后盖土。

防治黄瓜的猝倒病、幼苗（腐霉）根腐病、立枯病，冬瓜立枯病，茄科蔬菜幼苗立枯病，用15%水剂450倍液，在发病初期，每平方米苗床面积喷淋药液2～3L，酌情喷淋1～2次。

防治黄瓜（腐霉）根腐病，在苗床浇透水后，用30%可湿性粉剂500倍液均匀喷洒于苗床上。或每平方米用30%可湿性粉剂8～10g，与适量细干土拌匀，配成药土，先把1/3的药土撒在苗床上，播种后再把2/3的药土撒在种子上。或每立方米苗床土用30%可湿性粉剂150g，拌匀后装于营养钵或穴盘内育苗。

防治水稻嗯苗立枯病，苗床或育秧箱，每次每平方米用30%水剂3～6mL，对水喷施，然后再播种，移栽前以相同药量再喷1次。

（3）营养土消毒　每立方米营养土用恶霉灵原药2～3g，对水3～5kg，均匀喷洒在营养土上，充分掺匀后装盆播种。也可先用10～20kg过筛细土与上述用药量的药剂掺匀之后，再与营养土充分拌匀，然后装盆播种。

（4）幼苗定植时或秧苗生长期消毒　用96%可湿性粉剂3000～6000倍液（或30%水剂1000倍液）喷洒，间隔7d再喷1次，不但可预防枯萎病、根腐病、茎腐病、疫病、黄萎病等病害的发生，而且可促进秧苗根系发达，植株健壮，增强其对低温、霜冻、干旱、涝渍、药害、肥害等多种自然灾害的抗御性能。在发病初期每株作物根围用96%可湿性粉剂3000倍液100～150mL浇灌，密植时可用同样浓度的药液进行条施，施药时应使药液达到根部。

防治黄瓜等瓜类蔬菜枯萎病，可用70%可湿性粉剂300～500倍液，从黄瓜苗定植后，开始灌根，每隔10d灌1次，第一次每株灌100mL药液，第二次和第三次，每株灌200mL药液，在第四次和第五次，每株灌300mL药液。

防治番茄（腐霉）茎基腐病、根腐病等，用30%水剂800倍液，在发病初期灌根，每株灌药液100～200mL。

（5）喷雾或灌根　防治甜菜立枯病，用70%恶霉灵可湿性粉剂400～700g加50%福美双可湿性粉剂400～800g，对适量水稀释后，均匀拌种100kg。田间发病初期，用70%可湿性粉剂3000～3300倍液喷洒或灌根。

防治水稻苗床立枯病，每平方米用30%水剂2～6mL对水稀释后浇灌，在播种前和移栽前各施药1次，共2次，每平方米每次用药液2.5～3kg。

防治水稻育秧箱立枯病，每平方米用30%水剂3mL对水稀释后浇灌，在播种前和移栽前各施药1次，共2次，每箱（育秧箱30cm×60cm×3cm）每次用药液500mL。

防治甜菜根腐病和苗腐病，必要时喷洒或浇灌70%可湿性粉剂3000～3300倍液。

防治甘蔗虎斑病，发病初期，喷淋70%可湿性粉剂3000倍液。

防治黄瓜、番茄、茄子、辣椒的猝倒病、立枯病，发病初期喷30%水剂2000倍液，每平方米喷药液2～3kg。

防治西瓜枯萎病，用70%可湿性粉剂2000倍液处理种子，也可用70%恶霉灵可湿性粉剂4000倍液在生长期喷雾。

防治果树圆斑根腐病，先挖开土壤将烂根去掉，然后用70%可湿性粉剂2000倍液灌根。

防治人参立枯病，在人参出苗前，用70%可湿性粉剂2000倍液灌溉土壤2～3cm。

防治烟草猝倒病、立枯病，发病初期，用70%可湿性粉剂3000～3300倍液均匀喷雾。

防治药用植物红花猝倒病，移栽时用30%水剂900倍液灌穴。

防治漪萝立枯病，发病初期，喷淋30%水剂900倍液，隔7～10d再施1次。

防治茶苗猝倒病、立枯病，在种植前，每亩用70%可湿性粉剂50～150g，对水75～100kg均匀喷于土面。

中毒急救 如不慎吸入，将病人移到空气流通处。不慎接触皮肤或溅入眼睛，请用大量清水冲洗至少15min，仍有不适，立即就医。万一误服时，应饮大量水，催吐，保持安静，并立即请医生治疗。若不慎中毒，请携该产品标签送医院，对症治疗。

注意事项

（1）恶霉灵可与多种杀虫剂、杀菌剂、除草剂混合使用。不可与呈碱性的农药等物质混用。

（2）恶霉灵与福美双混配，用于种子消毒和土壤处理效果更佳。

（3）使用时须遵守农药使用防护规则。施药时应穿工作服、手套、面罩等，避免人体直接接触药剂，工作后漱口，肥皂水清洗裸露皮肤，并更换衣服，施药期间不可吃东西、饮水等。

孕妇与哺乳期妇女禁止接触本品。

（4）用于拌种时，宜干拌，并严格掌握药剂用量，拌后随即晾干，不可闷种，防止出现药害。湿拌和闷种易出现药害，可引起小苗生长点生长停滞，叶片皱缩，似病毒病症状。出现药害时可叶面喷施细胞分裂素＋甲壳素，用生根剂灌根，促进根系发育，让小苗尽快恢复。

（5）荷兰芹菜对该药剂敏感，使用时应注意。

（6）严格控制用药量，以防抑制作物生长。

（7）用过的容器妥善处理，不可做他用，不可随意丢弃。在低温、干燥、通风、防雨、远离火源处保存，勿与食品、饲料、种子、日用品等同贮同运。

置于儿童够不着的地方并上锁，不得重压、损坏包装容器。

（8）一般作物安全间隔期为7d，一季最多使用3次。

霜霉威（propamocarb）

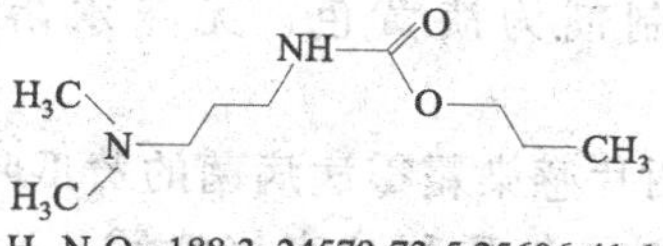

$C_9H_{20}N_2O_2$, 188.3, 24579-73-5,25606-41-1(盐酸盐)

化学名称 *N*-[3-(二甲基氨基)丙基]氨基甲酸丙酯

主要剂型 35%、36%、40%、66.5%、66.6%、72.2%、

722g/L 水剂，30%高渗水剂，50%热雾剂。

理化性质 纯品霜霉威盐酸盐为无色带有淡淡芳香气味的吸湿性晶体，熔点 64.2℃，蒸气压 3.8×10^{-2} mPa（20℃），相对密度 1.085g/mL（20℃）。溶解度：水中＞500g/L（pH＝1.6～9.6，20℃）；甲醇 656（g/L，20℃，下同），二氯甲烷＞626，甲苯 0.41，丙酮 560.3，乙酸乙酯 4.34，己烷＜0.01。易光解，易水解。对金属有轻度腐蚀性。属氨基甲酸酯类低毒杀菌剂。

产品特点 霜霉威为具有局部内吸作用的高效杀菌剂，主要抑制病菌细胞膜成分中的磷脂和脂肪酸的生物合成，抑制菌丝生长、孢子囊的形成和萌发。产品具以下特点。

（1）具超强内吸治疗性的卵菌纲杀菌剂，低毒、低残留，使用安全，不污染环境。霜霉威不会淋溶渗入地下水，未被植物吸收的霜霉威也会很快被土壤微生物分解，是种植无公害蔬菜的理想药剂。

（2）适用于黄瓜、番茄、甜（辣）椒、莴苣、空心菜、洋葱、马铃薯等多种蔬菜。可有效防治霜霉病、猝倒病、疫病、晚疫病、黑胫病等病害。对藻状菌引起的病害、十字花科蔬菜白锈病和黑星病等也较理想。与其他杀菌剂无交互抗性，尤其对抗性病菌效果更好，可与非碱性杀菌剂混用，以扩大杀菌谱。

（3）具有施药灵活的特点，可采用苗床浇灌处理防治黄瓜等蔬菜的苗期猝倒病、疫病；叶面喷雾防治霜霉病、疫病等，能很快被叶片吸收并分布在叶片中，在 30min 内就能起到保护作用，有良好的预防保护和治疗效果；用于土壤处理时，能很快被根吸收并向上输送到整个植株；该药还可用于无土栽培、浸泡块茎和球茎、制作种衣剂等。

（4）质量鉴别：制剂为淡黄色、无味水溶液，密度1.08～1.09。

生物鉴别：选取两片感染霜霉病病菌的黄瓜叶片，将其中一片用 77.2%霜霉威水剂 500 倍稀释液直接喷雾，数小时后在显微镜下观察喷药叶片上病菌孢子情况，并对照观察未喷药叶片上病菌孢子的变化情况。若喷药叶片上病菌孢子活动明显受阻且有致死孢子，则该药品质量合格，否则为不合格或伪劣产品。

应用

（1）使用范围　主要用于黄瓜、甜椒、番茄、莴苣、草莓、马铃薯等蔬菜以及烟草、草坪、花卉等。在合适剂量下，对作物生长十分安全，并且对植物根、茎、叶的生长有明显促进作用。

（2）防治对象　可有效防治卵菌纲真菌引起的病害如霜霉病、疫病、猝倒病等。

使用方法　主要用于防治青花菜花球黑心病、霜霉病，白菜类霜霉病，甘蓝类霜霉病，芥菜类霜霉病，萝卜霜霉病，紫甘蓝霜霉病，茄子果实疫病、绵疫病，甜（辣）椒疫病，番茄晚疫病、茎基腐病、根腐病、绵疫病，马铃薯晚疫病，茄科蔬菜幼苗猝倒病等。主要用于喷雾，也可用于苗床浇灌。

防治黄瓜苗期猝倒病和疫病，并可健苗、壮苗。播种前或播种后以及移栽前可采用苗床浇灌方法，每平方米用72.2%水剂5～7mL对水2～3L苗床浇灌，或发病前期及初期喷药，每隔7～10d喷药1次，整个育苗期喷施1～2次，可基本抑制病害的发生发展，对施药区植株的生长有明显的促进作用。该药剂在其他蔬菜的苗床消毒上效果也较好。

防治黄瓜霜霉病，发病初期开始施药，用72.2%水剂600～1000倍液叶面喷雾，每隔7～10d喷药1次，共喷2～3次。

防治辣（甜）椒疫病，种子可用72.2%水剂浸12h消毒，洗净后晾干催芽；也可用72.2%水剂400～600倍液，移栽后7d灌根处理；或600～900倍液叶面喷雾，并尽可能使喷洒的药液沿着茎基部流渗到根周围的土壤里，每隔7～10d喷药1次，共喷2～3次。

防治番茄根腐病，可用72.2%水剂400～600倍液浇灌苗床（每平方米用药液量2～3kg）；或在移栽前用72.2%水剂400～600倍液浸苗根，也可于移栽后用72.2%水剂400～600倍液灌根。防治番茄晚疫病，可用72.2%水剂600～800倍喷雾防治。

防治空心菜白锈病，发病初期用72.2%水剂800倍液喷雾，每隔7～10d防治1次即可。

防治洋葱苗期猝倒病，苗床播种及移栽前5d，用72.2%水剂500倍液各喷淋1次，每平方米用药液4L。

防治西葫芦霜霉病，发现中心病株后用72.2%水剂800倍液喷雾，7～10d一次，视病情发展确定用药次数。

防治莴苣霜霉病、十字花科蔬菜霜霉病，从病害发生初期开始喷药，一般每亩用72.2%水剂或722g/L水剂60～90mL，或66.5%水剂70～100mL，或35%水剂120～180mL，对水30～45kg喷雾。每隔7～10d一次，连喷2次左右，重点喷洒叶片背面。

防治马铃薯晚疫病，从田间初见病斑时开始喷药，一般每亩用72.2%水剂或722g/L水剂70～110mL，或66.5%水剂80～120mL，或35%水剂150～220mL，对水45～75kg均匀喷雾，每隔7～10d一次，与不同类型药剂交替使用，连喷5～7次。

防治菜豆猝倒病，发病初期喷洒72.2%水剂400倍液，主要喷幼苗茎基部及地面，也可于发病初期用72.2%水剂400倍液喷雾，每隔7～10d喷一次，连续2～3次。

防治烟草黑胫病，移栽后发病初期施药，每次每亩用66.5%水剂70～140mL对水喷雾，每隔7～10d喷1次，连续喷施3次。

中毒急救 如有误服，对神志清醒的患者，应立即引吐，并携带标签送医院治疗。如患者出现明显的胆碱酯酶受阻症状，可以使用硫酸阿托品解毒剂，并对症治疗。

注意事项

(1) 在生产中发现，霜霉威水剂在防治黄瓜霜霉病时，如果使用次数过多，比如连续使用2～3次，黄瓜易出现药害，其症状是叶片皱缩，发厚发硬，生理机能急速嗯化，而且较难恢复，受害严重的温室，其恢复期可长达1～2个月，产量比用其他农药（乙膦·锰锌）防治的减产50%以上。目前对霜霉威在黄瓜上发生毒害作用的机理尚不清楚，解除的办法也不太明确，在应用时要引起注意。

(2) 霜霉威可与大多数非碱性农药混配，但不能与液体化肥或植物生长调节剂一起混用。

（3）注意与不同类型药剂轮换使用，以延缓病菌产生抗药性。可与福美双混用。

（4）在配制药液时，要搅拌均匀。喷淋土壤时，药液量要足，喷药后，土壤要保持湿润。

（5）应在原包装内密封好，在干燥、阴凉处贮存。切勿让儿童接触此药。

（6）在黄瓜上安全间隔期为 3d，一季最多使用 3 次；在烟草上安全间隔期为 14d，一季最多使用 3 次。

硫酸链霉素（streptomycin sesquisulfate）

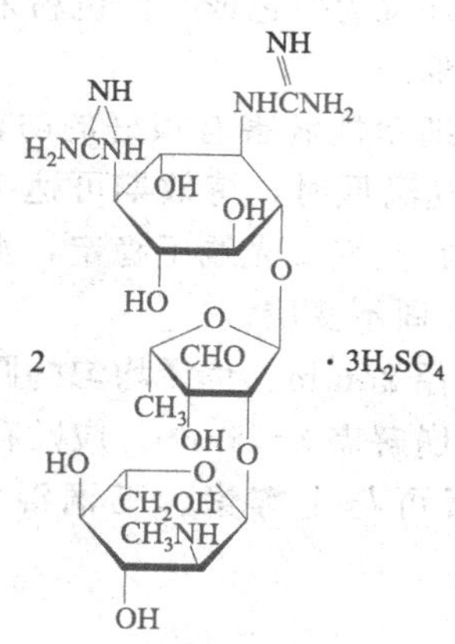

$C_{42}H_{84}N_{14}O_{36}S_3$, 1457.3, 3810-74-0

类型

化学名称 O-2-去氧-2-甲氨基-α-L-吡喃葡萄糖基-(1→2)-O-5-去氧-3-C-甲酰基-α-L-来苏呋喃糖基(1→4)-*N*-3,*N*-3-二氨基-D-链霉胺

主要剂型 10%、24%、40%、68%、72%农用可溶性粉剂，0.1%、8.5%粉剂，25%增效可溶性粉剂，10%、15%、20%可湿性粉剂，医用硫酸链霉素：100万单位/片泡腾片（其他名称：农缘）。

理化性质 工业品为三盐酸盐，白色无定形粉末，有吸湿性，易溶于水，不溶于大多数有机溶剂，在pH值为3.7时稳定，醛基还原为醇，即得双氢链霉素，有抗菌活性。属抗生素类低毒杀菌剂。

产品特点 硫酸链霉素是由灰色链霉菌产生的抗菌素，杀菌谱广，具有内吸作用，能渗透到植物体内，并传导到其他部位。杀菌机制是干扰细菌蛋白质的合成及信息核糖核酸与30S核糖体亚单位结合而抑制肽链的延长，而导致病菌死亡。对革兰氏阴性菌和阳性菌等均有较强的抑制作用。产品具有以下特点。

（1）兼具治疗和保护作用，是一种内吸性和环保型杀菌剂。特别是对细菌性病害效果较好，主要用于防治白菜软腐病、细菌性角斑病、番茄青枯病等。可用于喷雾，也可用作灌根和浸种消毒等。

（2）可溶性粉剂外观为白色或类白色粉末，无臭，味微苦，易溶于水，对人、畜低毒。

（3）对多种植物细菌性病害有很好的防治效果，对作物安全，持效期为3～4d，在气温低时，持效期可达7～8d，有吸湿性，应在干燥处密闭贮存，在空气及光线下稳定，水溶液中也较稳定，在室温中可以保持2～3周不变质。

（4）泡腾片是直径25mm、色泽均匀的圆形片剂，易吸潮，在水中迅速崩解，完全崩解需3～5min，应贮存在避日晒、干燥处。

（5）硫酸链霉素可与土霉素、王铜混配，用于生产复配杀菌剂。

应用

（1）使用范围 适用于黄瓜、番茄、大白菜、甘蓝、甜椒、大蒜、菜豆、柑橘、水稻、烟草等作物。对作物和环境安全。

（2）防治对象 能够防治多种作物细菌性病害，如水稻白叶枯病、细菌性条斑病，烟草野火病、青枯病。在蔬菜生产上主要用于防治萝卜细菌性角斑病、黑腐病、软腐病，芥菜类软腐病，青花菜软腐病、黑腐病，紫甘蓝软腐病、黑腐病，乌塌菜软腐病，白菜类黑腐病、软腐病、细菌性角斑病、叶斑病，甘蓝类软腐病、黑腐病，番茄溃疡病、青枯病、疮痂病、细菌性斑疹病、假单胞果腐病，甜（辣）椒疮痂病、青枯病、细菌性叶斑病、果实黑斑病，茄子软腐病、细菌性褐斑病、青枯病等。对一些真菌病害也有一定防治作用。

使用方法

（1）喷雾　防治菜豆细菌性叶斑病、豇豆细菌性疫病、萝卜细菌性角斑病、芋软腐病（放干田中水后用），用72%可溶性粉剂3000倍液喷雾。

防治芹菜、芥菜类、西葫芦、青花菜、紫甘蓝、乌塌菜等的软腐病，菜豆细菌性疫病，白菜类的黑腐病、软腐病、细菌性角斑病和叶斑病，萝卜的黑腐病和软腐病，白菜类的细菌性褐斑病和黑斑病，草莓细菌性叶斑病等，用72%可溶性粉剂3000～4000倍液喷雾。

防治莴苣腐败病，用72%可溶性粉剂3500～4000倍液喷雾。

防治番茄、甜（辣）椒、大葱、大蒜、洋葱、甘蓝类、冬瓜、节瓜、球茎茴香等的软腐病，黄瓜的细菌性角斑病、叶枯病、缘枯病、枯萎病、圆斑病，苦瓜细菌性角斑病，番茄的溃疡病、青枯病、疮痂病和（假单胞）果腐病，甜（辣）椒的疮痂病、青枯病、细菌性叶斑病和果实黑斑病，茄子的软腐病和细菌性褐斑病，菜豆细菌性晕疫病，豌豆和豇豆的细菌性叶斑病，蚕豆的细菌性疫病和叶烧病，甘蓝类黑腐病，甜瓜和百合的细菌性软腐病，洋葱的球茎软腐病和腐烂病，芹菜的细菌性叶斑病和叶枯病，芫荽和胡萝卜的细菌性疫病，魔芋细菌性叶枯病，草莓青枯病，蘑菇细菌性褐斑病等，用72%可溶性粉剂4000倍液喷雾。

防治冬瓜和节瓜的细菌性角斑病，用72%可溶性粉剂4000～5000倍液喷雾。

防治魔芋软腐病，用72%可溶性粉剂5000倍液喷雾。

防治芦笋茎枯病，用72%可溶性粉剂5000倍液喷雾，间隔7d，连喷3次。

杀死黄瓜、冬瓜、节瓜、苦瓜等植株上的冰核细菌，可增强抗霜冻的能力，用72%可溶性粉剂2000倍液喷雾。

防治水稻白叶枯病、细菌性条斑病、烟草野火病，发病初期，每亩用72%水溶性粉剂14～28g，对水75kg喷雾，间隔10d，连喷 2～3 次。

防治烟草青枯病，发病初期，用 72%可溶性粉剂 1000～2000 倍液喷雾。

防治柑橘溃疡病，发病初期，用 72%可溶性粉剂 5000～7000 倍液喷雾，间隔 7～10d，连喷 3～4 次。或用 72%硫酸链霉素可溶性粉剂 1000 倍液＋80%代森锰锌可湿性粉剂 600 倍液，均匀喷雾，具有较好的防效。

防治李树褐腐病，发病初期，用 72%可溶性粉剂 3000 倍液喷雾。

(2) 浸种　把 100 万单位的硫酸链霉素对水稀释后浸种，然后捞出洗净催芽或晾干播种，但药液浓度和浸种时间长短，因作物种类而异。

防治黄瓜的细菌性角斑病、叶枯病、缘枯病、枯萎病、软腐病，冬瓜和节瓜的细菌性角斑病，十字花科蔬菜的黑腐病、根肿病，用 100 万单位的硫酸链霉素 500 倍液浸种 2h。

防治豆薯细菌性叶斑病，用 100 万单位的硫酸链霉素 500 倍液，浸种 2～3h。

防治菜豆和豇豆的细菌性疫病，用 100 万单位的硫酸链霉素 500 倍液，浸种 24h。

防治苦瓜细菌性角斑病，用 100 万单位的硫酸链霉素 500 倍液，浸种 12h。

防治辣椒疮痂病，用 100 万单位的硫酸链霉素 500 倍液，浸种 30min。

防治西瓜炭疽病，用 100 万单位的硫酸链霉素 150 倍液，浸种 15min。

防治姜瘟病，用 100 万单位的硫酸链霉素 2000 倍液，浸种 48h。

防治魔芋的白绢病、软腐病、炭疽病、细菌性叶枯病，芋软腐病，胡萝卜白绢病，用 100 万单位的硫酸链霉素 2000 倍液，浸种 1h。

防治番茄溃疡病，用 100 万单位的硫酸链霉素 5000 倍液，浸种 2h。

（3）浸苗　用 72%可溶性粉剂对水稀释后浸苗，药液浓度和浸苗时间长短因作物种类而异。

防治茼蒿细菌性萎蔫病，用 72%可溶性粉剂 1000 倍液，定植时，浸苗 4h。

防治菊花根肿病，用 72%可溶性粉剂 1500 倍液，浸苗 30min，洗净后定植。

（4）灌根　用 72%可溶性粉剂对水稀释后灌根。

防治番茄青枯病、茄子青枯病、姜腐烂病，用 72%可溶性粉剂 4000 倍液，每株灌 300～500mL 药液，每隔 10d 灌 1 次，连灌 2～3 次。

防治姜瘟病，用 72%可溶性粉剂 3000～4000 倍液，在拔掉病株后灌病穴，每穴灌药液 500～1000mL。

防治魔芋软腐病和细菌性叶枯病，用 72%可溶性粉剂 2500 倍液，灌淋病穴及附近植株，每株灌药液 500mL，连灌 2 次。

（5）注射　用 72%可溶性粉剂 100 倍液，用注射器把药液注射到植株内，每株每次用 3～4mL 药液，可防治魔芋的软腐病和细菌性叶枯病。

注意事项

（1）在使用前，要查看药剂的有效期，过期失效药剂不能使用。

（2）不能与碱性药剂混用，也不宜用碱性水配制药液。

（3）可与杀虫剂或杀菌剂混用，但不能与微生物杀虫剂（如苏云金杆菌、青虫菌、7210、杀螟杆菌）混用，可与硫酸铜复配。

（4）硫酸链霉素使用浓度过高易产生药害，喷雾使用浓度一般不高于 72%链霉素可溶性粉剂 3200 倍液。高温天气，也可能出现轻微药害。

（5）喷药后 8h 内遇雨，应补喷。

（6）应在通风干燥处贮存。

（7）农缘泡腾片待药片全部崩解后即可喷雾，使用时应现配现用，药液不能久存。

（8）一般作物安全间隔期为2～3d。

菇类蛋白多糖

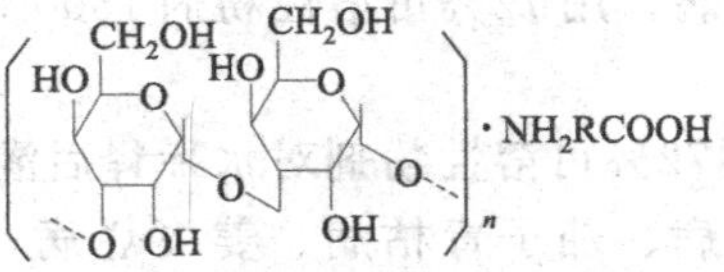

$(C_6H_{12}O_6)_m \cdot (C_5H_{10}O_5)_n RNH_2$

化学名称　主要成分是菌类多糖，其结构中含有葡萄糖、甘露糖、半乳糖、木糖，并挂有蛋白质片段。

主要剂型　0.5%、1%水剂。

理化性质　原药为乳白色粉末，溶于水，制剂外观为深棕色，稍有沉淀，无异味，pH值为4.5～5.5，常温贮存稳定，不宜与酸碱性药剂相混。对高等动物毒性低。

产品特点　作用机理是通过钝化病毒活性，有效地破坏植物病毒基因和病毒细胞，抑制病毒复制，起抑制作用的主要组分是食用菌菌体代谢所产生的蛋白多糖。通过抑制病毒核酸和蛋白质的合成，干扰病毒RNA的转录和翻译、DNA的合成与复制，进而控制病毒增殖；并能在植物体内形成一层“致密的保护膜”，阻止病毒二次侵染。产品具有以下特点。

（1）菇类蛋白多糖水剂为深棕色液体，稍有沉淀。菇类蛋白多糖是一种多糖类低毒保护性病毒钝化剂，是以微生物固体发酵而制得的绿色生物农药，为预防性病毒生物制剂。

（2）对由TMV（烟草花叶病毒）、CMV（黄瓜花叶病毒）等引起的病毒病害有显著的防治效果，宜在病毒病发生前施用，可使作物生育期内不感染病毒。对真菌性病害、细菌性病害也有很好的防治效果。

（3）在防病的同时，为作物提供多种氨基酸和微量元素，增强抗性，促进生长，增产增收。

（4）对人畜无毒，安全，在作物上无残留，无蓄积作用，是生产无公害、绿色蔬菜比较好的选择药剂。

（5）可与井冈霉素复配。

应用

（1）使用范围　适用一年生植物，如番茄、辣椒、西葫芦、西瓜、黄瓜、菜豆、芹菜、大白菜、马铃薯、烟草、水稻、麦类、玉米等。

（2）防治对象　主要用于防治病毒类病害，如花叶病、卷叶病、蕨叶病、条纹枯病、丛矮病、粗缩病，在蔬菜上对烟草花叶病毒、黄瓜花叶病毒等的侵染均有良好的抑制效益，尤对烟草花叶病毒抑制效果更佳。

使用方法　可采取喷雾、浸种、灌根和蘸根等方法施药。

（1）喷雾　防治番茄、辣椒、茄子、芹菜、西葫芦、菜豆、大白菜、韭菜、甜瓜、西瓜、大蒜、生姜、菠菜、苋菜、蕹菜、茼蒿、落葵、魔芋、莴苣等的病毒病，如茄子斑萎病毒病，黄瓜绿斑花叶病，番茄斑萎病毒病、曲顶病毒病，辣椒花叶病毒病，大蒜褪绿条斑病毒病、嵌纹病毒病等。用0.5%水剂250～300倍液于苗期或发病初期开始喷雾，可每隔7～10d喷1次，连喷3～5次，发病严重的地块，应缩短使用间隔期。

防治菜豆花叶病毒病，扁豆花叶病毒病，菠菜矮花叶病毒病，萝卜花叶病毒病，乌塌菜、青花菜、紫甘蓝、黄秋葵、草莓等的病毒病。用0.5%水剂300倍液喷雾。

防治芦笋、百合等的病毒病。用0.5%水剂300～350倍液喷雾。

防治水稻纹枯病。发病前或发病初期，每亩用0.5%水剂150～200mL，对水50kg均匀喷雾。间隔7～10d喷1次，可连续喷3～4次。

（2）浸种　有的瓜菜类种子可能带毒，播种前用0.5%水剂100倍液浸种20～30min，而后洗净、播种，对控制种传病毒病的为害效果较好。

防治马铃薯病毒病，可用0.5%水剂600倍液浸薯种1h左右，晾干后种植。

(3) 灌根　防治蔬菜病毒病，可用0.5%水剂250倍液灌根，每株每次用50～100mL药液，每隔10～15d一次，连灌2～3次。

(4) 蘸根　在番茄、茄子、辣椒等的幼苗定植时，用0.5%水剂300倍液浸根30～40min后，再栽苗。

中毒急救　可引起头痛、头昏、恶心呕吐。若不慎溅入眼睛或沾染皮肤，用大量清水冲洗至少15min。若误服，立即携该产品标签送医院治疗，可催吐，无特效解毒剂，对症治疗。

注意事项

(1) 避免与酸、碱性农药混用。可与中性或微酸性农药、叶面肥和生长素混用，但必须先配好本药后再加入其他农药或肥料。

(2) 最好在幼苗定植前2～3d喷一次药液，喷雾、蘸根、灌根可配合使用，若与其他防治病毒病措施（如防治蚜虫）配合作用，防效更好。喷施本品后24h内遇雨，及时补喷。

(3) 为获得最佳的防治效果，请尽量于病害发生之前整株均匀喷雾。连续阴雨或湿度较大的环境中，或者当病情较重的情况下，建议使用较高剂量。避免在极端温度和湿度下，或作物长势较弱的情况下使用本品。

(4) 本产品为生物制剂，开启前仍继续发酵，因而鼓瓶为正常现象；开启包装物要远离眼睛，以防发酵产生的气体伤害眼睛和皮肤。

(5) 本品有少许沉淀，使用时要摇匀，沉淀不影响药效。

(6) 配制时需用清水，现配现用，配好的药剂不可贮存。

(7) 操作时做好劳动保护，如穿戴工作服、手套、面罩等，避免人体直接接触药剂。工作后漱口、清洗裸露在外的身体部分并更换干净的衣服。施药期间不可吃东西、饮水等。

孕妇及哺乳期妇女避免接触本品。

(8) 用过的容器妥善处理，不可做他用，不可随意丢弃。放置于阴凉、干燥、通风、防雨、远离火源处，禁止倒置。勿与食品、饲料、种子、日用品同贮同运。远离儿童。

（9）一般作物安全间隔期为10d，一季最多使用3次。

氨基寡糖素（oligosaccharns）

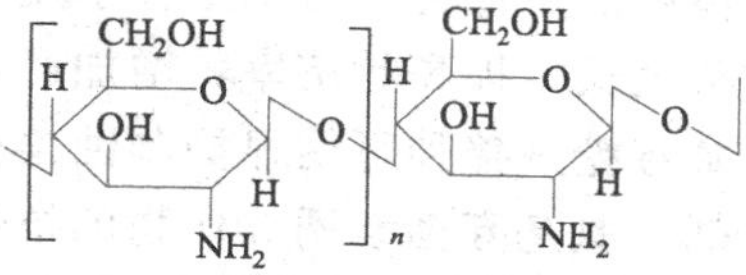

$(C_6H_{11}NO_4)_n$ (n=2～20)

化学名称 低聚-D氨基葡萄糖

主要剂型 0.5%、1%、2%、3%、5%水剂，0.5%可湿性粉剂，99%粉剂，2%、4%母液。

理化性质 原药外观为黄色或淡黄色粉末，密度1.002g/cm^3（20℃），熔点190～194℃。制剂为淡黄色（或绿色）稳定的均相液体，pH=3.0～4.0。微毒至低毒。

产品特点 作用机理是在酸性条件下，氨基寡糖素分子中$-NH^{+3}$与细菌细胞壁所含硅酸、磷酸酯等解离出的阴离子结合，从而阻碍细菌大量繁殖；然后，氨基寡糖素进一步低分子化，通过细胞壁进入微生物细胞内，使遗传因子从DNA到RNA转录过程受阻，造成微生物彻底无法繁殖。产品具有以下几大功能。

（1）诱导杀菌。氨基寡糖素在防病和抗病方面有着多种机制，除了作为活性信号分子，迅速激发植物的防卫反应，启动防御系统，使植株产生酚类化合物、木质素、植保素、病程相关蛋白等抗病物质，并提高与抗病代谢相关的防御酶和活性氧清除酶系统的活性，寡糖对植物病原菌直接的抑制作用也是其抗病作用的必要组成部分。

（2）植物功能调节剂。氨基寡糖素可作为植物功能调节剂，具有活化植物细胞，调节和促进植物生长，调节植物抗性基因的关闭与开放，激活植物防御反应，启动抗病基因表达等作用。日本已将氨基寡糖素制成植物生长调节剂，用于提高某些农作物产量。

（3）种子被膜剂。氨基寡糖素作为一种植物生长调节剂及抗菌剂，可诱导植物产生PR蛋白和植保素，利用氨基寡糖素为基本成分研制的新型种衣剂具有巨大的市场潜力。对氨基寡糖素油菜种衣剂剂型应用效果进行研究，利用壳聚糖酶降解壳聚糖获得的氨基寡糖素为基本成分，配以化肥、微量元素及防腐剂等成分进行混合，调制成较稳定的胶体溶液后拌种，对油菜种子发芽和出苗均无明显影响，但可促进油菜生长，提高壮苗率，增加产量，增产以增加每角果粒数为主。氨基寡糖素拌种可明显抑制油菜菌核病的发生。

（4）作物抗逆剂。氨基寡糖素诱导作物的抗性不仅表现在抗病（生物逆境）方面，也表现在抵抗非生物逆境方面。施用氨基寡糖素对作物的抗寒冷、抗高温、抗旱涝、抗盐碱、抗肥害、抗气害、抗营养失衡等方面均有良好作用。这是由于氨基寡糖素对作物本身以及土壤环境均产生了多方面的良好影响，譬如氨基寡糖素诱导作物产生的多种抗性物质中，有些具有预防、减轻或修复逆境对植物细胞的伤害作用。另外氨基寡糖素能促进作物生长健壮，健壮植株自然也有较强的抗逆能力。

当作物幼苗遇低温冷害而萎蔫时，及时施用氨基寡糖素，很快植株就恢复了长势；当某些原因导致根系老化时，施用氨基寡糖素能促发有活力的新根；当作物遭受农药药害导致枝叶枯萎时，施用氨基寡糖素可以辅助解毒并使之很快就抽出新的枝叶。

（5）能解除药害，达到增加产量、提高品质的目的。在发病前或发病初期施用，可提高作物自身的免疫能力，达到防病、治病的功效。对于保护性杀菌剂作用不理想的病害，效果尤为显著，同时有增产作用。

（6）可与极细链格孢激活蛋白、嘧霉胺、氟硅唑、戊唑醇、烯酰吗啉、嘧菌酯、乙蒜素等复配。

应用

（1）使用范围　适用作物为辣椒、番茄等茄果类，西瓜、冬瓜、黄瓜、苦瓜、甜瓜等瓜类，甘蓝、芹菜、白菜等叶菜类，梨树、香蕉树、苹果树等果树，以及水稻、小麦、玉米、烟草、棉花等。

（2）防治对象　主要用于防治蔬菜由真菌、细菌及病毒引起的多种病害，对于保护性杀菌剂作用不及的病害，效果尤为显著，对病菌具有强烈抑制作用，对植物有诱导抗病作用，可有效防治土传病害如枯萎病、立枯病、猝倒病、根腐病、霜霉病、白粉病、病毒病、晚疫病、枯萎病、灰霉病、软腐病、黄萎病、稻瘟病、粗缩病、赤霉病、花叶病毒病、黑星病、斑点落叶病、小叶病、炭疽病、蔓枯病、青枯病等。

使用方法

（1）浸种　主要可防治番茄、辣椒上的青枯病、枯萎病、黑腐病等，瓜类枯萎病、白粉病、立枯病、黑斑病等，及蔬菜的病毒病，可于播种前用0.5%氨基寡糖素水剂400～500倍液浸种6h。

（2）灌根　防治枯萎病、青枯病、根腐病等根部病害，用0.5%水剂400～600倍液灌根，每株灌200～250mL，间隔7～10d，连用2～3次。

防治西瓜枯萎病，可用0.5%水剂400～600倍液在4～5片真叶期、始瓜期或发病初期灌根，每株灌药液100～150mL，每隔10d灌1次，连续防治3次。

防治茄子黄萎病，用0.5%水剂200～300倍液，在苗期喷1次，重点为根部，定植后发病前或发病初期灌根，每株灌100～150mL，每隔7～10d灌1次，连续灌根3次。

（3）喷雾　防治茎叶病害，用0.5%水剂600～800倍液，发病初期均匀喷于茎叶上，每隔7d左右喷1次，连用2～3次。

防治黄瓜霜霉病，用2%水剂500～800倍液，在初见病斑时喷1次，每隔7d喷1次，连用3次。

防治大白菜等软腐病，可用2%水剂300～400倍液喷雾。第一次喷雾在发病前或发病初期，以后每隔5d喷1次，共喷5次。

防治番茄病毒病，用2%水剂300～400倍液，苗期喷1次，发病初期开始，每隔5～7d喷1次，连用3～4次。

防治番茄、马铃薯晚疫病，每平方米用0.5%水剂190～250mL或2%水剂50～80mL，对水60～75kg喷雾，每隔7～10d喷1次，连喷2～3次。

防治西瓜蔓枯病，用2%水剂500～800倍液，在发病初期开始喷药，每隔 7d 喷 1 次，连喷 3 次。

防治土传病害和苗床消毒，每平方米用 0.5%水剂 8～12mL，对水成 400～600 倍液均匀喷雾，或对细土 56kg 均匀撒入土壤中，然后播种或移栽。发病严重的田块，可加倍使用。发病前用做保护剂，效果尤佳。

防治芦荟炭疽病，可用 2%水剂 300 倍液喷雾。

防治烟草病毒病，每亩用 2% 水剂 112.5～167mL，对水 50kg，于作物苗期、发病前或发病初期叶面喷雾施用，连续施药 3～4 次，间隔 5～7d 施药 1 次。

中毒急救　若溅入眼睛，应用大量清水冲洗。若皮肤沾染，应用肥皂水或清水冲洗。若不慎吸入，应将患者移至空气流通处。如误服中毒，立即携该产品标签送医院，对症治疗。洗胃时，注意保护气管和食管。无特效解毒剂。

注意事项

(1) 避免与碱性农药混用，可与其他杀菌剂、叶面肥、杀虫剂等混合使用。

(2) 喷雾 6h 内遇雨需补喷。

(3) 用时勿任意改变稀释倍数，若有沉淀，使用前摇匀即可，不影响使用效果。

(4) 为防止和延缓抗药性，应与其他有关防病药剂交替使用。

(5) 不能在太阳下曝晒，于上午 10 时前，下午 4 时后叶面喷施。

(6) 宜从苗期开始使用，防病效果更好。本品为植物诱抗剂，在发病前或发病初期使用预防效果好。对病害有预防作用，但无治疗作用，应在植物发病初期使用。

(7) 本品药液及其废液不得污染各类水域、土壤等环境。远离水产养殖区施用本品，禁止在河塘等水体中清洗施药器具。

(8) 做好劳动保护，如穿戴工作服、手套、面罩等，避免人体直接接触药剂。工作后漱口、清洗裸露在外的身体部分并更换干净的衣服。施药期间不可吃东西、饮水等。

孕妇与哺乳期妇女禁止接触本品。

(9) 用过的容器妥善处理，不可做他用，不可随意丢弃。放置于阴凉、干燥、通风、防雨、远离火源处，勿与食品、饲料、种子、日用品等同贮同运。置于儿童够不着的地方并上锁，不得重压、损坏包装容器。

(10) 一般作物安全间隔期为 3～7d，一季最多使用 3 次。

宁南霉素（ningnanmycin）

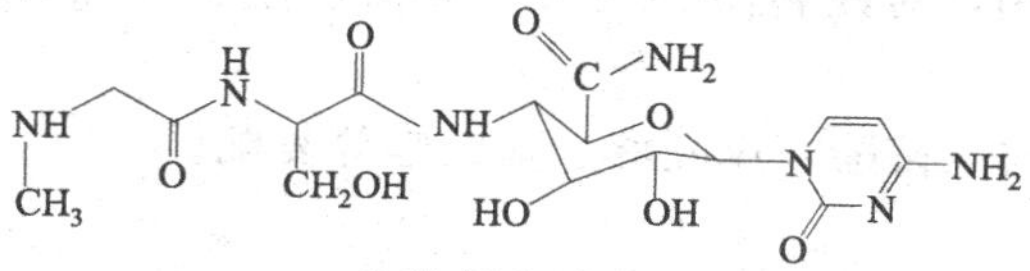

$C_{16}H_{24}N_7O_8$, 441.4

化学名称 1-(4-肌氨酰胺-L-丝氨酰胺-4-脱氧-β-D-吡喃葡萄糖酰胺)胞嘧啶

主要剂型 40%母药，1.4%、2%、4%、8%水剂，10%可溶性粉剂。

理化性质 游离碱为白色粉末，熔点为 195℃（分解），易溶于水，可溶于甲醇，微溶于乙醇，难溶于丙酮、乙酯、苯等有机溶剂，pH 值为 3.0～5.0 较为稳定，在碱性环境下易分解失效。制剂外观为褐色液体，带酯香，无臭味，沉淀<2%，pH 值为 3.0～5.0，遇碱易分解。属胞嘧啶核苷肽型微生物源广谱低毒杀菌剂。制剂对于水生生物、蜜蜂、鸟类、家蚕等毒性低。制剂对害虫天敌赤眼蜂安全。

产品特点 作用机理为抑制病毒核酸的复制和外壳蛋白的合成。宁南霉素为对植物病毒病害及一些真菌病害具有防治效果的农用抗菌素。喷药后，病毒症状逐渐消失，并有明显促长作用。

(1) 环保型绿色生物农药　宁南霉素水剂为褐色液体，带酯香，具有预防、治疗作用。宁南霉素属胞嘧啶核甘肽型抗生素，为抗生素类、低毒、低残留、无“三致”和蓄积问题、不污染环境的新型微生物源杀菌剂。对病害具有预防和治疗作用，耐雨水冲刷，适宜防治病毒病（由烟草花叶病毒引起）和白粉病。是国内外适用于发展绿色食品、无公害蔬菜、保护环境安全的生物农药。

（2）广谱型的高效安全生物农药　广泛用于防治各种蔬菜的病毒病、真菌及细菌病害。可有效防治番茄、辣椒、瓜类、豆类等多种作物的病毒病，对白粉病、蔓枯病、软腐病等多种真菌、细菌性病害也有较好的防效。

（3）生长调解型的生物农药　宁南霉素除防病治病外，因其含有多种氨基酸、维生素和微量元素，对作物生长具有明显的调解、刺激生长作用，对改善蔬菜品质、提高产量、增加效益均有显著作用。

（4）可与嘧菌酯、戊唑醇、氟菌唑等复配。

应用

（1）使用范围　适用作物为黄瓜、番茄、辣椒、水稻、小麦、香蕉、大豆、苹果、烟草、花卉等。

（2）防治对象　能够防治多种作物病毒、真菌和细菌性病害，如白菜病毒病，黄瓜白粉病，番茄白粉病、病毒病，甜（辣）椒病毒病，烟草花叶病毒病，水稻立枯病、条纹叶枯病、黑条矮缩病、叶斑病，大豆根腐病，苹果斑点落叶病，油菜菌核病，棉花黄萎病，香蕉束顶病，荔枝霜疫霉病等。在其他作物病毒病、茎腐病、蔓枯病、白粉病等多种病害上也有大面积推广应用。

使用方法

（1）蔬菜病害　防治番茄、甜（辣）椒、白菜、黄瓜等瓜类、豇豆等豆类、草莓、榨菜病毒病，喷雾后植株矮化、叶片皱缩的病毒病症状消失，花荚期延迟，成熟果荚肥大，色泽鲜亮，宁南霉素的防病增产作用优于三唑酮。在幼苗定植前，或定植缓苗后，用2%水剂200～260倍液，或8%水剂800～1000倍液各喷雾1次，发病初期视病情连续喷雾3～4次，每隔7～10d喷1次。

防治豆类根腐病，播种前，以种子量的1%～1.5%的用量拌种，亦可在生长期发病时用2%水剂260～300倍液＋叶面肥进行叶面喷雾。

防治菜豆白粉病，发病初期，每亩用2%水剂300～400mL，对水常规喷雾。

防治番茄、黄瓜等瓜类、豇豆、豌豆、草莓等白粉病，用2%水剂稀释200～300倍液，或8%水剂1000～1200倍液喷雾1～2次，每隔7～10d喷1次。

防治西瓜等瓜类蔓枯病，发现中心病株立即涂茎，或在西瓜未发病或发病初期，用2%水剂200～260倍液，或用8%水剂800～1000倍液喷雾2～3次，每隔7～10d喷1次。

防治十字花科蔬菜软腐病，发病初期用2%水剂250倍液，或8%水剂1000倍液喷在发病部位，使药液能流到茎基部，每隔7～10d喷1次，共喷2～3次。

防治芦笋茎枯病，用8%水剂800～1000倍液喷雾，或8%水剂1000倍液在芦笋发病前灌根，每株灌500mL，连灌2次，每隔7～10d灌1次。

(2) 果树病害　防治苹果斑点落叶病，病害初期或发病前，每亩用8%水剂2000～3000倍液喷雾，隔7～10d喷1次，共喷2～3次。

防治荔枝、龙眼霜霉病、疫霉病，发病初期用10%可溶性粉剂1000～1200倍液喷雾，间隔7～10d，连喷3～4次。

防治桃树细菌性穿孔病，用8%水剂2000～3000倍液喷雾，间隔10d，连喷2～3次。

(3) 粮油作物病害　防治水稻条纹叶枯病，病害初期或发病前，每亩用2%水剂200～333mL，对水45～60kg喷雾，隔10d喷1次，共喷2～3次。

防治水稻黑条矮缩病，病害初期或发病前，每亩用8%水剂45～60mL，对水50kg喷雾，隔10d喷1次，共喷2～3次。

防治水稻立枯病和青枯病，将8%水剂800倍液均匀喷洒在苗床上，消毒床土。

防治棉花黄萎病，每7kg种子用2%水剂100mL拌种，出苗后用2%水剂300倍液（100mL/亩）喷施，分别在棉花3～4片真叶期、6～8片真叶期、7月中旬棉花打顶后用药，具有显著防效。

防治小麦白粉病，用4%水剂400倍液喷雾，有较好的防效。

防治油菜菌核病，油菜初花期至盛花期用2%水剂150～250倍液喷雾。

(4) 烟草病害　防治烟草黑星病，病害初期或发病前，每亩用8%水剂42～63mL，对水50～75kg喷雾，隔7～10d喷1次，共喷2～3次。

中毒急救　如吸入本品，应迅速将患者转移到空气清新流通处。如呼吸停止，应进行人工呼吸。如呼吸困难，给氧。如有症状及时就医。皮肤接触后，立即用水和肥皂清洗，并彻底冲洗干净。眼睛接触后，把眼睑打开用流水冲洗几分钟，如有持续症状，及时就医。误食，立即用大量清水漱口，洗胃，不要催吐，及时送医院对症治疗。一旦药液溅入眼睛和黏附皮肤，应立即用水冲洗至少15min。如患者昏迷，禁食，就医。

注意事项

(1) 应在作物将要发病或发病初期开始喷药，喷药时必须均匀喷布，不漏喷。

(2) 不能与碱性物质混用，如有蚜虫发生则可与杀虫剂混用。与其他作用机制不同的杀菌剂轮换使用，以延缓抗性产生。

(3) 本品药液及其废液不得污染各类水域、土壤等环境。禁止在河塘等水体中清洗用过本品的施药器具。使用时要做好劳动保护，如穿戴工作服、手套、面罩等，避免人体直接接触药剂。工作后漱口、清洗裸露在外的身体部分并更换干净的衣服。施药期间不可吃东西、饮水等。

孕妇及哺乳期妇女避免接触本品。

(4) 用过的容器妥善处理，不可做他用，不可随意丢弃。存放在干燥、阴凉、避光、远离火源处，勿与食品、饲料、种子、日用品等同贮同运。

宜置于儿童够不着的地方并上锁，不得重压、损坏包装容器。

(5) 本品在水稻上使用的安全间隔期为10d，一季最多使用2次；在烟草上安全间隔期为10d，一季最多使用3次；在苹果上安全间隔期为14d，一季最多使用3次；在番茄上安全间隔期为7d，一季最多使用3次；在辣椒上安全间隔期为7d，一季最多使用3

次；在黄瓜上安全间隔期为3d，一季最多使用3次。

棉隆（dazomet）

$C_5H_{10}N_2S_2$, 162.3, 533-74-4

分类

化学名称 3,5-二甲基-1,3,5-噻二嗪-2-硫酮

主要剂型 40%、50%、75%、80%可湿性粉剂，85%、95%粉剂，98%微粒剂、颗粒剂。

理化性质 纯品为无色结晶（原药为接近白色到黄色的固体，带有硫黄的臭味），原药纯度≥94%。原药熔点104～105℃（分解）。蒸气压0.58mPa（20℃），1.3mPa（25℃）。相对密度1.36。溶解度：水中（20℃）3.5g/L；有机溶剂（g/L，20℃）：环己烷400、氯仿391、丙酮173、苯51、乙醇15、乙醚6。稳定性：35℃以下稳定；50℃以上稳定性与温度和湿度有关；水解作用（25℃，h）DT_{50}分别为6～10（pH＝5），2～3.9（pH＝7），0.8～1（pH＝9）。属硫代异硫氰酸甲酯类广谱熏蒸性低毒杀线虫剂。

产品特点 棉隆施用于潮湿的土壤中时，在土壤中分解成有毒的异硫氰酸甲酯、甲醛和硫化氢等，迅速扩散至土壤颗粒间，有效地杀灭土壤中各种线虫、病原菌、地下害虫及萌发的杂草种子，从而达到清洁土壤的效果。所施药剂主要向上运动，杀死所接触的生物机体。土壤消毒处理所需要的剂量和有效作用时间的长短，以及所防治的生物机体的状态，是由土壤等相关因素决定的。

（1）微粒剂外观为白色或近于灰色微粒，有轻微的特殊气味，不易燃烧。对人、畜低毒，对皮肤、眼有刺激作用，对蜜蜂无毒，对鱼类为中等毒性，易污染地下水源，不会在植物体内残留，但对植物有杀伤作用。对线虫具有熏蒸杀灭作用，并可兼治真菌、地下害虫及杂草等，能与肥料混用。

（2）作用谱广，消毒全面彻底，对土传生物如杂草、土壤真菌和细菌病害，尤其是线虫有惊人的灭杀效果。

（3）使用简单、方便，不需要复杂的施药设备，只要将棉隆颗粒与土壤或基质混合后等待一定的时间即可，在基质表面覆盖地膜效果更佳。

（4）消毒效果持续时间长，不仅能保证当茬作物有效，对后续几茬作物均有不同程度的增产作用，特别适合连作土壤。

（5）安全、环保，熏蒸后，活性成分完全分解无残留，其降解的最终产物为氮素。

（6）温室与大田均可使用。

应用

（1）使用范围　适用于花生、蔬菜（番茄、马铃薯、豆类、辣椒）、草莓、烟草、茶、果树、林木等。

（2）防治对象　适用于温室、苗床、育种室、混合肥料、盆栽植物基质及大田等，能有效地防治作物的短体、纽带、肾形、矮化、针、剑、根结、胞囊、茎等属的线虫。此外对土壤昆虫、真菌和杂草亦有防治效果。在蔬菜上主要用于防治萝卜根结线虫病、大白菜根肿病、十字花科蔬菜腐霉病、十字花科蔬菜绵疫病、番茄菌核病、茄子立枯病、茄子菌核病、马铃薯根线虫病、茄子黄萎病、番茄黄萎病、辣（甜）椒黄萎病等。主要用于土壤处理。

使用方法　防治茄子、番茄、辣（甜）椒等的黄萎病，每平方米用40%可湿性粉剂10～15g，与15kg过筛干细土混均匀，制成药土。将药土均匀撒于畦面，并耙入土中，深约15cm，然后浇水、覆盖地膜，过10d后，再播种，或分苗，或定植。

防治蔬菜根结线虫病，并兼治立枯病、金针虫、蛴螬等，在播种或移栽前15～20d，在播种地开深15～20cm的沟，沟与沟之间的距离为25～30cm，每亩用50%可湿性粉剂2.4kg，对水80kg稀释后，将药液均匀喷洒于沟内，或配制成药土，将药土均匀撒施入沟内，然后覆土压实。

防治十字花科蔬菜的腐霉病、绵疫病，番茄和莴苣的菌核病，茄子的立枯病、菌核病，每亩用75%可湿性粉剂3.5kg，沟施（后覆土）或撒施（后翻地）。

防治马铃薯根线虫病，每亩用75%可湿性粉剂7.5kg，沟施（后覆土）或撒施（后翻地）。

防治丝瓜、萝卜、菠菜等的根结线虫病，每亩用95%粉剂3～5kg，沟施（后覆土）或撒施（后翻地）。

防治南瓜枯萎病，每亩用95%粉剂10kg，与150kg半干细土充分混匀，分两次撒于地表，每次用犁翻深13～18cm，共翻3次，使药土混匀，然后覆盖地膜12d（掌握在7cm深处土壤湿度为23%，30cm深土层日均地温为23～27℃），施药后1个月，播种或定植。

防治黄瓜线虫病、大白菜根肿病，每亩用98%～100%微粒剂，在砂壤土上用5～6kg，在黏壤土上用6～7kg，均拌50kg细土，混匀制成药土，撒施或沟施，深度为20cm，施药后即盖土，有条件时可洒水封闭或覆盖地膜，使土温为12～18℃，土壤含水量达40%以上；当10cm深处土壤温度为15℃或20℃时，分别封闭15d或10d后，松土通气15d以上，然后播种或栽苗。

防治保护地蔬菜根结线虫病，每立方米土用98%微粒剂150g，拌均匀后覆盖塑膜密封7d，再揭膜翻土1～2次，过7d后使用。

防治草莓线虫病。于种植草莓前进行土壤处理，每平方米用98%微粒剂31～41g。施药按以下步骤进行：一是整地，施药前先松土，然后浇水湿润土壤，并且保湿3～4d（湿度以手捏成团，掉地后能散开为标准）。二是施药，施药方法根据不同需要，分为撒施、沟施、条施等。三是混土，施药后马上混匀土壤，深度为20cm，用药到位（沟、边、角）。四是密闭消毒，混土后再次浇水，湿润土壤，浇水后立即覆以不透气塑料膜用新土封严实，避免药剂产生的气体泄漏。密闭消毒时间、松土通气时间与土壤温度相关。五是发芽试验，在施药处理的土壤内，随机取土样，装半玻璃瓶，在瓶内撒需种植的草莓种子，用湿润棉花团保湿，然后立即密封瓶口，放在温暖的室内48h；同时取未施药的土壤作对照，如果施药处理的土壤有抑制发芽的情况，需松土通气，当通过发芽安全测试，才可栽种作物。

防治番茄（保护地）线虫病。种植番茄前进行土壤处理，每平方米用98%微粒剂31～46g，使用方法同草莓。

防治花卉线虫病。种植花卉前进行土壤处理，每平方米用98%微粒剂31～46g，使用方法同草莓。

防治烟草（苗床）根结线虫病。种植烟草前进行土壤处理，每平方米用98%微粒剂29～39g，使用方法同草莓。

中毒急救 避免药剂接触皮肤和眼睛，否则应立即用肥皂水或清水冲洗。如误服，催吐，并立即送医院对症治疗。

注意事项

（1）在有作物生长的地块上不能使用本剂。在南方地区慎用本剂，避免污染地下水源。

（2）为避免土壤受二次感染，农家肥（鸡粪等）一定要在消毒前加入，再用本剂进行土壤灭菌处理，并用未被病原菌污染的水来浇地。两茬作物种植区，在种植第二茬前不宜使用未腐熟的农家肥，或将农家肥消毒后再施用，避免土壤受二次感染。

（3）因为棉隆具有灭生性的原理，所以生物药肥不能同时使用。

（4）夏季施药要避开高温，早上9点前，下午4点后施药。

（5）在施药过程，应注意安全防护，如戴橡胶手套和穿胶鞋等，避免皮肤直接接触药剂。

（6）当药剂施入土壤后，受土壤温湿度以及土壤结构影响较大，使用时土壤温度应>6℃，12～18℃最宜，土壤含水量保持在40%（湿度以手捏土能成团，1m高度掉地后能散开为标准），过24d后，药气散尽后，方能播种或移苗。

（7）应密封于原包装内，在阴凉、干燥处贮存。

（8）对鱼类有毒，在鱼塘附近使用要慎重。对已成长的植物有毒，使用时要离根100～130cm以外。

第三章 除草剂

乙草胺（acetochlor）

$$C_{14}H_{20}ClNO_2,\ 269.8,\ 34256\text{-}82\text{-}1$$

化学名称　*N*-(2-乙基-6-甲基苯基)-*N*-乙氧甲基-氯乙酰胺

主要剂型　92%、93%、94%、95%原药，15.7%、50%、81.5%、88%、89%、90%、900g/L、90.5%、99%、990g/L、999g/L乳油，20%可湿性粉剂，50%粉剂，50%微乳剂，40%、48%、50%水乳剂，25%微囊悬浮剂，5%颗粒剂。

理化性质　纯品为透明黏稠液体（原药为红葡萄酒色或黄色至琥珀色）。熔点10.6℃，沸点172℃（665P）。蒸气压：2.2×10^{-2} mPa（20℃），4.6×10^{-2} mPa（25℃）。溶解性（25℃）：水233mg/L，溶于乙酸乙酯、丙酮、乙腈等有机溶剂。稳定性：20℃稳定性超过2年。属酰胺类选择性芽前除草剂。低毒。

产品特点　作用机理为植株主要通过萌芽中的幼茎吸收药剂，其次以根系吸收，经导管向上输送。药剂积于植物营养器官，很少累积于繁殖器官。禾本科等单子叶植物主要是芽吸收，双子叶植物主要通过下胚轴，其次是幼芽吸收，所以幼芽区是禾本科植物对乙草胺最敏感的部分，而双子叶植物则是幼根最敏感。药剂在植物体内干扰杂草核酸代谢及蛋白质合成，药剂施于杂草后，其幼根和幼芽受到抑制。如果田间水分适宜，幼芽未出土即被杀死；如果土壤水分少，杂草出土后，随着土壤湿度的增大，杂草吸收药剂，禾本科杂草心叶卷曲萎缩，其他叶皱缩，最后整株枯死。

鉴别要点：乙草胺纯品为淡黄色液体，不易挥发和光解，原药因含有杂质而呈现深红色。50%乙草胺乳油为棕色或紫色透明液体，88%乙草胺乳油为棕蓝色透明液体，90%乙草胺（禾耐斯）乳油为蓝色至紫色液体。乙草胺乳油应取得农药生产许可证（XK），其他产品应取得农药生产批准证书（HNP），选购时应注意识别该产品的农药登记证号、农药生产许可证或农药生产批准证书号、执行标准号。

生物鉴别：乙草胺对马唐、狗尾草、牛筋草、稗草、千金子、看麦娘、野燕麦、早熟禾、硬草、画眉草等一年生禾本科杂草有特效，对藜科、苋科、芯、蓼科、鸭跖草、牛繁缕、菟丝子等阔叶杂草也有一定的防效，但是效果比禾本科杂草差，对多年生杂草无效，可通过小试确定乙草胺的真伪。

乙草胺配伍力很强，可与嗪草酮、莠去津、苄嘧磺隆、扑草净等复配。

应用

(1) 使用范围　适于大豆、花生、玉米、插秧水稻、移栽油菜、棉花、甘蔗、马铃薯及柑橘、葡萄等果园除草。主要登记蔬菜种类为油菜、马铃薯、大蒜、姜。还可用于莱豆、大豆、豌豆、豇豆、蚕豆、辣椒、茄子、番茄、甘蓝等蔬菜田除草，特别适宜于各种地膜覆盖物芽前除草。

(2) 防除对象　可防除多种一年生禾本科杂草和部分阔叶杂草，禾本科如稗草、马唐、牛筋草、狗尾草、看麦娘、硬草、野燕麦、臂形草、棒头草、稷、千金子等，阔叶杂草如藜、小藜、反枝苋、铁苋菜、酸模叶蓼、柳叶刺蓼、节蓼、卷茎蓼、鸭跖草、狼把草、鬼针草、菟丝子、香薷、繁缕、野西瓜苗、水棘针、鼬瓣花等。将乙草胺乳油对水稀释后喷雾，每亩用药量因蔬菜种类而异。

对多年生杂草无效。对双子叶杂草效果差。在土壤中持效期可达2个月以上。

使用方法 每亩所需药剂对水40～60kg，在作物播种后杂草出土前均匀喷洒在土壤表面，地膜覆盖田在盖膜前用药。土壤湿度较大的南方旱田作物，每亩用50%乙草胺乳油30～40g（有效成分），地膜覆盖田用50～70g，北方的夏季作物每亩用50～70g，蔬菜田每亩用50g，东北的旱田每亩用75～125g。乙草胺的活性比甲草胺和异丙甲草胺高，土壤有机质对乙草胺的影响也较小。施药后土壤含水量在15%～18%时，即可发挥较好的药效。为扩大杀草谱，降低药剂成本，解决作物田一次性除草问题，乙草胺可与多种防除阔叶草的除草剂混用。在玉米田，每亩用50%乙草胺乳油50g混40%莠去津胶悬剂100g（有效成分）。在大豆田，乙草胺还能与利谷隆、异丙甲草胺、氯嘧磺隆等混用。在棉花田可与扑草净混用。在水稻移栽田栽后3～5d每亩用本品有效成分5～7.5g，或与苄嘧磺隆混用。

（1）蔬菜 在茄科、十字花科、豆科等蔬菜定植前或豆科蔬菜播后苗前，用50%乳油100mL，对水50kg，均匀处理畦面。

在豌豆播后苗前，每亩用90%乳油50g，对水50kg均匀处理畦面。

番茄、辣椒定植前，每亩用90%乳油70～75mL，对水30kg均匀处理畦面后盖膜。

（2）大豆 可在大豆播前或播后苗前施药，最好在播后3d内施药，尽量缩短播种与施药间隔时间。大豆拱土期施药易造成药害。用药量主要受土壤质地影响，土壤有机质含量低、沙质土、低洼地及水分好的条件下用低剂量；土壤有机质含量较高、质地黏重、岗地及干旱条件下用高剂量。土壤有机质含量6%以下，每亩使用50%乳油（水乳剂、微乳剂）170～200mL，或90%乳油90～115mL。土壤有机质含量6%以上，每亩用50%乳油（水乳剂、微乳剂）200～270mL，或90%乳油115～150mL，用药量随有机质含量增加而提高。每亩对水20～30L均匀喷雾。然后覆盖地膜。

乙草胺也可与嗪草酮、丙炔氟草胺、咪唑乙烟酸等混用，可提高对苍耳、龙葵、苘麻等阔叶杂草的防效；乙草胺与异恶草酮、噻吩磺隆、唑嘧磺草胺等混用，可提高对苍耳、龙葵、苘麻、刺儿菜、苣荬菜、问荆、大蓟等阔叶杂草的药效。混用配方为：每亩用50%乙草胺乳油170～200mL，或90%乙草胺乳油或900g/L乙草胺乳油95～115mL，加50%丙炔氟草胺可湿性粉剂8～12g，或48%异恶草松乳油50～60mL，或70%嗪草酮可湿性粉剂20～30g，或80%唑嘧磺草胺水分散粒剂4g，或75%噻吩磺隆可湿性粉剂1～1.3g。也可三元混用，每亩用50%乙草胺乳油170～200mL，或90%乙草胺乳油或900g/L乙草胺乳油95～115mL，加75%噻吩磺隆可湿性粉剂0.7～1g加48%异恶草松乳油40～50mL（或70%嗪草酮可湿性粉剂20～27g，或50%丙炔氟草胺可湿性粉剂4～6g)；每亩用50%乙草胺乳油130～170mL，或90%乙草胺乳油或900g/L乙草胺乳油70～100mL，加50%丙炔氟草胺可湿性粉剂4～6g加48%异恶草松乳油40～50mL；或同上剂量乙草胺加88%灭草猛100～133mL加70%嗪草酮可湿性粉剂20～27g（或48%异恶草松乳油40～50mL)；每亩用90%乙草胺乳油或900g/L乙草胺乳油100～120mL加48%异恶草松乳油40～50mL加80%唑嘧磺草胺水分散颗粒剂2g。

(3) 玉米　在玉米田用药量、使用时期及方法同大豆。南方水分好的条件下用药量适当减少。也可与噻吩磺隆、2,4-滴丁酯、嗪草酮等混用以扩大杀草谱。每亩使用50%乙草胺乳油170～200mL，或90%乙草胺乳油或900g/L乙草胺乳油，加75%噻吩磺隆可湿性粉剂1～1.3g（或80%唑嘧磺草胺水分散粒剂4g或72%2,4-滴丁酯乳油70～100mL)。土壤有机质含量高于2%的地块，建议每亩用50%乙草胺乳油150～180mL，或90%乙草胺乳油或900g/L乙草胺乳油80～100mL，加70%嗪草酮可湿性粉剂27～54g；土壤有机质含量高于5%的地块，建议每亩用50%乙草胺乳油90～150mL，或90%乙草胺乳油或900g/L乙草胺乳油50～80mL，加38%莠去津悬浮剂100～200mL。

玉米地膜覆盖栽培，在播种盖土后，每亩用90%乳油50mL，对水40kg处理畦面后再覆盖地膜。

（4）花生　施药时期同大豆。华北地区每亩使用50%乳油（水乳剂、微乳剂）100～140mL，或90%乳油60～80mL；长江流域、华南地区每亩使用50%乳油（水乳剂、微乳剂）70～100mL，或90%乳油40～60mL，对水20～30L喷雾。

（5）油菜　北方直播油菜田，可在播前或播后苗前施药，每亩使用50%乳油（水乳剂、微乳剂）140～270mL，或90%乳油80～150mL。根据土壤有机质含量和质地确定用药量，土壤质地黏重、有机质含量高用高剂量，土壤疏松、有机质含量低用低剂量。

移栽油菜田，移栽前或移栽后每亩用50%乳油（水乳剂、微乳剂）80mL或90%乳油45mL，对水20～30L均匀喷施，移栽后喷施时，应避免或减少直接喷在作物叶片上。

（6）棉花　地膜棉于整地播种后，再喷药盖膜，华北地区每亩用50%乳油（水乳剂、微乳剂）90～110mL，或90%乳油50～60mL；长江流域使用50%乳油或（水乳剂、微乳剂）72～90mL，或90%乳油40～60mL；新疆地区使用50%乳油（水乳剂、微乳剂）140～180mL，或90%乳油80～100mL。露地直播棉用药量约提高1/3。每亩对水20～30L均匀喷雾。

（7）甘蔗　甘蔗种植后土壤处理，每亩用50%乳油（水乳剂、微乳剂）140～180mL，或90%乳油80～100mL，对水20～30L均匀喷雾。

（8）水稻　移栽田：在水稻移栽后3～5d施药，每亩用50%乳油（水乳剂、微乳剂）60～70mL（北方亩用60～80mL，长江、淮河流域亩用50～60mL，珠江流域亩用40～50mL）；采取毒土法施药，施药时田内要保持浅水层3～5cm，保水3～5d。亦可在水稻移栽前1～2d施药，即稻田平整后，趁田水浑浊时施药；采取毒土法或瓶甩法施药，隔1～2d移栽。可有效防除稗草、千金子、鸭舌草、节节菜、异型沙草等一年生禾本科杂草，对秧苗安全。常与苄嘧磺隆混用防除稗草及部分阔叶杂草。

抛秧田：在水稻抛秧后2～4d施药，每亩用50%乳油40～60mL；采用毒土法施药，施药时田内灌有水层3～5cm，施药后保持水层3～5d。亦可在水稻抛秧前1～2d施药，即稻田平整后，趁田水浑浊时施药；采用毒土法或瓶甩法施药，隔1～2d抛秧。

(9) 马铃薯　在马铃薯播后苗前，每亩用50%乳油180～250mL，对水土壤喷雾施药1次。

注意事项

(1) 乙草胺活性很高，施用时剂量不能随意加大，喷药要求均匀周到，不要重喷和漏喷，喷头高度要控制合适，过低则沟底着药、沟沿杂草丛生，过高则易误喷播种行上，引起药害。

(2) 要提高土壤湿度。乙草胺对杂草的作用，主要是通过杂草幼芽与幼根的吸收，抑制幼芽和幼根的生长，刺激根产生瘤状畸形，致使杂草死亡。一定的土壤湿度，有利于提高杀草效果。如在用药阶段遇到持续干旱天气，除草效果会大大降低。因此先浇水增大土壤湿度，然后再用药，是提高乙草胺除草药效的关键措施之一。此外，在用药剂量上，应考虑土壤温度、湿度和有机质含量。在土壤湿度大、气温较高的情况下可以用以上推荐的低剂量；反之用高剂量。在沙质土壤选用低剂量，黏土及有机质含量高的土壤选用高剂量。在地膜覆盖蔬菜田一般选用低剂量。

(3) 在高温高湿下使用，或施药后遇降雨，种子接触药剂后，叶片上易出现皱缩发黄现象。

(4) 选择适宜的用药时间。乙草胺是一种选择性芽前除草剂，只有在作物播种后、杂草出土前施药，才能发挥出它的药效，且用药时间越早越好。对已出土杂草防效差，土壤干旱影响除草效果。

(5) 不能与碱性物质混用。可将其与均三氮苯、取代脲、苯氧羧酸类等防除阔叶杂草的芽前除草剂混用，以达到扩大杀草谱的目的。

(6) 要选择适宜的品种，控制用药量。地膜毛豆慎用乙草胺除草，乙草胺在韭菜、菠菜等作物上易产生药害，应慎用，对葫芦科作物敏感，在西瓜、黄瓜、甜瓜种子出土前或苗期使用极易产生药害，严重的会造成绝收、甚至作物死亡。乙草胺除草剂在番茄、白菜、甘蓝、花椰菜、萝卜、辣椒、茄子和莴苣等蔬菜田上使用时，每亩用量应限制在50～75mL，否则容易产生药害。

白菜发生乙草胺除草剂药害，其原因是白菜田用乙草胺除草剂进行除草土壤处理时，用药量过多，超出了白菜所能耐受的程度，使组织器官受到了损害，出现了不正常的病态。白菜田遇到内涝等不良环境条件，也会造成药液聚集，产生药害。白菜田使用过量乙草胺除草剂，进行除草土壤处理时，不影响白菜出苗。但是，白菜出苗后心叶卷缩，出现畸形，生长受到抑制。即使以后长出的叶片正常，但生长速度减慢，产量、质量受到不利的影响。预防白菜发生乙草胺除草剂药害，其基本方法在于适量、适时、适法施用乙草胺除草剂。不要在白菜苗前混土施药，并要避免施药量过大或施药不均匀。在低洼易涝的白菜地块，不要施用乙草胺。

（7）温度过高或过低时不宜使用乙草胺，以免引起作物药害。在大棚等保护设施里使用乙草胺要减量，否则易出现药害。小麦、谷子和高粱较敏感，施用时注意防止药液飘移到这类禾本科作物上，以防产生药害。

（8）整地质量的好坏，直接关系到乙草胺的药效。一方面整地质量不好，老草未铲除干净，直接影响除草效果。因为乙草胺只能被杂草幼芽和幼根吸收，对已成型杂草无防除效果。另一方面，整地质量不好，土壤高低不平，无法使药液均匀喷施，妨碍除草效果的提高。

（9）施药工具用毕后要及时清洗干净。在使用或贮运过程中，应远离火源。

（10）一季最多使用1次。

药害

（1）大豆　用其作土壤处理受害，表现出下胚轴和主根缩短、变粗、弯曲，根尖褐枯，侧根、毛根及根瘤减少，叶片因中脉缩短而皱缩呈心形，叶缘缺损、枯干。受害严重时，可分别造成幼芽枯死，幼苗的顶芽萎缩（或坏死），植株生长失常，贪青晚熟，结荚少，瘪荚多。此外，还会导致根腐病等病害加重。

（2）玉米　用其作土壤处理受害，表现出茎叶扭卷、弯曲，植株矮缩。受害较重时，芽鞘紧包生长点，或外叶蜷缩并紧裹心叶。

（3）花生　用其作土壤处理受害，表现出下胚轴和根系变短、变粗、弯曲、变黑，植株缩小。受害严重时，叶片皱缩、变黑，下胚轴和主根变成秃尾状，侧根变成短毛状。

(4) 油菜　用其作土壤处理受害，表现出下胚轴和胚根缩短，子叶略小、轻卷、变厚、早枯，真叶皱缩、变畸、增厚，叶色稍浓，植株生长停滞。受害严重时，叶片扭曲、蜷缩。

(5) 棉花　用其作土壤处理受害，表现出幼苗出土迟缓，带壳出土的较多，子叶皱缩，边缘变褐枯萎，下胚轴和胚根缩短，植株矮缩。受害严重时，根尖褐枯，不生侧根。

(6) 水稻　过量施药（>150g/hm^2）或施药不均匀，或遇低温，或施药时水层过深导致水淹心叶，均可产生不同程度的药害。

复配剂及应用

61%乙·萎·滴丁酯悬浮剂，用于防除春玉米田一年生杂草，播后苗前土壤喷雾，每亩用152.5～164.7g（东北地区）。

45%戊·氧·乙草胺乳油，用于防除大蒜田一年生杂草，播后苗前土壤喷雾，每亩用45～72g。

62%烟嘧·乙·莠可分散油悬剂，用于防除玉米田一年生杂草，茎叶喷雾，每亩用43.4～49.6g。

42%氧氟·乙草胺乳油，用于防除大蒜田、棉花田一年生杂草，土壤喷雾，每亩用37.8～43.3g（大蒜田），42～63g（棉花田）。

异丙甲草胺（metolachlor）

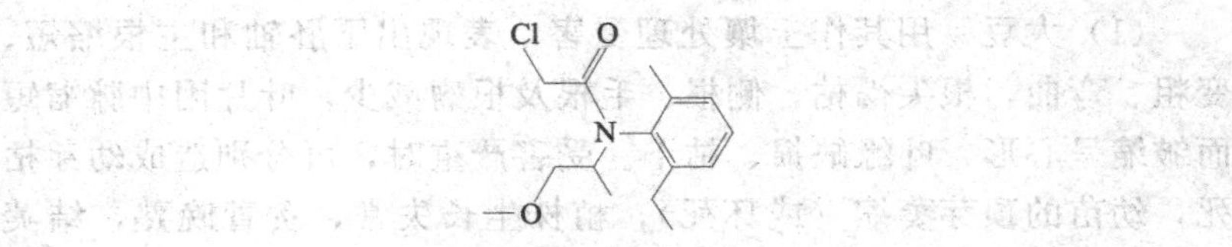

$C_{15}H_{22}ClNO_2$, 283.8, 51218-45-2

化学名称　*N*-(2-乙基-6-甲基苯基)-*N*-(1-甲基-2-甲氧基乙基)-氯乙酰胺

主要剂型　93%、95%、96%、97%原药，5%、70%、72%、720g/L、79%、88%、96%、960g/L乳油。

理化性质 纯品为无色液体，原药则皆为棕色油状液体，沸点100℃（0.133Pa），蒸气压1.7mPa（20℃）。溶解性（20℃）：水488mg/L，与苯、甲苯、甲醇、乙醇、辛醇、丙酮、二甲苯、二氯甲烷、DMF、环己酮、己烷等有机溶剂互溶。属酰胺类选择性芽前除草剂。制剂对高等动物毒性低；对兔眼睛有轻微刺激，对兔皮肤有轻微刺激性；对鱼类毒性中等，对鸟类毒性低；对蜜蜂有胃毒，无接触毒性。

产品特点 作用机理是主要抑制发芽种子的蛋白质合成，其次抑制胆碱渗入磷脂，干扰卵磷脂形成。主要通过植物的幼芽即单子叶和胚芽鞘、双子叶植物的下胚轴吸收向上传导。出苗后主要靠根吸收向上传导，抑制幼芽与根的生长。敏感杂草在发芽后出土前或刚刚出土立即中毒死亡，表现为芽鞘紧包着生长点，稍变粗，胚根细而弯曲，无须根，生长点逐渐变褐色。如果土壤墒情好，杂草被杀死在幼芽期。如果土壤水分少，杂草出土后随着降雨土壤湿度增加，杂草吸收药剂后，禾本科杂草心叶扭曲、萎缩后枯死，阔叶杂草叶皱缩变黄整株枯死。因此施药应在杂草发芽前进行。由于禾本科杂草幼芽吸收异丙甲草胺的能力比阔叶杂草强，因而该药防除禾本科杂草的效果远远好于阔叶杂草。

异丙甲草胺属酰胺类、内吸传导型选择性芽前旱地土壤处理除草剂。对单子叶杂草，主要被种子上部的幼芽吸收；对双子叶杂草，可以被幼芽和根部吸收，抑制蛋白质的分解。纯品为无色液体，原药为棕色油状液体，乳油为棕黄色液体。

96%精异丙甲草胺乳油是异丙甲草胺中提取得到的精制活性异构体，其杀草谱和使用范围都和72%异丙甲草胺乳油相同。

异丙甲草胺可与苄嘧磺隆、扑草净、莠去津、异恶草松、嗪草酮、2,4滴-丁酯、苯噻酰草胺、乙草胺、甲磺隆复配。

应用

（1）使用范围　适用作物为十字花科、伞形花科、百合科、豆科、茄果类、马铃薯、生姜等多种蔬菜田，玉米、花生、棉花、向日葵、芝麻、油菜、甘蔗、大豆、西瓜等芽前除草。

（2）防除对象　主要防除一年生禾本科杂草及部分双子叶杂

草，如稗草、马唐、牛筋草、狗尾草、野黍、臂形草、千金子、画眉草等一年生禾本科杂草，兼治苋菜、马齿苋、黄香附子、荠菜、辣子草、繁缕等部分小粒种子阔叶杂草和碎米莎草，对多年生杂草和多数阔叶杂草防效较差。持效期30～50d。

使用方法

(1) 蔬菜　在黄瓜定植前，或菜豆、洋葱等播后苗前，每亩用72%乳油100～200mL，对水40kg，均匀处理畦面。

在番茄地，若是铺地膜，每亩用72%乳油100mL，对水40kg，均匀处理畦面后，铺地膜栽苗。

在辣椒田，若直播前施药，每亩用72%乳油100～150mL，对水40kg，均匀处理畦面，施药后浅混土；若是移栽前或铺地膜前施用药剂，每亩用72%乳油100mL，对水40kg，均匀处理畦面后，栽苗或铺地膜栽苗。

在茄子田，在移栽前或铺地膜前，每亩用72%乳油100mL，对水40kg，均匀处理畦面后，栽苗或铺地膜栽苗。

在马铃薯田，播种后立即施药，每亩用72%乳油或720g/L乳油100～230mL，或960g/L乳油75～170mL，对水40kg，均匀处理畦面。为增加对马铃薯田内阔叶杂草的防除效果，每亩用72%异丙甲草胺乳油100～167mL与70%嗪草酮可湿性粉剂20～40g混配后，对水40kg，在播后苗前，用混配药液均匀处理畦面。

在直播白菜田，华北地区为播后立即施药，每亩用72%乳油或720g/L乳油75～100mL，或960g/L乳油55～75mL。长江流域中下游地区夏播小白菜为播前1～2d施药，每亩用72%乳油或720g/L乳油50～75mL，或960g/L乳油40～55mL。播前施药要注意撒播种子后浅覆土1～1.5cm，且覆土要均匀，防止种子外露造成药害。

在直播甜椒、甘蓝、油菜、大（小）白菜、大（小）萝卜及育苗花椰菜等播后苗前，每亩用72%乳油100mL，对水40kg，均匀处理畦面。

在甜（辣）椒、花椰菜、甘蓝等定植缓苗后，每亩用72%乳油100mL，对水40kg，定向均匀处理畦面。

在花椰菜移栽田，移栽前或移栽缓苗后施药，每亩用72%乳油或720g/L乳油75mL，或960g/L乳油55mL，对水40kg，均匀处理畦面。特别注意，地膜移栽是地膜行施药，即为苗带施药，用药量应根据实际喷洒面积计算。

韭菜苗圃除草，在播种后立即施药，每亩用72%乳油或720g/L乳油100～125mL，或960g/L乳油75～90mL，对水40kg，均匀处理畦面；若老茬韭菜割后2d施药，每亩用72%乳油或720g/L乳油75～100mL，或960g/L乳油55～75mL，对水40kg，均匀处理畦面。

在大蒜地，露地或地膜地均在播后3d内施药，露地每亩用72%乳油100～150mL，对水40kg，铺地膜地用乳油75～100mL，对水40kg，均匀处理畦面。

在芹菜苗圃，芹菜播种后即施药，每亩用72%乳油或720g/L乳油100～125mL，或960g/L乳油75～90mL，对水40kg，均匀处理畦面。

在西瓜田，覆膜西瓜，应在覆膜前施药；直播田在播后苗前立即施药；移栽田在移栽前或移栽后施药。小拱棚西瓜地，在西瓜定植或膜内温度过高时应及时揭膜通风，防止药害。每亩用72%乳油或720g/L乳油100～200mL，或960g/L乳油75～150mL对水喷雾，如仅在地膜内施药，应根据实际施药面积计算用药量。土壤质地疏松、有机质含量低、低洼地、土壤水分好时用低剂量，土壤质地黏重、有机质含量高、岗地、土壤水分少时用高剂量。地膜覆盖的可减少20%用药量。

在生姜地，播后苗前施药，最好在播种后3d内施药，每亩用72%乳油或720g/L乳油75～100mL，或960g/L乳油55～75mL，对水40kg，均匀处理畦面。

番茄移栽前，每亩用96%乳油130mL，对水30kg均匀喷洒畦面，然后采用水泥秧法栽番茄苗。

在瓜类、豆类蔬菜、白菜等播后苗前，每亩用96%乳油100mL，对水50kg，均匀喷洒畦面。

甘蓝移栽田，在移栽前土壤喷雾处理，每亩用96%乳油或

720g/L 乳油 130mL，或 960g/L 乳油 95mL，对水 50kg 喷雾。

蔬菜田使用异丙甲草胺，要求整田质量好，田中无大土块和植物残株。覆盖地膜的作物，应在覆膜前喷药，然后盖草；由于地膜中的温湿度能够充分发挥异丙甲草胺的药效，因此要求使用低剂量。移栽作物田使用异丙甲草胺，应在移栽前施药，移栽时尽量不要翻开穴周围的土层。如果需要移栽后施药，尽量不要将药剂喷洒到作物上，或喷药以后及时喷水洗苗。

（2）大豆　防除一年生禾本科杂草及部分阔叶杂草，对大豆出苗安全，在东北地区，即使在早春低温高湿的低洼地使用仍对大豆出苗安全，田间药效期可达 2 个月左右。异丙甲草胺的用药量随土壤质地和有机质含量而异。土壤有机质含量 3%以下，沙质上每亩用 72%乳油 90～100mL，壤土每亩用 72%乳油 130～150mL，黏土每亩用 72%乳油 150～180mL。东北春大豆田也可以采用秋施的方法，即在 10 月中下旬气温降到 5℃以下时进行，平播大豆田施药后应浅混土，深 6～8cm；采用“三垄”栽培法种大豆的田施药后应深混土，耙深 10～15cm，第 2 年春季播种大豆。喷雾时药剂勿落在其他作物上，避免其他作物受到损伤。

异丙甲草胺与嗪草酮、异恶草酮、丙炔氟草胺、唑嘧磺草胺、噻吩磺隆等除草剂混用，可增加对阔叶杂草的防除效果。混用配方为：每亩用 72%异丙甲草胺乳油或 720g/L 异丙甲草胺乳油 100～200mL 加 50%丙炔氟草胺可湿性粉剂 8～12g（或加 50%丙炔氟草胺可湿性粉剂 4～6g 加 80%唑嘧磺草胺水分散粒剂 2g），或 72%异丙甲草胺乳油或 720g/L 异丙甲草胺乳油 100～133mL 加 80%唑嘧磺草胺水分粒剂 3.2～4g（或加 48%异恶草松乳油 40～50mL 加 80%唑嘧磺草胺水分散粒剂 2g，或加 75%噻吩磺隆可湿性粉剂1～1.3g 加 48%异恶草松乳油 40～50mL），或 72%异丙甲草胺乳油或 720g/L 异丙甲草胺乳油 100～167mL 加 48%异恶草松乳油 53～67mL，或 72%异丙甲草胺乳油或 720g/L 异丙甲草胺乳油 67～133mL 加 48%异恶草松乳油 40～50mL 加 50%丙炔氟草胺可湿性粉剂 4～6g（或加 70%嗪草酮可湿性粉剂 20～27g，或加 88%灭草猛 100～133mL）。异丙甲草胺对难防杂草菟丝子有效，防除菟丝子时，可采用高剂量与嗪草酮可湿性粉剂、异恶草松乳油等除草剂混用，结合旋锄灭草效果更好。

北方低洼易涝地湿度大温度低，大豆苗前病害重，对除草剂安全要求高，异丙甲草胺比50%乙草胺对大豆安全性好，对狼拔草、酸膜叶蓼药效更好。

（3）油菜　用药时期为冬油菜田移栽前，每亩用72%乳油或720g/L乳油100～150mL，或960g/L乳油75～110mL，对水30～40L喷雾。

（4）甜菜　直播甜菜播后苗前立即用药，移栽田在移栽前施药。每亩用72%乳油或720g/L乳油100～230mL，或960g/L乳油75～150mL，对水30～40L喷雾。

（5）花生　防除一年生禾本科杂草及部分阔叶杂草，可用来防除花生田的马唐、牛筋草、稗草等一年生禾本科杂草及部分阔叶杂草。在花生播后苗前施药，北方地区每亩用72%乳油100～150mL，南方地区每亩用72%乳油80～100mL，对水30～40kg喷雾。喷雾时药剂勿落在其他作物上，避免其他作物受到损伤。

（6）棉花　防除一年生禾本科杂草及部分阔叶杂草，可以用来防除稗、马唐、狗尾草、牛筋草等禾本科杂草及部分阔叶草，每亩用72%乳油100～150mL，播后苗前施药，对水量30～40kg。对扁蓄、田旋花、小蓟防效较差。地膜棉田每亩用量可降至80～120mL，移栽棉先喷药，后盖膜，再移栽。直播棉先播种，再施药，再盖膜。喷雾时药剂勿落在其他作物上，避免其他作物受到损伤。

（7）芝麻　播种后出苗前立即施药，每亩用72%乳油或720g/L乳油100～200mL，或960g/L乳油75～150mL，对水30～40L均匀喷雾。

（8）甘蔗　防除一年生禾本科杂草及部分阔叶杂草，于甘蔗排种后施药，地膜覆盖的可在覆膜前使用，每亩用72%乳油100～150mL，对水40～50kg喷洒。土质黏重的用高剂量，药效期可达50d左右。对甘蔗比较安全，在推荐剂量范围内对甘蔗萌芽、分蘖、生长发育均无不良影响。用于甘蔗田对在蔗田间、套作的油菜、大豆、辣椒等作物无不良影响。喷雾时药剂勿落在其他作物上，避免其他作物受到损伤。与莠去津混用可扩大杀草谱，每亩用72%异丙甲草胺乳油100mL+40%莠去津悬浮剂75～100mL，对水40～50L均匀喷雾。

(9) 黄麻　防除一年生禾本科杂草及部分阔叶杂草，可以用来防除稗、马唐、狗尾草、牛筋草等禾本科杂草及部分阔叶草，每亩用72%乳油100～150mL，播后苗前施药，对水量30～40kg。对扁蓄、田旋花、小蓟防效较差。喷雾时药剂勿落在其他作物上，避免其他作物受到损伤。

(10) 红麻　防除一年生禾本科杂草及部分阔叶杂草，可以用来防除稗、马唐、狗尾草、牛筋草等禾本科杂草及部分阔叶草，每亩用72%乳油100～150mL，播后苗前施药，对水量30～40kg。对扁蓄、田旋花、小蓟防效较差。喷雾时药剂勿落在其他作物上，避免其他作物受到损伤。

(11) 玉米　防除一年生禾本科杂草及部分阔叶杂草，用于春玉米田可在播前或播后苗前施药，地膜玉米田在播后覆膜前施药，移栽田在移栽前施药。异丙甲草胺的用药量随土壤质地和有机质含量而异。在土壤有机质含量3%以下时，沙质土每亩用72%乳油90～100mL，壤土每亩用72%乳油130～150mL，黏土每亩用72%乳油180mL，对水40～50kg喷洒。喷雾时药剂勿落在其他作物上，避免其他作物受到损伤。

为扩大杀草谱，也可在玉米播后苗前，与其他除草剂混用。每亩用72%异丙甲草胺乳油或720g/L异丙甲草胺乳油100～133mL加70%嗪草酮可湿性粉剂27～54g，或每亩用72%异丙甲草胺乳油或720g/L异丙甲草胺乳油100～230mL加72% 2,4-滴丁酯乳油67～100mL（或加48%百草敌水剂37～67mL或75%噻吩磺隆可湿性粉剂1～1.7g）。沙土地禁用2,4-滴丁酯。

(12) 水稻　防除一年生禾本科杂草及部分阔叶杂草，多用于水稻移栽稻田，可以有效防除稗、牛毛毡、异型莎草、萤蔺等禾本科杂草和莎草科杂草，但对矮慈菇、空心莲子草、泽泻、鸭舌草等阔叶杂草以及小慈藻等沉水杂草防效较差。在双季稻区的早稻上每平方米用 72%乳油 8～10mL；在一季中稻及双季晚稻区每亩用 72%乳油 10～15mL。为了提高对稻田阔叶杂草的防效，异丙甲草胺可以和苄嘧磺隆混用，混配量为不同稻区异丙甲草胺的单用量加 10%苄嘧磺隆可湿性粉剂 5～10g。异丙甲草胺单用或与苄嘧磺隆混用的施药期应在水稻栽插后 5～7d、稗草 1.5 叶期前进行，施药不能过迟。稗草超过 2 叶，效果显著下降。施药后应保持 3～5cm 浅水层 5～7d。施药可采用毒土或毒肥法。配制毒肥不可将药剂乳油直接倒在尿素上搅拌，这样不易搅拌均匀，施药后易产生药害。

只能用于水稻大苗移栽田，移栽秧苗必须在 5.5 叶以上。秧田、直播田、抛秧田、小苗移栽田不能使用。小苗、弱苗、插后施药过早未返青活棵的田块易产生药害，施药不均匀、重复施药处也易产生药害，造成秧苗矮化，一般在 2～3 周内得到恢复。喷雾时药剂勿落在其他作物上，避免其他作物受到损伤。

中毒急救 中毒症状为对皮肤、眼、呼吸道有刺激作用。如吸入本品，应迅速将患者转移到空气清新流通处，解开衣领、腰带，保持呼吸畅通。如呼吸停止，应进行人工呼吸。如呼吸困难，给氧。如有症状及时就医。皮肤接触后，立即用水和肥皂清洗，并彻底冲洗干净。眼睛接触后，把眼睑打开用流水冲洗几分钟，如有持续症状，及时就医。如果误服，首先应该给病人服用 200mL 液体石蜡，然后用 4kg 左右的水洗胃，注意防止胃容物进入呼吸道。

注意事项

（1）在瓜类及茄果类蔬菜上使用浓度偏高时，易产生药害；使用不当对十字花科蔬菜有轻微药害；西芹、芫荽等对该药敏感，均应慎用（或先试后用）。

在地膜覆盖栽培的西瓜上使用精异丙甲草胺除草剂，膜下高温、高湿的环境，会促进药剂的挥发和西瓜苗对药剂的吸收，容易引发药害。西瓜受精异丙甲草胺药害后，其症状表现为瓜苗叶片发黄、扭曲，植株不长，有的枯死，不枯死的植株不结瓜或结的瓜个小。

对受害西瓜苗，应及时破开地膜通风散湿，增强棚内通风，在一定程度上缓解药害。但受害较重的西瓜苗，即使以后能恢复生长，其结瓜时间和瓜的大小与质量，也可能受到很大不利影响。因此，不要勉强地抢救受害瓜苗，否则很可能得不偿失。在排除药剂质量问题和前期用药量不是太大的情况下，可以考虑将发生药害的大棚内的地膜揭开，适当松土散湿后直播或移栽西瓜，以利用大棚，减少损失。棚内轻度受害的西瓜苗，可以暂留下来，观察其恢复情况。如果能很快恢复生长，可以考虑留用。

（2）整地要平整，无大土块。药效易受气温和土壤肥力条件的影响。温度偏高时和沙质土壤、有机质含量低，用药量宜低；反之，气温较低时和黏质土壤、有机质含量高，用药量可适当偏高。

（3）露地蔬菜在干旱条件下施药后，应迅速进行浅混土，深4～5cm，或覆盖地膜。若铺地膜，实际上仅在苗带施药，要根据实际喷洒药液的面积来计算用药量，而且宜选用低药量。覆膜作物田施药不混土，药后必须立即覆膜。

（4）采用毒土法施药，应掌握在下雨或灌溉前后最好，不然除草效果不理想。

（5）异丙甲草胺残效期一般为30～35d，所以，一次施药需结合人工或其他除草措施，才能有效控制作物全生育期杂草为害。

（6）本品耐雨水冲刷，药后3h遇雨药效不受影响。

（7）雨水多、排水不良的地块，田间积水易发生药害，应注意排水。

（8）作为播后苗前的土壤处理剂对大多数作物安全，使用范围很广。

（9）喷雾时严格避免碰到发芽作物种子。

（10）本品对鱼类高毒，养鱼稻田禁止使用。远离水产养殖区施药，禁止在河塘等水体中清洗施药器具。不得以任何形式污染农田及水源。不可在临近雨季的时间用药，以免经连续降雨而将药剂冲刷到附近农田里而造成药害。

（11）本品不能用于麦田和高粱田，否则药后遇较大降雨易产生药害。水稻直播稻播后苗前和幼苗期均不能施用。水稻5叶期以后对本品的耐受性增强，此时用药对水稻安全，但直播田5叶期以后田间一般不再需要使用土壤封闭处理剂除草。

（12）施药时做好劳动保护，如穿戴工作服、手套、面罩等，避免人体直接接触药剂。工作后漱口、清洗裸露在外的身体部分并更换干净的衣服。施药期间不可吃东西、饮水等。

孕妇和哺乳期妇女应避免接触本品。

（13）应在阴凉、干燥、通风、防雨、远离火源处贮存。若在零下10℃处贮存，该药会有结晶析出。在使用前，可将药剂容器放入40℃水中加热，可使结晶溶解，不影响药效。勿与食品、饲料、种子、日用品等同贮同运。

置于儿童够不着的地方并上锁，不得重压、损坏包装容器。

（14）一季最多使用1次。

药害

（1）玉米　用其作土壤处理受害，表现出茎叶扭卷、弯曲，植株矮缩，次生根和侧根减少。受害严重时，外叶皱缩并紧包心叶。

（2）大豆　用其作土壤处理受害，表现出下胚轴和胚根稍微缩短、变粗、弯曲，叶片皱缩，叶尖稍微枯干，植株生长缓慢而不舒展。受害严重时，主生长点萎缩。

（3）花生　用其作土壤处理受害，表现出下胚轴和胚根缩短、变粗、弯曲，叶片缩小，叶色变淡，植株矮小、皱缩。受害严重时，下胚轴蜷曲变形，根尖变黑枯死，植株逐渐死亡。

（4）甜菜　用其作土壤处理受害，表现出出苗、生长缓慢，叶片稍微扭卷，植株缩小。受害严重时，生长点萎缩、消失，也有的叶片从边缘开始变黄、变褐枯死。

（5）水稻　北方的移植田误用此药受害，表现出心叶缩短，外叶变黄、早枯，植株矮缩，分蘖减少。

（6）棉花　用其作土壤处理受害，表现出出苗缓慢，子叶皱缩并于边缘产生褐斑，也有的变黄早枯，真叶亦稍皱缩，主根缩短并变黑褐，侧根也显著缩短，植株细小。

复配剂及应用

34%苯·苄·异丙甲可湿性粉剂，用于防除水稻抛秧田一年生及部分多年生杂草，每亩用量13.6～16.6g。

40%异甲·莠去津悬浮剂，用于防除夏玉米田一年生杂草，播后苗前土壤喷雾，每亩用量80～100g。

烯禾定（sethoxydim）

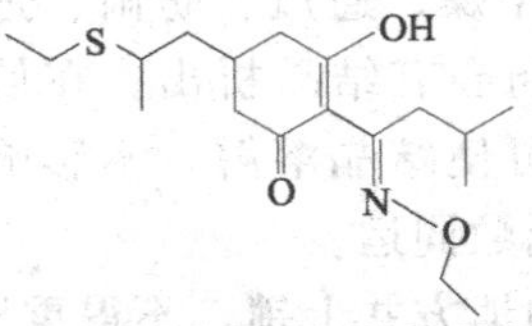

$C_{17}H_{29}NO_3S$, 327.5, 74051-80-2

化学名称 2-[1-(乙氧基亚氨基)丁基]-5-[2-(乙硫基)丙基]-3-羟基环己-2-烯酮

主要剂型 94%、95%、96%原药，20%乳油，12.5%机油乳剂（含机油的产品可使药效显著提高，通常可减少有效成分用量的25%）。

理化性质 纯品烯禾定为无臭油状液体，沸点>90℃（0.4×10^{-5}kPa），蒸气压<0.013mPa（25℃），相对密度1.043（25℃）。溶解度：水中（20℃，mg/L）：25（pH=4），4700（pH=7）；溶于大多数有机溶剂，丙酮、苯、乙酸乙酯、正己烷、甲醇>1kg/kg（25℃）。正常储存条件下产品稳定至少2年。不能与无机或有机铜化合物相混配。属环已烯酮类选择性内吸传导型茎叶处理除草剂。对高等动物毒性低。原药对鱼类、鸟类、蜜蜂毒性低。

产品特点 作用机理为抑制乙酰辅酶A羧化酶，干扰脂肪酸的合成，因此杂草死亡症状出现较晚。乳油外观为浅棕色或红棕色液体，机油乳剂外观为浅棕色或浅黄色液体。属肟类、选择性、传导性强的茎叶处理除草剂。在禾本科和阔叶植物（双子叶植物）间选择性很强，对阔叶植物无影响。施药后禾本科杂草茎叶吸收较快，传导到叶尖和节间分生组织处累积，破坏细胞分裂能力，使生长点和节间组织坏死，药后3d受药植株停止生长，7d后新叶退色或出现青紫色，2～3周内全株枯死。施入土壤后很快分解失效，为茎叶处理剂。药剂在接触到杂草后会很快渗透到杂草体内发挥作用，直至杂草死亡。

可与氟磺胺草醚复配。

应用

（1）使用范围　适用于阔叶蔬菜、马铃薯、花生、油菜、大豆、亚麻、甜菜、亚麻、棉花、果园、苗圃等除草。

（2）防除对象　防治对象为一年生禾本科杂草。对防除稗草、马唐、野燕麦、牛筋草、狗尾草、看麦娘、千金子等一年生禾本科杂草有特效，对狗牙根、芦苇和白茅等多年生禾本科杂草有一定效果。受药杂草在14～21d内全株枯死，对阔叶杂草、莎草属、紫羊茅、早熟禾无防除效果，对阔叶作物安全。在土壤中持效期较短，施药当天可播种阔叶作物。

使用方法　用于苗后茎叶喷雾处理。用药量应根据杂草的生长情况和土壤墒情确定。水分适宜，杂草少，用量宜低，反之宜高。一般情况下，在一年生禾本科杂草3～5叶期，每亩使用20%乳油或12.5%机油乳剂50～80mL；防除多年生禾本科杂草，每亩需使用80～150mL，加水30～50kg进行茎叶喷雾。阔叶杂草发生多的田块，应和防除阔叶杂草的除草剂混用或交替使用。在大豆田可与虎威混用，或与苯达松等交替使用。

（1）20%烯禾啶乳油处理　将20%乳油对水稀释后，在禾本科杂草幼苗2～5片叶时，均匀喷雾处理杂草茎叶，每亩用药量因蔬菜种类而异。

① 茄子　播种后25d，禾本科杂草10片叶时，每亩用20%乳油20～25mL，对水50kg喷雾。

② 菜豆、豌豆、豇豆、蚕豆　等出苗后，每亩用20%乳油100～120mL，对水50kg喷雾。

③ 大（小）白菜、花椰菜、芥菜、芹菜、青（白）萝卜、胡萝卜　每亩用20%乳油100～125mL，对水37kg喷雾。

④ 马铃薯　防除一年生禾本科杂草，每亩用20%乳油65～100mL，防除多年生禾本科杂草，用20%乳油200～400mL，均对水25～40kg喷雾。

⑤ 西瓜　若稗草幼苗2～4片叶，每亩用20%乳油67～

100mL；若稗草 6～7 片叶，每亩用 20％乳油 133mL，均对水 30～40kg 喷雾。

⑥ 韭菜　苗期杂草大量发生时，应先人工拔除大草，3～4 叶期每亩用 20％乳油 65～100g，对水 50kg，对杂草茎叶喷雾。

⑦ 大豆　防除一年生禾本科杂草，在 2～3 叶期施用，每亩用 20％乳油 100～200mL，对水 15～30kg 喷雾。

⑧ 花生　防除一年生禾本科杂草，在 2～3 叶期施用，每亩用 20％乳油 66.5～100mL，对水 15～30kg 喷雾。

⑨ 棉花　防除一年生禾本科杂草，在 2～3 叶期施用，每亩用 20％乳油 100～120mL，对水 15～30kg 喷雾。

⑩ 甜菜　防除一年生禾本科杂草，在 2～3 叶期施用，每亩用 20％乳油 100mL，对水 15～30kg 喷雾。

⑪ 亚麻　防除一年生禾本科杂草，在 2～3 叶期施用，每亩用 20％乳油 65～120mL，对水 15～30kg 喷雾。

⑫ 油菜　防除一年生禾本科杂草，在 2～3 叶期施用，每亩用 20％乳油 66.5～120mL，对水 15～30kg 喷雾。

（2）12.5％机油乳剂处理　在禾本科杂草 3～5 叶期为最佳施药期，均匀喷雾处理杂草茎叶，每亩用药量因蔬菜种类而异。

① 移栽芹菜　禾本科杂草 3～5 叶期时，每亩用 12.5％机油乳剂 75～100mL，对水 30～40kg，对准杂草茎叶喷雾。

② 大豆　防除一年生禾本科杂草，在多数杂草 2～3 叶期，每亩用 12.5％机油乳剂 67mL；杂草 4～5 叶期用 100mL；杂草 6～7 叶期用 130mL。干旱条件下，防除一年生禾本科杂草，在杂草 2～3 叶期，每亩用 12.5％乳油 100mL；杂草 4～5 叶期，每亩用 12.5％乳油 133mL；杂草 6～7 叶期，每亩用 12.5％乳油 167mL。防治多年生禾本科杂草，在杂草 3～5 叶期，每亩用 12.5％乳油 200～330mL。一般每亩对水量 25～30L。进行茎叶喷雾。

为扩大杀草谱，可在大豆 2 片复叶期、杂草 2～4 叶期，与苯达松、三氟羧草醚、乙羧氟草醚等防治阔叶杂草的药剂混用。烯禾定与三氟羧草醚混用对大豆药害略有增加，最好间隔 1d 分期施药，为抢农时在环境和气候好的条件下也可混用，每亩用 12.5％烯禾定乳油 80～100mL 加 21.4%三氟羧草醚 67～100mL。烯禾定与乳氟禾草灵混用药害加重，但药效增加，可降低乳氟禾草灵剂量与烯禾定混用，每亩用 12.5%烯禾定乳油 80～100mL 加 24%乳氟禾草灵 26.7mL。每亩用 12.5%烯禾定乳油 80～100mL 加 48%灭草松 167～200mL，对大豆安全性好，除草效果稳定。两种防除阔叶杂草的药剂降低用药量与烯禾定混用，对大豆安全，药效稳定。常见混用配方为：每亩用 12.5%烯禾定乳油 80～100mL 加 21.4%三氟羧草醚 30～50mL（或加 24%乳氟禾草灵 17mL）加 25%氟磺胺草醚 30～50mL（或加 48%灭草松 100mL），或每亩用 12.5%烯禾定乳油 50～70mL 加 48%异恶草松 40～50mL 加 21.4%三氟羧草醚 30～50mL（或加 24%乳氟禾草灵 17mL，或加 48%灭草松 100mL），对水 30kg 均匀喷雾。

③ 油菜　防除一年生禾本科杂草，在多数杂草 2～3 叶期，每亩用 12.5%机油乳剂 100mL；4～5 叶期，用 110mL；6～7 叶期，用 120mL，均对水 30～40L 进行茎叶喷雾。防除多年生禾本科杂草，在多数杂草 3～5 叶期，每亩用 12.5%机油乳剂 200～330mL，对水 30～40L 进行茎叶喷雾。

④ 花生　在花生 2～4 叶期，禾本科杂草 3～5 叶期，每亩用 12.5%机油乳剂 67～100mL，对水 30～40L，茎叶喷雾施药 1 次。

⑤ 棉花　棉花出苗后、禾本杂草 3～5 叶期，每亩用 12.5%机油乳剂 65～100mL，对水 30～40mL 均匀喷雾。禾本科杂草 4～7 叶期雨季来临，田间湿度大，用较低剂量也可获得很好的除草效果。

⑥ 亚麻　亚麻出苗后、禾本科杂草 3～5 叶期，每亩用 12.5%烯禾定乳油 65～100mL，对水 30～40kg 均匀喷雾。为扩大杀草谱，可与 2 甲 4 氯混用，每亩用 12.5%烯禾定乳油 65～100mL 加 13% 2 甲 4 氯 100mL，可同时防除亚麻田的单、双子叶杂草。

⑦ 甜菜　禾本科杂草 3～5 叶期，每亩用 12.5%乳油 65～100mL，对水 20～40kg 茎叶喷雾。在单、双子叶杂草混生的田块，可与甜菜宁混用，每亩用 12.5%乳油 65～100mL 加 16%甜菜宁乳油 300～400mL。

中毒急救 溅入眼内，立即用清水冲洗10～15min，再送医院治疗。如皮肤沾上此药剂，请立即擦掉，并用清水冲洗。如误服此药剂，立即给服大量的水，催吐，保持安静，并携该产品标签去医院治疗。采取医疗措施时，需进行洗胃，并防止胃物进入病人呼吸道，再对症治疗。暂无特效解毒剂。

注意事项

(1) 不能与碱性农药混用。严格按推荐的使用技术均匀施用，不得超范围使用。

(2) 最好现配现用，不宜长时间搁置。

应在晴天上午或下午施药，避免在中午气温高时喷药。长期干旱无雨，低温和空气湿度低于65%时不宜施药。

喷药时，避免药滴随气流飘移到附近水稻、玉米、小麦等禾本科作物上。施药后2h内下雨需要补喷。

烯禾定杀草效果7d后才能见到。所以，施药后不要急于采取其他除草措施。

(3) 当天气干旱或禾本科杂草叶片数较多时，用高限药量或适当增加用药量，在双、单子叶杂草混生地，在使用本剂后，要注意采取措施防除双子叶杂草，避免该类杂草过量生长。

在烯禾啶的喷洒药液中，添加0.1%非离子型表面活性剂或0.2%普通中性洗衣粉，能显著提高除草效果。对于20%烯禾定乳油，若配药时每亩加入柴油130～170mL，在药效稳定的情况下，可减少约30%的用药量。

在夏、秋季杂草种类多的情况下，用20%烯禾定乳油与50%莠去津可湿性粉剂混合喷雾于杂草上，可提高除草效果。

(4) 喷过本品的喷雾器，应在彻底清洗干净后方可用于阔叶作物田喷施其他农药。

(5) 12.5%和20%烯禾定乳油与磺酰脲类混用要慎重。

(6) 烯禾定对阔叶杂草无效，阔叶草密度大时除结合中耕除草外，可采取烯禾定与其他防除阔叶杂草的药剂混用或交替应用的措施。

(7) 操作者应做好劳动保护，如穿戴工作服、手套、面罩等，避免人体直接接触药剂。工作后漱口、清洗裸露在外的身体部分并更换干净的衣服。施药期间不可吃东西、饮水等。

孕妇及哺乳期的妇女避免接触本品。

(8) 本品对酸、碱、热稳定，在光照条件下中等稳定，贮、运及使用时应加以注意。

如本品包装损坏有遗洒物在外面，可将遗洒物聚拢收集，地面的少量残余物可用清水冲洗干净，收集废水集中处理，不可流入水体。本品不自燃，如遇着火等突发事故时，本品在高温下会分解，并产生大量有毒有害的烟气，灭火时应佩戴自呼吸式防毒面具。小火可采用窒息法扑灭，大火必要时可用水。

(9) 放置于阴凉、干燥、通风、防雨、远离火源处，勿与食品、饲料、种子、日用品等同贮同运。

置于儿童够不着的地方并上锁，不得重压、损坏包装容器。

(10) 本品在油菜上使用的安全间隔期为 60d，一季最多使用 1 次；在大豆上安全间隔期为 14d，一季最多使用 1 次；在甜菜上安全间隔期为 60d，一季最多使用 1 次；在花生上安全间隔期为 90d，一季最多使用 1 次；在亚麻、棉花作物上不要求制订安全间隔期，但一季最多使用 1 次。

草甘膦 (glyphosate)

$$HO_2CCH_2NHCH_2-\overset{\overset{\large O}{\|}}{P}(OH)_2$$

$C_3H_8NO_5P$, 169.1, 1071-83-6

化学名称 *N*-(膦羧甲基)甘氨酸

主要剂型 90%、93%、95%、96%、97% 原药，30%、41%、62% 水剂，50%、60%、70%、74.7%、75.7%、77.7%、95%可溶粒剂，30%、31.5%、50%、58%、60%可溶性粉剂，50%钠盐可溶粒剂，75.7%、88.8%、95%铵盐可溶粒剂，41%异丙铵盐水剂。

理化性质 纯品草甘膦为无味、白色晶体，230℃分解，蒸气压 1.31×10^{-2} mPa（25℃），相对密度 1.705（20℃）。溶解性（25℃）：水 11.6g/L，不溶于丙酮、乙醇、二甲苯等常用有机溶剂，溶于氨水。草甘膦及其所有盐常温下不挥发、不降解，在空气中稳定。属有机磷类内吸传导型广谱灭生性低毒除草剂。

产品特点　草甘膦对植物无选择性，作用过程为喷洒-黄化-褐变-枯死。药剂由植物茎叶吸收在体内输导到各部分。不仅可以通过茎叶传导到地下部分，而且可以在同一植株的不同分蘖间传导，通过抑制植物体内丙烯醇丙酮基莽草素磷酸合成酶，从而抑制莽草素向苯丙氨酸、酪氨酸及色氨酸的转化，干扰植物体内的蛋白质合成，使地下根茎失去再生能力，导致杂草死亡。

草甘膦属有机磷类、内吸传导型、广谱、灭生性除草剂，草甘膦与土壤接触立即钝化失去活性，故无残留作用。对土壤中潜藏的种子和土壤微生物无不良作用。对未出土的杂草无效，只有当杂草出苗后，作茎叶处理，才能杀死杂草，因而只能用作茎叶处理。

（1）杀草谱广　对 40 多科的植物有防除作用，包括单子叶和双子叶、一年生和多年生、草本和灌木等植物。豆科和百合科一些植物对草甘膦的抗性较强。草甘膦入土后很快与铁、铝等金属离子结合而失去活性。因此，施药时或施药后对土壤中的作物种子都无杀伤作用。对施药后新长出的杂草无杀伤作用。当然，也不能采用土壤处理施药，必须是茎叶喷雾。

（2）杀草速度慢　一般一年生植物在施药一周后才表现出中毒症状，多年生植物在 2 周后表现中毒症状，半月后全株枯死。中毒植物先是地上叶片逐渐枯黄，继而变褐，最后根部腐烂死亡。某些助剂能加速药剂对植物的渗透和吸收，从而加速植株死亡。使用高剂量，叶片枯萎太快，影响对药剂的吸收，即吸入药量少，也难于传导到地下根茎，因而对多年深根杂草的防除反而不利。因草甘膦是靠植物绿色茎、叶吸收进入体内的，施药时杂草必须有足够吸收药剂的叶面积。一年生杂草要有 5～7 片叶，多年生杂草要有 5～6 片新长出的叶片。

（3）鉴别要点　纯品为非挥发性白色固体，大约在 230℃熔化，并伴随分解。水剂外观为琥珀色透明液体或浅棕色液体。50%

草甘膦可湿性粉剂应取得农药生产许可证（XK）。草甘膦的其他产品应取得农药生产批准证书（HNP）。选购时应注意识别该产品的农药登记证号、农药生产许可证号。

在休耕地、田边或路边，选择长有一年生及多年生禾本科杂草、莎草科杂草和阔叶杂草，于杂草4～6叶期，用41%水剂稀释120倍后对杂草茎叶定向喷雾，待后观察药效，若喷过药的杂草因接触药剂而死亡，则说明该药为合格产品，否则为不合格或伪劣产品。

应用

（1）使用范围　苹果、梨、柑橘等果园，桑、茶、棉田、免耕玉米、橡胶园、水田田埂、免耕直播水稻等作物除草。休闲地、路边等除草。

（2）防除对象　能防除一年生或多年生禾本科杂草、莎草科和阔叶杂草。百合科、旋花科和豆科的一些杂草抗性较强，但只要加大剂量，仍然可以有效防除。

使用方法

（1）旱田除草　由于各种杂草对草甘膦的敏感度不同，因此用药量不同。防除一年生杂草如稗、狗尾草、看麦娘、牛筋草、苍耳、马唐、藜、繁缕、猪殃殃等时，每亩用41%水剂或410g/L水剂200～250mL，或74.7%可溶性粒剂100～120g。防除车前草、小飞蓬、鸭跖草、通泉草、双穗雀稗等时，每亩用41%水剂或410g/L水剂250～300mL，或74.7%可溶性粒剂150～200g。防除白茅、硬骨草、芦苇、香附子、水花生、水蓼、狗牙根、蛇莓、刺儿菜、野葱、紫菀等多年生杂草时，每亩用41%水剂或410g/L水剂450～500mL，或74.7%可溶性粒剂200～250g，对水20～30L，在杂草生长旺盛期、开花前或开花期，对杂草茎叶进行均匀定向喷雾，避免药液接触种植作物的绿色部位。

大豆、玉米、向日葵等作物播种后出苗前，刺儿菜、鸭跖草、问荆等难防除杂草出苗后，每亩用41%水剂或410g/L水剂200～300mL，或74.7%可溶性粒剂100～150g，对水10～15L喷雾，可将上述杂草连根杀死。使用41%水剂或410g/L水剂稀释5～8倍，戴手套用毛巾蘸取药剂涂抹芦苇，可将杂草连根杀死。

防除果园杂草，在柑橘园、苹果园、梨园、香蕉园杂草生长旺盛时期，每亩用30％水剂250～500mL，对水定向茎叶喷雾施药1次。

防除经济作物田杂草，在茶园、桑园、橡胶园、甘蔗园杂草生长旺盛时期，每亩用30％水剂250～500mL，对水定向茎叶喷雾施药1次。

防除柑橘园杂草，柑橘园杂草生长旺盛时期，每亩用80％可溶粉剂100～200g，对水定向茎叶喷雾施药1次。

防除免耕油菜田杂草。在前茬作物收割后，油菜播种前，春油菜种植区每亩用30％水剂330～500mL，冬油菜种植区每亩用30％水剂160～260mL，对水茎叶喷雾施药1次。

(2) 水稻田除草　水稻插秧前，每亩用41％水剂或410g/L水剂300～400mL，或50％可溶性粉剂200～300g，或74.7％可溶性粒剂150～200g，对水10～15kg，均匀喷在杂草上。插秧后喷雾时要压低喷头，加保护罩，最好选择早上无风条件下喷雾，不可在刮风条件下喷雾，以免导致雾滴飘移到水稻上引起药害。

(3) 休闲地、排灌沟渠、道路旁、非耕地除草　草甘膦特别适用于上述没有作物的地块或区域除草。一般在杂草生长旺盛期，每亩用41％水剂或410g/L水剂400～500mL，或50％可溶性粉剂300～400g，或74.7％可溶性粒剂200～250g，或80％可溶性粉剂100～200g，对水20～30kg在杂草茎叶上均匀喷雾，可有效杀死田间杂草，获得理想除草效果。

(4) 林业除草　草甘膦也适用于荒山除草、荒地造林前除草灭灌、维护森林的防火线除草及幼林抚育除草等。一般每亩用41％水剂或410g/L水剂500～700mL，或74.7％可溶性粒剂250～350g，对水20～30kg，于杂草旺盛生长期均匀喷施。幼林抚育喷药时，要采用定向喷雾，并加保护措施，不可喷到幼苗，以免发生药害。

注意事项

(1) 草甘膦只适于休闲地、路边、沟旁等处使用，严禁使药液接触蔬菜等作物，以防药害。施药时，应防止药液雾滴飘移到其他作物上造成药害。当风速超过2.2米/秒时，不能喷洒药液。配好的药液应当天用完。在蔬菜上进行茎叶除草时，喷药前应在喷头上安装一个防护罩，以防药液溅到蔬菜茎叶上，喷药时尽量将喷头压低，如果没有专用防护罩，可用一个塑料碗，在底部中央钻一个大小适当的孔，固定在喷头上即可使用。

(2) 喷施时机　以杂草开花前用药最佳。一般一年生杂草有15cm左右高度、多年生杂草有30cm高度、6～8片叶时喷是最适宜的。在作物行间除草，当作物植株较高，与杂草存在一定的落差时，用药效果较好且安全。应在夏秋季的雨后、晴天下午或阴天施药。空气及土壤的温度适宜、湿度偏大时，除草效果最佳。干旱期间、快下雨前及烈日下，均不宜施药。

(3) 施药方法　在一定的浓度范围内浓度越高，喷雾器的雾滴越细，有利于杂草的吸收，选用0.8mm孔径的喷头比常用的1.0mm孔径的喷头效果好。在浓度相同的情况下用量越多则除草效果越好。药剂接触茎叶后才有效，故喷洒时要力争均匀周到，让杂草黏附药剂。

(4) 应用硬度较低的清水配制药液，使用过的喷雾器要反复清洗，避免以后使用时造成其他作物药害。不宜与二甲四氯、百草枯等速效型除草剂混配使用，但草甘膦中加入一些植物生长调节剂和辅剂可提高防效。如在草甘膦中加入0.1%的洗衣粉，或每亩用量加入30g柴油均能增强药物的展布性、渗透性和黏着力，提高防效。

(5) 大风天或预计有雨，请勿施药，施药后4h内遇雨会降低药效，应补喷药液，施药后3天内不能割草、放牧、翻地等。

(6) 不可与呈碱性的农药等物质混合使用。

(7) 对多年生恶性杂草如白茅、香附子等，在第一次施药后隔一个月再施一次，才能取得理想的除草效果。

(8) 药剂对金属有一定的腐蚀作用，贮存和使用过程中尽量不用金属容器。低温贮存时会有草甘膦结晶析出，用前应充分摇动，使结晶溶解，否则会降低药效。

（9）禁止在河塘等水体中清洗施药器具。

值得注意的是，2009年，农业部、工业和信息化部联合发布第1158号公告，自2月25日起，停止批准有效成分含量低于30%的草甘膦水剂登记。对于已取得农药田间试验批准证书和已批准登记的草甘膦水剂，其有效成分含量低于30%的，应当在2009年12月31日前进行有效成分含量变更。即从2010年起，占草甘膦市场近九成的10%草甘膦退出农药市场。因此，如果在市场上发现草甘膦的含量低于30%，其质量和可信度值得怀疑。

第四章 植物生长调节剂

乙烯利（ethephon）

$$Cl-CH_2-CH_2-P(=O)(OH)-OH$$

$C_2H_6ClO_3P$, 144.5, 16672-87-0

化学名称 2-氯乙基膦酸

主要剂型 70%、75%、80%、85%、89%、90%、91%原药，40%、54%水剂，10%可溶性粉剂，5%膏剂。

理化性质 本品为白色结晶性粉末，熔点74～75℃，沸点265℃，蒸气压<0.01mPa（20℃），溶解度：水中800g/L（pH=4），易溶于甲醇、乙醇、异丙醇、丙酮、乙醚及其他极性有机溶剂，难溶于苯和甲苯等非极性有机溶剂，不溶于煤油和柴油。稳定性：水溶液中pH<5时稳定；在较高pH值时可分解释放出乙烯。紫外线照射下敏感。属有机磷类广谱低毒植物生长调节剂。对高等动物毒性低。对其他水生菌低毒，对蜜蜂无害，对蚯蚓无毒。

产品特点 乙烯利经由植物的叶片、树皮、果实或种子进入植物体内，然后传导到起作用的部位，便释放出乙烯，具有与内源激素乙烯相同的生理功能。作用机理主要是增强细胞中核糖核酸合成的能力，促进蛋白质的合成。在植物离层中如叶柄、果柄、花瓣基部，由于蛋白质的合成增加，促使在离层区纤维素酶重新合成，因而加速了离层形成，导致器官脱落。乙烯利能增强酶的活性，在果实成熟时还能活化磷酸酯酶及其他与果实成熟的有关酶，促进果实成熟。在衰老或感病植物中，由于乙烯利促进蛋白质合成而引起过氧化物酶的变化。

（1）乙烯利是一种促进成熟的植物生长调节剂，属于催熟剂，部分乙烯利可以释放出一分子的乙烯。乙烯几乎参与植物的每一个生理过程，能促进果实成熟及叶片、果实的脱落，促进雌花发育，诱导雄性不育，打破某种种子休眠，改变趋向性，减少顶端优势，增加有效分蘖，使植株矮壮。

（2）一般情况下，香蕉采收后必须经过催熟环节，各种营养物质才能充分转化，这是香蕉本身的生物学特性决定的。乙烯利催熟是香蕉上市前必不可少的生产环节，是多年来全世界香蕉生产广泛使用的技术，乙烯利催熟技术是科学和安全的，使用乙烯利催熟香蕉不会对人体健康产生危害，不存在任何食品安全问题。使用乙烯利只是利用其溶水后散发的乙烯气体催熟，并诱导香蕉本身的内源乙烯，使香蕉自身快速产生乙烯气体，加速自熟。乙烯的催熟过程是一种复杂的植物生理生化反应过程，不是化学作用过程，不产生任何对人体有害的物质。

（3）鉴别要点：纯品为无色针状晶体，工业品为白色针状结晶。40%乙烯利水剂为浅黄色至褐色透明液体。

用户在选购乙烯利制剂及复配产品时应注意：确认产品通用名称及含量；查看农药“三证”，40%乙烯利水剂应取得生产许可证（XK），其他单剂品种及其复配制剂均应取得农药生产批准文件（HNP）；查看产品是否在2年有效期内。

生物鉴别：将番茄的白熟果采收后，用0.2%～0.3%浓度的药剂溶液浸泡1～2min，取出晾干放在20～25℃条件下，经3～4d果实如转红证明该药剂为乙烯利。或用棉布或软毛刷蘸取0.2%～0.3%浓度的药剂溶液涂抹植株上的白熟果实，看4～5d后果实是否转色。

（4）可与芸薹素内酯、羟烯腺嘌呤、萘乙酸、胺鲜酯复配。

应用

（1）使用范围　适用作物为番茄、黄瓜、南瓜、瓠瓜、西葫芦、甜瓜等蔬菜，水稻、玉米、大麦、棉花、冬小麦等粮油作物，苹果、梨、菠萝、香蕉、荔枝、葡萄、山楂、柿子树等果树，以及烟草、橡胶树、茶树等。

（2）主要用途　防治用途为催熟、增产、调节生长等。

使用方法　乙烯利具有用量小、效果明显的特点，因此必须严格根据不同作物的具体特点，用水稀释成相应浓度，采用喷洒、涂抹或浸渍等方法进行使用。

（1）促进雌花形成和雄性不育

① 黄瓜　苗龄在 1 叶 1 心时各喷 1 次药液，浓度为 200～300mg/kg，增产效果相当显著。浓度在 200mg/kg 以下时，增产效果不显著；高于 300mg/kg，则幼苗生长发育受抑制的程度过重，对于提高幼苗的素质也很不利。经处理后的秧苗，雌花增多，节间变短，坐瓜率高。据统计，植株在 20 节以内，几乎节节出现雌花。此时植株需要充足的养分方可使瓜坐住，故要加强肥水管理。一般当气温在 15℃以上时要勤浇水多施肥，不蹲苗，一促到底，施肥量要增加 30％～40％，同时在中后期用 0.3％磷酸二氢钾进行 3～5 次的叶面喷施，用以保证植株营养生长和生殖生长对养分的需要，防止植株老化。

② 秋黄瓜　雌花着生节位高，在 3～4 片真叶时用 150mg/kg 乙烯利液喷洒 1 次，主蔓着生雌花，可延续到 20～22 节，植株节间短，抗性强，增加早期产量 34％～64％，提早 7～10d 成熟。一般早熟黄瓜品种雌花多，结瓜早，不必用药；而夏、秋黄瓜出苗后，气温高、日照长而雌花开得迟，用药效果好。

③ 西葫芦　在幼苗 3 叶期，用浓度为 150～200mg/kg 的乙烯利液喷洒植株，以后每隔 10～15d 喷一次，共喷 3 次，可增加雌花，提早 7～10d 成熟，增加早期产量 15％～20％。

④ 瓠瓜　瓠瓜往往是雄花比雌花出现得早，因此结果较迟。用 100～200mg/kg 乙烯利溶液喷洒具有 5～6 片叶的瓠瓜幼苗，可以抑制雄花的形成，促进雌花发育，提早结实。品种不同，乙烯利

使用的浓度也应不同。对早熟品种 100mg/kg 较适宜；对晚熟品种需要适当提高浓度，200～300mg/kg 较适宜。

⑤ 南瓜　可参照西葫芦进行，3～4 叶期叶面喷洒，可大大增加雌花的产生，抑制雄花发育，增加产量，尤其是早期的产量，但处理效果因品种而有差异。

⑥ 甜瓜　为增加雌花数，可在幼苗 2～4 叶期，用 40%水剂 2000～4000 倍液喷雾。

⑦ 小麦　使雄性不育，在抽穗初期到末期用 40%水剂 200～400 倍稀释液喷洒。

⑧ 水稻　在花粉母细胞减数分裂时，用 1%～2%溶液喷洒，可使水稻花粉发育不健全。

⑨ 棉花　现蕾时用 1000～2000mg/L 溶液喷洒，可使雄蕊发育不全。

⑩ 甜菜　用 4000～8000mg/L 溶液喷洒，可起杀雄作用，但也有使甜菜不易抽穗的副作用。

(2) 促进果实成熟

① 番茄　番茄催熟，可采用涂花梗、浸果和涂果的方法。

涂花梗。番茄果实在白熟期，用浓度为 300mg/kg 的乙烯利涂于花梗上。

涂果。适用于番茄分期采收，当番茄果实进入转色期后，戴上纱手套或用块棉布在 40%水剂 133～200 倍液中浸湿后在果实表面抹一下，或用棉花、毛笔蘸药液涂在白熟果实的萼片及附近果面，整个果实都会变红，可提早 6～8d 成熟，其营养和风味与自然成熟的果实相近。

浸果。转色期的青熟果实采收后，放在 40%水剂 400～800 倍液中浸泡 1min，取出沥干后装筐或堆放在温床、温室中，控制温度在 20～25℃下催红，3d 后大部分果实即可转红成熟。低于 15℃，催红效果差；高于 35℃，果实略带黄色，红度低。

大田喷果催熟。适用于一次采收的加工番茄。在番茄生长后期，大部分果实已转红，尚有一部分不能做加工用，可用 40%水剂 400～800 倍液喷全株，重点喷果实，可使番茄叶面很快转黄，青果成熟快，增加红熟果的产量。对于番茄人工分期采收的田块，只能用在最后一次采收并又需要催熟的番茄上。

番茄使用乙烯利的注意事项：一是不论哪种处理方法，都必须在果顶泛白期进行，过早转色速度慢，即使转色，色泽也不好；二是不能使用过大浓度，浓度过大，着色不均匀，影响商品品质；三是乙烯利处理后转红速度与果实成熟期和催熟温度有关，为了加快着色，除了应在果顶泛白时进行处理外，还应注意催熟温度，温度以 25～28℃为宜，过低转色慢，过高（超过 32℃）果实带黄色；四是乙烯利为一种酸，应避免直接和手接触，否则会烧伤皮肤，用手涂果时，应戴塑膜手套隔离。

② 樱桃番茄　为促使樱桃番茄提前上市，用浓度为 10mg/kg 的乙烯利溶液均匀地涂抹在果实上，避免使叶片接触药液而引起脱落，可以催熟果实，使果实更鲜艳。

③ 西瓜　用浓度为 100～300mg/kg 乙烯利溶液喷洒已经长足的西瓜，可以使其提早 5～7d 成熟，增加可溶性固形物 1%～3%，增加西瓜的甜度，促进种子成熟，减少白籽瓜。

④ 辣椒　调味品用的干辣椒，需采收的红辣椒，可在辣椒生长后期，已有 1/3 的果实转红时，用 40%水剂 400～2000 倍液喷洒全株，经 4～6d 后果实全部转红。气温低于 15℃，不易转红。也可用 40%水剂 400～500 倍液浸果 1min，经 5～7d 转红。

⑤ 玉米　心叶末期每亩用 40%水剂 50mL，对水 15kg 喷施，可降低株高，使其茎节变粗，双穗率增加，抗倒伏，秃尖减少，侧根增多，雄穗脖短，成熟期可提早 3～5d。

⑥ 小麦　拔节初期每亩用 40%水剂 40～60mL，对水 50kg 全株喷洒，可使麦株矮化，增强抗倒伏能力。

⑦ 水稻　用于培育后季稻矮壮秧，双季或三熟制连作晚粳、糯稻品种。在秧苗 5～6 叶期或拔秧前 15～20d，每亩用 40%水剂 125～150mL，对水 50kg 喷洒秧苗。播种量大、秧苗过密、苗弱的秧田不宜用药。

⑧ 棉花　适用于单产高和秋桃当家的棉田，在棉铃已近 7～8 成熟时，用 40%水剂 330～500 倍液，全株均匀喷雾，可催熟、增

产。河北、山东等省9月底至10月初，江苏、浙江、湖南、湖北等省10月上旬至中旬用药。注意用药量要准，施用时期不得过早或过晚，喷药要均匀，棉桃一定要着药。留种棉田不能施用；正常成熟、吐絮或单产低的棉田不必用药。

⑨ 橡胶树　15年以上的实生橡胶树，乳胶黏滞性增加，出胶量逐年减少。乙烯利可以促进胶乳生产。处理时先将割线下2cm宽的死皮刮去，露出青皮，将含有10%乙烯利的棕榈油涂在青皮上。乙烯利可以延长橡胶树的经济寿命，涂药后20h胶乳分泌量急剧上升，药效期可达1.5～3个月。药效消失后可再涂。应采用半树围隔日割胶，每月割次应控制在15刀以下。过多时将会影响产胶潜力。

⑩ 烟草　在烟叶采收前10d左右，叶面喷施40%水剂1000～2000倍液喷雾，可使烟叶提前变黄，减少采收次数，减少尼古丁含量，增加含糖量，提高烟叶品质。

生长后期的茎叶处理方法：早、中烟，在晴天喷洒，每亩用40%水剂62.5～87.5mL，对水50～100kg，3～4d后烟株自下向上即能由绿转黄，和自然成熟一样；对晚烟，用40%乙烯利水剂1000～2000倍液，5～6d后浅绿色的叶片即可转黄。也可以先配制成15%的乙烯利溶液，涂于叶基部茎的周围，或者把茎表皮纵向剥开约1.5cm宽、4cm长，然后抹上乙烯利原药，3～5d抹药部位以上的烟叶即可褪色促黄。

乙烯利在烟草上的药效持续期为8～12d，也可以在烟草生长季节，针对下部叶片和上部叶片使用2次。

采后烟叶处理办法：将刚采下的烟叶用40%水剂500～1000倍液浸渍，然后进行烘烤，烤烟颜色较黄。或在烟叶烘烤过程中，在烤房中放入盛有40%水剂450～700倍液的容器，让其自行释放出乙烯气体，可以促进烟叶落黄，提高烟叶等级。

烟草使用乙烯利注意事项：一是乙烯利催熟效果与喷洒浓度、季节和叶色等有关，未熟嫩叶比成熟烟促黄慢、效果差，但对在烘烤过程中不易变黄的浓绿烟叶，采收前最好喷洒乙烯利来提高烤后质量；二是乙烯利处理对烟叶产量的影响，主要决定于施药时间和药液浓度，施用过早、浓度过高都会造成减产；三是经乙烯利处理的烟片，烘烤时间短，有些已经转黄的叶片，可直接进入小火或中火期烘烤；四是土壤施入氮肥多，达到成熟期时仍不落黄，可再加喷1～2次，烟叶即可落黄；五是喷洒部位以叶背面效果最好；六是勿与碱性药液混用，以免导致乙烯利过快分解。总之，乙烯利只是促进烟叶成熟，烟叶丰产的关键还是在于田间肥水管理，只有采取科学的管理措施，才能求得最大的经济效益。

⑪ 山楂　在果实正常采收前1周，用40％水剂800～1000倍液，全株均匀喷雾，可催熟。

⑫ 苹果　幼树新梢速长初期，喷施40％水剂200～400倍液，具有抑制新梢旺长、增加短枝比例、促进花芽分化、矮化树冠、提早结果等作用。果实采收前3～4周，喷施40％水剂1000倍液，具有促进糖分转换、提早着色等催熟作用。

⑬ 梨　采收前3～4周，全树喷施1次40％水剂4000～6000倍液，具有促进果实成熟的作用。使用浓度不宜过高，喷施时间不可过早，否则会引起大量落果及裂果。

⑭ 葡萄　在果实膨大期，用40％水剂1000～1500倍液，全株均匀喷雾，每隔10d喷施1次，连续喷施2次，可催熟。但有时容易引起落果，应掌握好使用浓度，特别要注意气温对乙烯利药效的影响；另外，易落粒品种应当慎用。

⑮ 桃　在果实硬核期的中期，喷施1次40％水剂5000～20000倍液，具有促进早熟（3～4d）、着色早而整齐等作用，但果实较软。

⑯ 樱桃　在果实采收前20d左右，全株喷施1次40％水剂10000～20000倍液，具有促进果实着色、提早成熟等作用。

⑰ 柿子　采收后的柿子，用40％水剂400～600倍液喷果或浸果10余秒钟，具有促进果实转色、催熟等作用。处理后在20～30℃条件下一般4～5d后果肉即软化、香甜可食。具体脱涩时间的快慢与处理时果实的成熟度及乙烯利的浓度均呈正相关的关系。

⑱ 蜜橘　果实着色前15～20d，全树喷洒1次40％水剂600～800倍液，具有促进果实着色等催熟作用。

⑲ 香蕉　用40%水剂400～500倍液，香蕉采后喷果或浸果(3～5秒钟)，具有促进果实软化、甜味增加等催熟作用。催熟作用的快慢与处理后的环境温度呈正相关，20～30℃环境中一般48h后即可食用。

⑳ 菠萝　在开花前2周，喷施40%水剂500～600倍液，具有促进开花的作用；在成熟前1～2周，喷施40%水剂500～600倍液，具有促进菠萝成熟且成熟整齐的作用。

㉑ 茶树　在10月下旬至11月上旬，每亩用40%水剂100～125mL，对水120～150kg，喷洒花蕾，可促使落花落蕾，节省茶树养料，有利于翌年春茶增产。

㉒ 玫瑰、杜鹃花、天竺葵　玫瑰插枝生根后，用2500mg/L乙烯利溶液喷洒苗基部，间隔2周再喷1次，可促进侧枝生长。对杜鹃花、天竺葵有相同的效果。

㉓ 郁金香、水仙　用250～500mg/L乙烯利溶液土壤浇灌盆栽郁金香，每盆50mL，可使花莛矮壮。用1000mg/L乙烯利溶液处理盆栽水仙，每盆100L，当水仙叶长10cm时，将乙烯利施入土中，可控制叶片与花莛伸长。

㉔ 菊花，用浓度100mg/L乙烯利水溶液喷菊花茎叶，可有效抑制菊花节间伸长和花芽发育。

(3) 促进植株矮化

① 番茄　在幼苗3叶1心至5片真叶时，用浓度为300mg/kg乙烯利溶液处理2次，控制幼苗徒长，使番茄矮化，抗逆性增强，早期产量增加。

② 水稻　在秧苗5～6叶期或拔秧前15～20d，用40%水剂600～800倍液喷雾。具有调节生长、矮化壮苗、增产的效果。

③ 玉米　在小喇叭口期，每亩用40%水剂10～15mL对水30kg喷雾，具有调节生长、矮化植株、增加产量的作用。

④ 大麦　在大麦拔节初期，每亩用40%水剂50～60mL，对水30～45kg，全株均匀喷雾；在大麦抽穗初期至末期，用40%乙烯利水剂200～400倍液喷雾全株。可调节生长，防止倒伏。

⑤ 小麦　在小麦拔节初期，每亩用40%水剂40～60mL，对

水 30～45kg，全株均匀喷雾；在小麦抽穗初期至末期，用 40%水剂 200～400 倍液喷洒全株。可调节生长，防止倒伏。

(4) 打破休眠　生姜播种前用乙烯利浸种，有明显促进生姜萌芽的作用，表现在发芽速度快、出苗率高，每块种姜上的萌芽数量增多，由每个种块上 1 个芽增到 2～3 个芽。使用乙烯利浸种时，应严格掌握使用浓度，以 250～500mg/kg 为适宜浓度，有促进发芽、增加分枝、提高根茎产量的作用。如浓度过高，达 750mg/kg，则对生姜幼苗的生长有明显抑制作用，使植株矮小、茎秆细弱、叶片小、根茎小，并导致减产。

(5) 诱导洋葱鳞茎形成　洋葱鳞茎的产生，在正常温度下，需要 12～16h 光周期的诱导。洋葱叶基部细胞扩大，同化物质向叶基部组织中输送，使基部膨大形成鳞茎。在田间用浓度为 500～2000mg/kg 的乙烯利溶液处理 4～5 片真叶的洋葱幼苗 1～3 次，可促进鳞茎形成，加速鳞茎成熟。由于乙烯利抑制洋葱叶片生长，鳞茎会长得小些。

(6) 提高作物抗病性　巧克力斑点病为马铃薯产区的常见病，病状为块茎中出现褐色斑点。在马铃薯栽植 5 周后，用浓度为 200～600mg/L 的乙烯利溶液叶面喷洒，症状可以得到控制。

中毒急救　中毒症状为对皮肤、眼睛有刺激作用，对黏膜有酸蚀作用。误服会出现烧灼感，以后出现恶心、呕吐症状，呕吐物呈棕黑色，胆碱酯酶活性降低，3.5h 左右患者呈昏迷状态。如吸入本品，应迅速将患者转移到空气清新流通处。如呼吸停止，应进行人工呼吸。如呼吸困难，给氧。如有症状及时就医。皮肤接触后，立即用水和肥皂清洗，并彻底冲洗干净。眼睛接触后，把眼睑打开用流水冲洗几分钟，如有持续症状，及时就医。误食，立即用大量清水漱口，洗胃。洗胃时注意保护气管和食管，及时送医院对症治疗。一旦药液溅入眼睛和黏附皮肤，应立即用水冲洗至少 15min。对昏迷病人，切勿经口哺入任何东西或引吐。本品无其他特效解毒剂。

注意事项

(1) 乙烯利经稀释后配置的溶液，由于酸度下降，稳定性变差，因此，药液要随用随配，不可存放。

（2）配置的乙烯利溶液，若pH在4以上，则要加酸调至pH4以下。

（3）乙烯利适宜于干燥天气使用，如药后6h遇雨，应当补喷。施用时气温最好在16～32℃，当温度低于20℃时要适当加大使用浓度。如遇天旱、肥力不足或其他原因，植株生长矮小时，应降低使用浓度，并做小区试验；相反，如土壤肥力过大、雨水过多、气温偏低、不能正常成熟时，应适当加大使用浓度。使用乙烯利后要及时收获，以免果实过熟。严格掌握使用浓度或倍数，避免产生副作用或导致效果不好。

（4）乙烯利为强酸性药剂，遇碱会分解放出乙烯，因此，不能与碱性物质混用，也不能用碱性较强的水稀释。不宜施在弱势植株上。

（5）乙烯利原液对人的皮肤、眼睛有刺激作用，操作时戴防护手套和口罩，不饮食、不饮水、不吸烟。在开启农药包装的过程中操作人员应佩戴必要的防护器具。处理药剂后必须立即洗手及清洗暴露的皮肤。

（6）使用过的空包装，用清水冲洗3次后妥善处理，切勿重复使用或改作其他用途。所有施药器具，用后应立即用清水或适当的洗涤剂清洗。切勿将本品及其废液弃于池塘、河溪和湖泊等，以免污染水源。

（7）未用完的制剂应放在原包装内密封保存，切勿将本品置于饮、食容器内。乙烯利对金属器皿有腐蚀作用，加热或遇碱时会释放出易燃气体乙烯，应小心贮存，以免发生危险。

孕妇和哺乳期妇女应避免接触本品。

（8）放置于阴凉、干燥、通风、防雨、远离火源处，勿与食品、饲料、种子、日用品等同贮同运。

置于儿童够不着的地方并上锁，不得重压、损坏包装容器。

（9）本品在番茄上使用的安全间隔期为20d，一季最多使用1次；在香蕉上安全间隔期为20d，一季最多使用1次；在柿子树上安全间隔期为20d，一季最多使用1次；在水稻上安全间隔期为

20d，一季最多使用1次；在烟草上安全间隔期为20d，一季最多使用1次；在大麦上安全间隔期为20d，一季最多使用1次；在棉花、橡胶树上自施药后至收获期都是安全的。

芸薹素内酯（brassinolide）

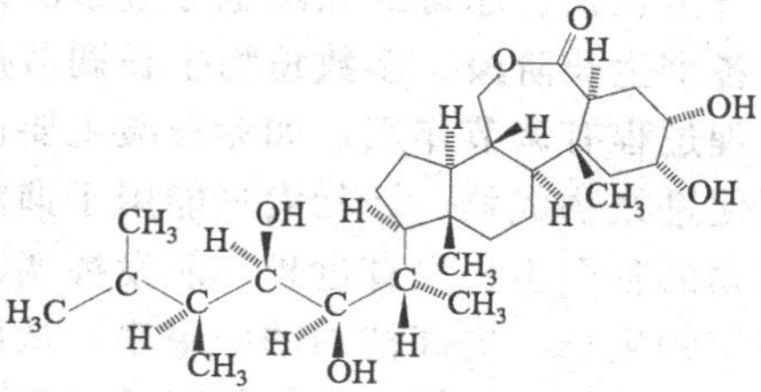

$C_{28}H_{48}O_6$, 480.7, 72962-43-7

化学名称　(22*R*,23*R*,24*R*)-2*α*,3*α*,22*R*,23*R*-四羟基-24-*S*-甲基-*β*-7-氧杂-5*α*-胆甾烷-6-酮

主要剂型　80%、90%、95%原药，0.0016%、0.003%、0.004%、0.0075%、0.01%、0.04%、0.1%水剂，0.01%、0.15%乳油，0.0002%、0.1%、0.2%可溶粉剂。

理化性质　原药为白色结晶粉末，熔点256～258℃。水中溶解度5mg/L，溶于甲醇、乙醇、四氢呋喃和丙酮等多种有机溶剂。属低毒植物生长调节剂，Ames试验表明没有致突变作用，属生长素类生长促进剂。对高等动物毒性低。对鱼类、水生生物毒性低。

产品特点　芸薹素内酯为甾醇类植物激素，可增加叶绿素含量，增强光合作用，通过协调植物体内其他内源激素水平，刺激多种酶系活力，促进作物生长，增加对外界不利影响抵抗能力，在低浓度下可明显促进植物的营养体生长和促进受精作用等。

芸薹素内酯具有生长素、赤霉素和细胞分裂素的多种功能，是已知激素中生理活性最强的，而且在植物体内的含量和施用量极微，被公认是一类新型的植物生长促进剂，是继生长素、赤霉素、细胞分裂素、脱落酸和乙烯五大类激素之后的第六大类激素。可促进蔬菜、瓜类、水果等作物生长，可改善品质，提高产量，使作物色泽艳丽，叶片更厚实。能使茶叶的采叶时间提前，也可令瓜果含糖分更高、个体更大、产量更高、更耐储藏。

（1）生理性活极高。一般作物有效成分使用剂量仅为0.02～0.04mg/kg。

（2）适用范围广。芸薹素内酯可广泛应用于蔬菜、果树、花卉、食用菌及各种农作物。

（3）同时具备生长素、赤霉酸和细胞分裂素的作用，可广泛应用于多种植物的各个生长阶段。多数植物生长调节剂只对植物的某一种或某几种生理过程有调节作用，如赤霉酸主要促进植物器官的生长，乙烯利可促进植物成熟，矮壮素只能用于抑制植物徒长，而芸薹素内酯对植物的各个生长发育过程都能发挥调节作用。使用后不仅可显著促进植物生长、提高植物的坐果率，从而达到植物的增产、增收的目的，并且它还能提高作物的耐旱、耐冷、抗病、抗盐能力，有效减轻除草剂等农药对作物的伤害。芸薹素内酯还具有如下功能：

促进细胞分裂，促进果实膨大。对细胞的分裂有明显的促进作用，对器官的横向生长和纵向生长都有促进作用，从而起到膨大果实的作用。

延缓叶片衰老，保绿时间长，加强叶绿素合成，增强光合作用，促使叶色加深变绿。

打破顶端优势，促进侧芽萌发，能够诱导芽的分化，促进侧枝生成，增加枝数，增多花数，提高花粉受孕性，从而增加果实数量，提高产量。

改善作物品质，提高商品性。诱导单性结实，刺激子房膨大，防止落花落果，促进蛋白质合成，提高含糖量等。

能促进植物生长，增加千粒重，提高产量。

（4）对人、畜、鱼类及其他生物毒性低。不污染环境。

（5）鉴别要点：可湿性粉剂为白色粉状固体，乳油和水剂为均匀透明液体。

（6）可与乙烯利、赤霉酸、烯效唑等进行复配。

目前，农药市场上植物生长调节剂以人工合成的复硝酚钠和芸薹素两大类为主。在实际应用中，以天然提取的芸薹素质量最好，综合经济效益更优。不管属于哪一类植物激素，对人畜都是无害的，在正常使用剂量下非常安全有效。天然芸薹素可广泛用于粮食作物如水稻、麦类、薯类，一般可增产10%左右；应用于各种经济作物如果树、蔬菜、瓜果、棉麻、花卉等，一般可增产10%～20%，高的可达30%，并能明显改善品质，增加糖分和果实重量。同时还能提高作物的抗旱、抗寒能力，缓解作物遭受病虫害、药害、肥害、冻害的症状。

丙酰芸薹素内酯是芸薹素内酯的高效结构，又称迟效型芸薹素内酯，对植物体内的赤霉素、生长素、细胞分裂素、乙烯利等激素具有平衡协调作用，同时调配植物体内养分向营养需求最旺盛的组织（如花、果等）运输，为花、果的生长发育提供充足的养分。其通过保护细胞膜显著提高作物的耐低温、抗干旱等抗逆能力，保护作物的花、果在低温、干旱等不良天气条件下仍然健康生长发育。丙酰芸薹素内酯具有促进生长、保花保果、提高坐果率、提高结实率、促进根系发达、增强光合作用、提高作物叶绿素含量、增加产量、改进品质、促进早熟、提高营养成分、增强抗逆能力（耐寒、耐旱、耐低温、耐盐碱、防冻等）、减轻药害为害等多方面积极作用。丙酰芸薹素内酯喷施后5～7d药效开始发挥，持效期长达14d左右。

应用

（1）使用范围　适用作物为黄瓜、西瓜、甜瓜、番茄、辣椒、茄子、豇豆、菜豆、叶菜类蔬菜等蔬菜，苹果、梨、柑橘、葡萄、荔枝、枇杷、芒果、板栗、桃、杏、李、龙眼、草莓、香蕉等果树，水稻、马铃薯、小麦、玉米、花生、油菜、大豆、棉花、甘蔗等粮油作物。

（2）主要用途　防治用途为强力生根、促进生长、提苗、壮苗、保苗、黄叶病叶变绿、促进坐果果实膨大早熟、减轻病害、缓解药害、协调营养平衡、抗旱抗寒、增强作物抗逆性等。对因重茬、病害、药害、冻害等原因造成的死苗、烂根、立枯、猝倒现象急救效果显著，施用12～24h即明显见效，使植株起死回生，迅速恢复生机。

使用方法

(1) 蔬菜

① 番茄　0.0016%水剂，用800～1600倍液茎叶喷雾，0.01%可溶液剂（或乳油），用2500～5000倍液，分别于苗期、生长中期和花期喷雾一次。

② 黄瓜　0.01%水剂，用2000～3333倍液，0.0016%水剂，用800～1000倍液茎叶喷雾，0.01%可溶液剂（或乳油），用2000～3333倍液，在黄瓜生长初期或花后结果期用药，每隔15d左右时施药1次，可连续施药3次。

③ 辣椒　0.04%水剂，用6667～13333倍液，在植物的苗期、旺长期、始花期或幼果期，进行茎叶喷雾。当辣椒出现花叶病毒病时，及时按每30kg水中加医用病毒唑5支和5g 0.1%芸薹素内酯（需先用55～60℃温水溶解稀释）混合液，混匀后喷洒全株，每隔7～10d一次，连喷2～3次，或对病株灌根，每株200g药液，病毒病症状很快消失，一般不再复发，治愈率高。

④ 菜心、白菜　用0.004%水剂2000～4000倍液，在苗期、旺长期进行喷雾。

⑤ 大白菜　用0.0016%水剂1000～1333倍液，或每亩用0.0002%可溶粉剂25～30g，对水30kg，在苗期、旺长期进行茎叶喷雾3次。

⑥ 小白菜　用0.004%水剂2000～3077倍液，或0.01%可溶液剂（或乳油）2500～5000倍液，或0.0075%水剂1000～1500倍液，在小白菜苗期及生长期各叶面喷雾2次。

⑦ 叶菜类蔬菜　用0.004%水剂2000～4000倍液，于苗期及莲座期叶面喷雾。

⑧ 西瓜　于开花期用0.01%乳油1000倍液喷3次，每次间隔5d，能明显增加坐瓜率、单瓜重。

⑨ 草莓　从初花期开始喷施，10～15d一次，连喷2～3次，具有提高坐果率、结实多、果实大而均匀、糖度高、增加产量等作用。一般使用芸薹素内酯0.02～0.04mg/kg，或丙酰芸薹素内酯0.01～0.015mg/kg喷雾。

⑩ 金针菜　用芸薹素内酯0.02～0.04mg/kg，或丙酰芸薹素内酯0.01～0.015mg/kg，从开花初期开始喷施，10d左右一次，连喷2～3次，具有调节生长、提高花蕾数、促进花蕾增大、增加产量、提高品质等作用。

（2）果树

① 柑橘　用芸薹素内酯0.02～0.04mg/kg，或丙酰芸薹素内酯0.01～0.015mg/kg。谢花2/3时喷施第1次、10～15d后再喷施1次，可提高坐果率、减少落果、并促进果实大小均匀；果实膨大期喷施1次，可促进果实膨大、增加产量；果实转色期喷施1次，可促进着色、增加糖度、提高果品质量。开花前后喷施，与赤霉素配合效果更好。

② 葡萄　用芸薹素内酯可溶粉剂0.02～0.04mg/kg，或丙酰芸薹素内酯0.04mg/kg，或丙酰芸薹素内酯0.01～0.015mg/kg。开花前5d喷施第1次、7～10d后再喷施1次，可提高坐果率、减少落果、并促进果实大小均匀；果实（粒）膨大期喷施1次，可促进果实膨大；果实（粒）转色期喷施1次，可促进着色、增加糖度、提高果品质量。

③ 芒果　用芸薹素内酯0.02～0.04mg/kg，或丙酰芸薹素内酯0.01～0.015mg/kg。开花前5d喷施第1次、7～10d后再喷施1次，可提高坐果率、减少落果、并促进果实大小均匀；果实膨大期喷施1次，可促进果实膨大、提高产量；果实转色期喷施1次，可促进着色、增加糖度、提高果品质量。

④ 荔枝　用芸薹素内酯0.02～0.04mg/kg，或丙酰芸薹素内酯0.01～0.015mg/kg，开花前5d和落花后各喷施1次，具有保花保果、提高坐果率、促进果实膨大、提高产量及质量等作用。

⑤ 梨树　用0.01%可溶粉剂或0.01%可溶液剂2500～5000倍液，在梨树幼果期、果实膨大期各喷施1次。可调节生长、增产。

⑥ 桃、李、杏、樱桃　用芸薹素内酯0.02～0.04mg/kg，或丙酰芸薹素内酯0.01～0.015mg/kg喷雾，开花前5d和落花后各喷施1次，具有防止冻花冻果、提高坐果率、增加产量等作用；果

实转色期喷施1次，可促进着色、提高果品质量，转色期与优质叶面肥混合喷施效果好。

⑦ 香蕉　用0.01%可溶粉剂或0.01%可溶液剂2500～5000倍液喷药，在香蕉抽蕾期、断蕾期和幼果期各喷施1次。可调节生长、增产。

⑧ 枣树　用芸薹素内酯0.02～0.04mg/kg、或丙酰芸薹素内酯0.01～0.015mg/kg喷雾，初花期和谢花2/3时各喷施1次，具有保花保果、提高坐果率、促进幼果膨大的作用；幼果期喷施1次，可促进幼果膨大、果实大小均匀；着色期喷施1次，具有促进果实转色、提高果品质量的功效。开花期与赤霉酸混合喷施效果更好。

⑨ 板栗　用芸薹素内酯0.2～0.4mg/kg，或丙酰芸薹素内酯0.01～0.015mg/kg，开花前5d和落花后各喷施1次，具有提高结实率、增加产量等作用。与赤霉素配合使用效果更好。

(3) 粮油作物

① 棉花　用0.01%可溶粉剂或0.01%可溶液剂2500～5000倍液，在棉花苗期、蕾期、花期各喷施1次。可调节生长、增产。

② 水稻　用0.01%可溶粉剂或0.01%可溶液剂1667～5000倍液，在水稻孕穗期、齐穗期各喷施1次。可调节生长、增产。

③ 小麦　用0.01%可溶粉剂或0.01%可溶液剂1000～10000倍液喷药，在小麦抽穗扬花期、灌浆期各喷施1次。可调节生长、增产。

④ 玉米　用0.01%可溶粉剂或0.01%可溶液剂500～2000倍液喷药，在玉米苗高30cm左右和喇叭筒期各喷施1次。可调节生长、增产。

⑤ 马铃薯　用芸薹素内酯0.02～0.04mg/kg、或丙酰芸薹素内酯0.01～0.015mg/kg喷雾。从株高30cm左右或初花期开始喷施，10～15d后再喷施一次，可调节植株生长、促进薯块膨大、增加产量、提高品质。

⑥ 大豆　用0.01%可溶粉剂或0.01%可溶液剂2500～5000

倍液喷药，在大豆苗期、初花期各施1次，以后每隔7～10d施药1次，全期共施药3～4次。可调节生长、增产。

⑦ 花生　用0.01%可溶粉剂或0.01%可溶液剂2500～5000倍液喷药，在花生苗期、花期和扎针期各喷施1次。可调节生长、增产。

⑧ 油菜　用芸薹素内酯0.02～0.04mg/kg、或丙酰芸薹素内酯0.01～0.015mg/kg喷雾。从开花初期开始喷施，10d一次，连喷2～3次，具有提高结荚率、促进籽粒饱满、抗倒伏、增加产量等作用。

（4）其他作物

① 甘蔗　用芸薹素内酯0.02～0.04mg/kg，或丙酰芸薹素内酯0.01～0.015mg/kg喷雾。在分蘖期、抽节期各茎叶喷施1次，具有调节生长、增加糖度、提高产量等促进作用。

② 烟草　用0.01%可溶粉剂或0.01%可溶液剂500～2000倍液喷药，在烟草团棵期、旺长期各喷施1次。可调节生长、增产。

③ 茶树　用0.01%可溶粉剂或0.01%可溶液剂2500～5000倍液喷药，在茶树抽梢期、抽梢后、每次采茶后各喷施1次。可调节生长、增产。

（5）缓解药害　药害发生后，喷施芸薹素内酯0.02～0.04mg/kg，或丙酰芸薹素内酯0.01～0.015mg/kg药液，具有减轻药害、促进植物快速恢复的功效，与优质叶面肥混用效果更好。

中毒急救　如吸入本品，应迅速将患者转移到空气清新流通处。如呼吸停止，应进行人工呼吸。如呼吸困难，给氧。如有症状及时就医。皮肤接触后，立即用水和肥皂清洗，并彻底冲洗干净。眼睛接触后，把眼睑打开用流水冲洗几分钟，如有持续症状，及时就医。误食，立即用大量清水漱口，洗胃。洗胃时注意保护气管和食管，及时送医院对症治疗。一旦药液溅入眼睛和黏附皮肤，应立即用水冲洗至少15min。对昏迷病人，切勿经口喂入任何东西或引吐。本品无其他特效解毒剂。

注意事项

（1）不能与强酸强碱性物质混用，现配现用。与优质叶面肥混用可增加本药的使用效果。可与中性、弱酸性农药混用。不要将本品用于受不良气候如干旱、冰雹影响及病虫害为害严重的作物。

(2) 宜在气温10～30℃时喷施，喷药时间最好在上午10时左右，下午3时以后。大风天气或雨天不要喷。

(3) 使用本品时，用50～60℃温水溶解后施用，效果更好。施用时，应按对水量的0.01%加入表面活性剂，以便药物进入植物体内。

(4) 喷后6h内遇雨要补喷。

(5) 芸薹素内酯品种很多，在不同作物上使用时间、使用方法也不一样，因此使用前要详细阅读农药标签。

(6) 芸薹素内酯活性较高，施用时要正确配制使用浓度，防止浓度过高引起药害。操作时防止溅到皮肤与眼中。

(7) 施药时戴防护手套和口罩，不饮食、不饮水、不吸烟。在开启农药包装的过程中操作人员应佩戴必要的防护器具。处理药剂后必须立即洗手及清洗暴露的皮肤。

(8) 使用过的空包装，用清水冲洗3次后妥善处理，切勿重复使用或改作其他用途。所有施药器具，用后应立即用清水或适当的洗涤剂清洗。切勿将本品及其废液弃于池塘、河溪和湖泊等，以免污染水源。未用完的制剂应放在原包装内密封保存，切勿将本品置于饮、食容器内。孕妇和哺乳期妇女应避免接触本品。

(9) 密闭，置阴凉、干燥、通风、防雨、远离火源处贮存，勿与食品、饲料、种子、日用品等同贮同运。

置于儿童够不着的地方并上锁，不得重压、损坏包装容器。

氯吡脲（forchlorfenuron）

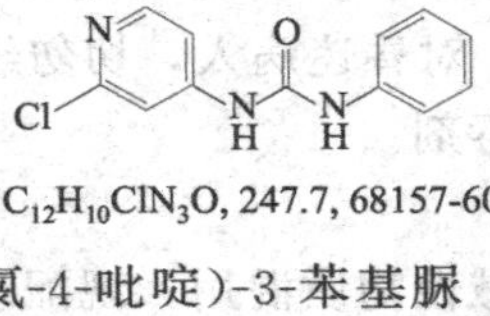

$C_{12}H_{10}ClN_3O$, 247.7, 68157-60-8

化学名称 1-(2-氯-4-吡啶)-3-苯基脲

主要剂型 97%原药，0.1%、0.5%可溶性液剂，2%粉剂，98%原粉。

理化性质 白色或灰白色晶状粉末，熔点165～170℃，蒸气压4.6×10^{-8}Pa（25℃饱和），相对密度1.3839（25℃）。溶解度：水中39mg/L（pH=6.4，21℃）；甲醇119（g/L，下同），乙醇149，丙酮127，氯仿2.7。在pH=5、pH=7、pH=9（25℃）条件下超过30d不水解，对热、光稳定。属细胞分裂素类生长促进剂。低毒。

产品特点 其作用机理与嘌呤型细胞分裂素6-苄基胺基嘌呤、激动素相同，活性要高10～100倍。具有较高的细胞分裂素活性。在植物体内移动性差，对被处理植物的生理作用，往往局限于处理的部位和附近。主要用在促进植物细胞分裂，常用于组织培养中，与一定比例的生长素配合，以促进愈伤组织细胞分裂、增大与伸长，诱导组织（形成层）的分化和器官（芽和根）的分化。还具有打破植物休眠，促进种子萌发和花芽形成，诱导雌性性状等功能。

属苯脲类衍生物，能够促进细胞的分裂和扩大、器官的形成和蛋白质的合成，提高光合作用效率，增强抗逆性，延缓衰老，促进瓜果花芽分化，保花保果，提高坐果率，促进果实膨大。适用于黄瓜、西瓜、甜瓜、番茄等瓜果类作物。

应用

（1）使用范围 适用于番茄、茄子、苹果等水果和蔬菜，及烟草、棉花、大豆等作物。

（2）主要作用 促进作物茎、叶、根、果生长，可使烟草叶片肥大而增产；促进结果，增加番茄、茄子、苹果等水果和蔬菜的产量；疏果，可增加果实产量，提高品质，使果实大小均匀，棉花和大豆落叶，使收获易行；浓度高时可作除草剂。

使用方法

（1）保果

① 樱桃萝卜 在6叶期喷0.1%可溶性液剂20倍液，可缩短生育期，增加产量。

② 洋葱 在鳞茎生长期，叶面喷0.1%可溶性液剂50倍液，

可延长叶片功能期，促进鳞茎膨大，增产。

③ 大豆　在始花期喷 0.1%可溶性液剂 10～20 倍液（50～100mg/L），可提高光合效率，增加蛋白质含量，增产。

④ 西瓜　在西瓜开花当天或前一天，用氯吡脲 30～50mg/kg 的药液，涂抹瓜柄 1 圈，或用同样浓度的药液，喷雾于授粉后雌花子房上，注意不可涂瓜胎，薄皮易裂品种慎用。氯吡脲（KT-30）对于西瓜具有极强的促进坐瓜作用，可免去人工辅助授粉工序，促进在不良气候条件下西瓜的坐果，使其提早上市，提高产量和经济效益。使用时，用氯吡脲 100mg/kg 处理开花当天或前一天的雌花果柄 1 次即可。

⑤ 甜瓜　开雌花当天或前一天，用 0.1%醇溶液 5～10mL 对水 1L（5～10mg/L），浸蘸瓜胎一次，促进坐果及果实膨大。

⑥ 黄瓜　低温光照不足、开花受精不良时，为解决“化瓜”问题，于开花前一天或当天用 0.1%可溶性液剂 20 倍液涂瓜柄，提高坐瓜率。

⑦ 番茄　在开花期喷施 0.1%可溶性液剂 75～100 倍液，具有提高坐果率、增加产量的作用。

⑧ 茄子　在开花期喷施 0.1%可溶性液剂 75～100 倍液，具有提高坐果率、增加产量的作用。

⑨ 葡萄　在谢花后 10～15d，使用 0.1%可溶性液剂 50～100 倍液浸渍幼果穗，具有提高坐果率、促进果粒膨大、增加产量的作用，且处理后果粒固形物含量提高 7%左右。

⑩ 桃　在落花后 20～25d，使用 0.1%可溶性液剂 50 倍液喷洒幼果，具有促进果实膨大、促进果实着色等功效。

⑪ 脐橙、温州蜜柑、柚子、椪柑、柑橘　在谢花后 3～7d 和谢花后 25～30d，分别用 0.1%可溶性液剂 200～500 倍液喷洒树冠，或用 0.1%可溶性液剂 100 倍液涂果梗蜜盘，具有防止落果、提高坐果率、加快果实生长的功效。

⑫ 猕猴桃　在谢花后 20～25d，使用 0.1%可溶性液剂 50～100 倍液浸渍幼果或喷果，具有促进果实膨大、增加单果重、提高产量等功效，且对果实品质无不良影响。

⑬ 枇杷　幼果直径 1cm 时，用 0.1%可溶性液剂 100 倍液浸蘸幼果，1 个月后再浸 1 次，果实受冻后及时用药，具有促进果实膨大、增加产量的作用。

⑭ 苹果　在落花后半月左右，用 0.1%可溶性液剂 50 倍液喷洒幼果，具有促进果产膨大、提高产量、促进果实着色等功效。

⑮ 向日葵　花期喷 0.1%可溶性液剂 20 倍液，籽粒饱满，千粒重增加。

⑯ 大麦、小麦　用 0.1%可溶性液剂 67 倍液喷旗叶。与赤霉酸或生长素类混用，药效优于单用。

⑰ 烟草　在苗期喷施 0.1%可溶性液剂 100～200 倍液，具有促进叶片肥大、增加产量的作用。

⑱ 组织培养　在培养基内加入 0.0001%浓度的氯吡脲，可诱导多种植物的愈伤组织长出芽来。

(2) 保鲜　草莓使用 0.1%可溶性液剂 100 倍液喷于采摘下的果实或浸果，晾干后包装，具有保持草莓新鲜、延长货架期等功效。

注意事项

(1) 严格按照使用方法施药，不同瓜类品种，在不同气温下，使用药液浓度应不同。

(2) 严禁高浓度用药及烈日下用药，若使用浓度偏高，则易引起畸形果、空心果，并影响果内维生素 C 的含量，导致品质下降。

(3) 弱株弱枝使用时不宜浸蘸过多幼果。

(4) 使用本品应加强肥水管理，必要时配合疏穗疏果。

(5) 本品易挥发，用后应盖紧瓶盖。药液应随配随用，宜在上午 10 时前或下午 4 时后使用，不宜久存。

(6) 氯吡脲与赤霉素或生长素类混用，药效优于单用。

(7) 施药后 6h 内遇雨应补施。

(8) 0.1%氯吡脲可溶性液剂在西瓜上安全间隔期为 40d，一季最多使用 1 次。

参 考 文 献

[1] 王迪轩，罗伟玲，何永梅. 无公害蔬菜科学使用农药问答. 北京：化学工业出版社，2010.
[2] 王迪轩. 有机蔬菜科学用药与施肥技术. 北京：化学工业出版社，2011.
[3] 王迪轩，何永梅，王雅琴. 蔬菜常用农药100种. 北京：化学工业出版社，2014.
[4] 汪建沃等. 优势农药品种发展与应用指南. 长沙：中南大学出版社，2015.
[5] 孙家隆，齐军山. 现代农药应用技术丛书杀菌剂卷. 北京：化学工业出版社，2016.
[6] 孙家隆，周凤艳，周振荣. 现代农药应用技术丛书除草剂卷. 北京：化学工业出版社，2016.
[7] 郑桂玲，孙家隆. 现代农药应用技术丛书杀虫剂卷. 北京：化学工业出版社，2016.
[8] 王江柱，徐扩，齐明星. 果树病虫草害管控优质农药158种. 北京：化学工业出版社，2016.
[9] 张敏恒. 农药品种手册精编. 北京：化学工业出版社，2013.
[10] 石明旺. 新编常用农药安全使用指南第二版. 北京：化学工业出版社，2014.
[11] 张洪昌，李星林，赵春山. 农药质量鉴别. 北京：金盾出版社，2014.
[12] 农业部种植业管理司，农业部农药检定所. 新编农药手册第2版. 北京：中国农业出版社，2015.
[13] 耿继光. 水稻病虫草鼠害安全用药问答. 合肥：安徽科学技术出版社，2008.
[14] 王江柱. 农民欢迎的200种农药. 北京：中国农业出版社，2009.
[15] 虞轶俊，石春华，施德. 水稻病虫统防统治手册. 北京：中国农业出版社，2009.
[16] 胡锐. 蔬菜施药对与错. 郑州：中原农民出版社，2016.
[17] 张洪昌，李星林. 植物生长调节剂使用手册. 北京：中国农业出版社，2011.